Python数据分析

零基础入门到实战开发

张玉皓　编著

中国铁道出版社有限公司
CHINA RAILWAY PUBLISHING HOUSE CO., LTD.

内 容 简 介

本书讲解主要以 Python 数据分析相关内容为主，还涉及数据分析背后的数学思维。全书内容主要分为三部分。第一部分为 Python 数据分析相关技能，包括 NumPy、pandas 等重要的第三方库的使用技巧；第二部分为数据分析相关统计学知识，主要包含构建模型的流程、思路，以及数学原理的解析；第三部分为实战，主要是结合 Python 数据分析工具与统计学知识的实践操作。

对于那些想要进入数据分析领域的初学者非常适合阅读本书，即使你没有扎实的 Python 编程基础，没有深厚的数理统计功底，依然可以通过本书的学习对数据分析技术产生浓厚的兴趣，以及对数据分析的原理与应用有更加整体的认识和理解。

图书在版编目（CIP）数据

Python 数据分析：零基础入门到实战开发 / 张玉皓编著 . —北京：中国铁道出版社有限公司，2020.11

ISBN 978-7-113-26737-7

Ⅰ . ①P… Ⅱ . ①张… Ⅲ . ①软件工具 - 程序设计
Ⅳ . ① TP311.561

中国版本图书馆 CIP 数据核字（2020）第 046545 号

书　　名：Python 数据分析：零基础入门到实战开发
Python SHUJU FENXI : LINGJICHU RUMEN DAO SHIZHAN KAIFA
作　　者：张玉皓

责任编辑：张　丹　　读者热线电话：(010)51873028　　邮箱：232262382@qq.com
封面设计：MXK DESIGN STUDIO
责任校对：孙　玫
责任印制：赵星辰

出版发行：中国铁道出版社有限公司（100054，北京市西城区右安门西街 8 号）
印　　刷：国铁印务有限公司
版　　次：2020 年 11 月第 1 版　2020 年 11 月第 1 次印刷
开　　本：787 mm×1 092 mm 1/16　印张：17.5　字数：360 千
书　　号：ISBN 978-7-113-26737-7
定　　价：69.80 元

前　言

这本书是写给谁看的？

首先，本书非常适合从事数据分析行业的人员学习。从书中可以学会利用 pandas 批量处理数据，通过可视化技术给领导和客户带来强烈的视觉冲击。建议对这部分感兴趣的读者着重学习第 4 章、第 6 章、第 12 章。

其次，本书还适合在科研过程中频繁处理数据的研究人员。据我所知，尤其是生物领域的科研人员，在进行数值分析、方程拟合时，有一部分人还在使用传统的 SPSS 软件，不过它功能有限，也很不灵活，而通过对 SciPy 的学习，可以感受到 Python 在科学计算方面的强大功能。建议这部分读者着重学习第 5 章。

最后，本书对于那些有志于从事数据领域工作的读者也很有指导作用。无论你以后想从事数据分析行业，还是大数据挖掘行业，本书都可以作为一本值得入手的启蒙读物。

本书架构

第 1 章从总体讲解数据分析，包括其发展历史、技能需求等。通过经典案例展示数据分析全过程，让读者带着疑问、兴趣阅读本书。最后介绍了两个非常出色的数据分析案例。

第 2 章介绍 Python 基础编程知识与技巧，有一定 Python 编程基础的读者可以跳过此章，往后阅读。

第 3 ～ 7 章是本书的核心内容，同时章节讲述的先后顺序与数据分析的流程相对应。

- NumPy 中包含了许多大规模数组快速计算的算法，是数据分析的基础，也是学习其他库的基础。
- pandas 非常擅长将非结构化数据处理为结构化数据，包括清除缺失数据、填充值、表格的合并与删除等操作。
- SciPy 是一个科学计算包，当收到规整的数据集，如何挖掘数据信息的任务就落到了 SciPy 的身上。在本章中你可以掌握数值分析、数值拟合、插值等技能。

- 数据可视化是数据分析的最后一步，当分析得出了结论就要展示出来。在第 6 章，会介绍两个可视化库，一个是 matplotlib，另一个是 pyechart。二者其中一个擅长基础绘图，一个擅长交互式绘图，各有所长，互相补充。
- 在现实生活中，尤其是在金融、科研等领域，很多数据都是时间序列的函数，因此本书在第 7 章还介绍了 Python 在时间序列中的应用。

第 8 ～ 12 章是本书的实战章节，将介绍一些数据分析的实战案例，帮助大家融会贯通前面掌握的技能。

本书的目的

希望阅读本书的数据分析和大数据挖掘从业者、科研人员和爱好者能掌握一些数据分析编程技能，不再仅仅依赖于局限性很强的传统工具。

希望阅读本书的学生，能对数据分析的概念、流程，与其他领域的区别有大致的了解，并提高对数据分析技术的兴趣。如果能引领出几位目前迷茫，但阅读完本书后有志于在数据领域深耕的极客那就更好了。

整体下载包

为了方便不同网络环境的读者学习，也为了提升图书的附加价值，本书源代码整理成整体下载包，读者可以通过扫二维码和下载链接获取学习。

网盘下载：https://pan.baidu.com/s/1-1YYpJ2T7Nh8gzoQXVaZYg

提取码：jccf

编者

2020 年 8 月

目　录

第 1 章　什么是数据分析

第 2 章　Python 知识进阶

第 3 章 NumPy 的入门与进阶

第 4 章 pandas 的入门与进阶

第 5 章 SciPy 入门与进阶

第 6 章 可视化

第 10 章　Python 丰富的可视化案例

第 11 章　Python 预测应用——SVM 预测股票涨跌

第 12 章　文本分析《三国演义》：挖掘人物图谱

第 1 章 什么是数据分析

1.1 Python 开发环境

整本书使用的开发环境是在 Windows 10 系统下 Python 3.6+PyCharm，大部分第三方库都包含在 Anaconda 科学计算包里，有个别第三方库需要单独下载。为了方便讲解，同步展现代码效果，我使用的是 PyCharm 里面的 Jupyter Notebook 文件来编程（后面实战章节例外），即后缀为“ipynb”的文件。这个文件建立后不能立刻使用，还需要一些操作，这里具体讲解一下。

新建一个 Jupyter Notebook 文件后，在“开始”菜单中点击“运行”，会出现一个对话框，如图 1.1 所示。

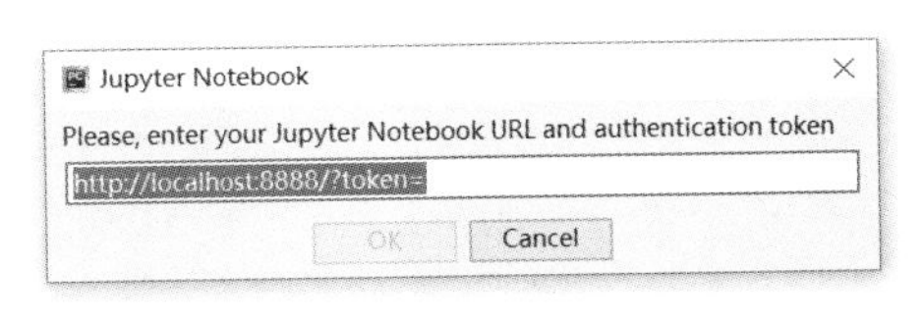

图 1.1　弹出的对话框

这里想要获得输入的 URL，需要打开命令行窗口，输入“Jupyter Notebook”，然后复制“token=”后面的内容并粘贴到对话框里，如图 1.2 所示。

```
选择C:\WINDOWS\system32\cmd.exe - jupyter notebook
Microsoft Windows [版本 10.0.17134.228]
(c) 2018 Microsoft Corporation。保留所有权利。

C:\Users\玄烨>jupyter notebook
[I 22:12:21.416 NotebookApp] JupyterLab alpha preview extension loaded from C:\anaconda\lib\site-packages\jupyterlab
JupyterLab v0.27.0
Known labextensions:
[I 22:12:21.419 NotebookApp] Running the core application with no additional extensions or settings
[I 22:12:21.891 NotebookApp] Serving notebooks from local directory: C:\Users\玄烨
[I 22:12:21.892 NotebookApp] 0 active kernels
[I 22:12:21.892 NotebookApp] The Jupyter Notebook is running at: http://localhost:8888/?token=46553e4aaccb00112fea71c
e0bc50727f07e7e3c07a964d7
[I 22:12:21.892 NotebookApp] Use Control-C to stop this server and shut down all kernels (twice to skip confirmation)
[C 22:12:21.896 NotebookApp]

    Copy/paste this URL into your browser when you connect for the first time,
    to login with a token:
        http://localhost:8888/?token=46553e4aaccb00112fea71ce0bc50727f07e7e3c07a964d7
[I 22:12:28.795 NotebookApp] Accepting one-time-token-authenticated connection from ::1
```

图 1.2　下画线上的内容为复制内容

1.2 数据分析的前世今生

数据分析的定义是什么，数据分析涉及的范围有哪些，数据分析需要哪些专业技能？让我们一起拨开数据分析的神秘面纱，去探究它到底是何方神圣。

1.2.1 数据分析历史

从某种意义上说，人类头脑中产生数字这个概念的时候，数据分析就诞生了。从结绳计数到《九章算术》再到现如今的大数据时代，人类用数据描述世界的能力越来越强，整个历史中，数据分析扮演了很重要的角色。

最初，数据分析被认为是统计学的范畴，而统计学家在数学界为数不多。直至进入 20 世纪，皮尔森、费歇等一批统计学家的出现，使得统计学成为一门独立的学科并且发挥着日益重要的作用。

直到进入 21 世纪初，如果有人说自己没听说过大数据这个名词，恐怕大家都会认为他目前已经与时代脱节。

而在这个科技水平迅速发展的时刻，数据分析也逐渐脱离统计学并且逐渐发展成为一门独立的学科——数据科学。数据分析的作用不只限于解答某些限定的问题，而是要从数据中获得一切有效的信息，反过来对科学研究、工程创新等提供独特的发展导向。

C.R. 劳在其《统计与真理》一书中说到，统计思维总有一天会像读与写一样成为一个有效率的公民的必备能力。那么也可以说，数据分析总有一天会像吃与睡一样成为一个有效率的公民的生活必备技能。

1.2.2 数据分析的现实应用

我们生活在今天，想必对数据分析、数据挖掘等名词耳熟能详。那么数据分析的清晰定义到底是什么，它所包含的范围到底有多广？数据相关行业韦恩图基本厘清了几个容易混淆的名词概念，如图 1.3 所示。

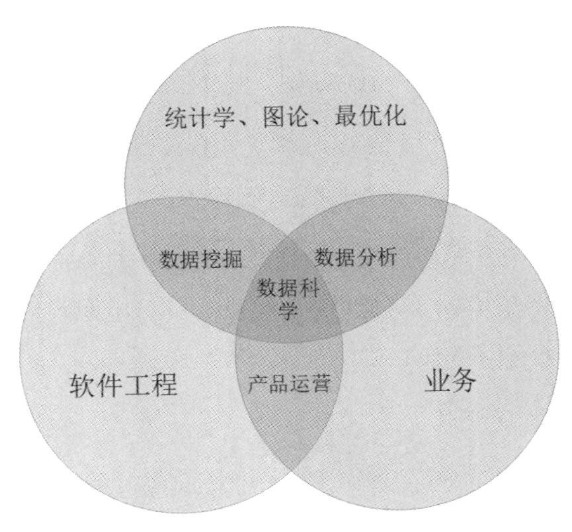

图 1.3　数据相关行业图

在图 1.3 中可以大致了解到，数据分析需要一些数学知识，以及一些对业务本身的理解。有一个很经典的营销案例，商家利用顾客购买商品的记录构建了一个逻辑回归模型，发现当啤酒和尿布摆在一起时，这两者的销量都会提高。通过进一步对现实情况的考察，发现成年男人在为子女挑选尿布时，如果看到了啤酒会不自觉地产生购买行为。

在这个故事中，逻辑回归模型属于数学知识，而男人喜好喝啤酒，便是对实际生活中的业务本身的理解。

当然，在实际工作中，这几者之间的界限可能并不是那么清晰。产品经理也有可能通过学习编程，利用数据分析技能为自己的产品设计提供灵感与方向；数据挖掘工程师也有可能在搭建模型之前分析一下数据，让自己对模型有个大致的考量。

不过总体来说，这三者都是从数据出发。数据挖掘偏向利用编程能力，通过数学模型来进行预测；数据分析偏向利用一些统计学的数学工具，来描述当前数据的分布规律，发现事物之间的内在联系；而产品运营则偏向利用自身对业务的理解，指导公司的产品设计。

1.2.3　数据分析的技能需求

不少人可能觉得数据分析的工作不过是画画图，统计一下数据。有人曾这么形容过从事数据分析行业的人。数据分析师是统计学家中编程能力最强的一个，是程序员中统计背景最深的一个。

数据分析要求的技能很多，门槛也很高，如果每个都不擅长就会在无形之中成为一个“万金油”。其实在当今，对数据分析师的要求越来越高，比如 Python、R 等编程语言的出现，使得越来越多的数据分析师还需要学习编程技能。

统计数据时选用什么样本最合理，如何从庞杂的数据中发现异常值，这些都需要深厚的统计学背景，还需要对数据有特殊的敏感性。

如何设计可视化能让读者感受最强烈？这需要了解可视化的理论，还要有些艺术细胞。

单单从数据出发，让数据来说话已经被证明是如今大数据时代的瓶颈。不理解结论所产生的原因也是深度学习被一部分专家一直诟病的原因。所以，单单分析数据是不够的，还需要深入市场了解业务，明白数据背后深藏的实际原因。

关于数据分析技能中编程技能与数学知识是最重要的，同时包括可视化原理、业务理解、对数据的敏感性等方面，如图 1.4 所示。

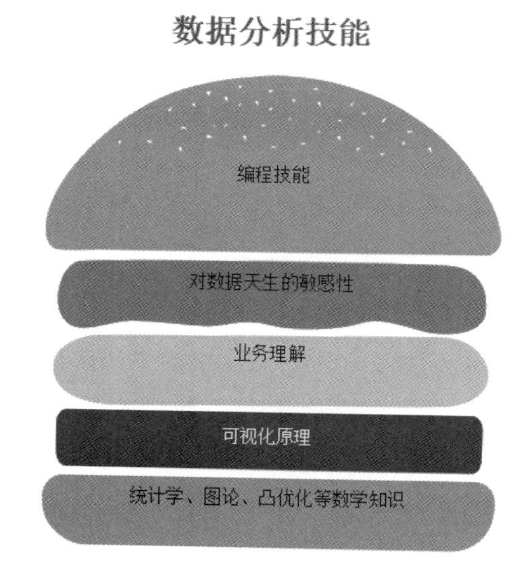

图 1.4　数据分析技能

1.3　数据分析流程

当拿到数据集的时候，应该做些什么呢？在数据的汪洋大海中，你是否像刚刚步入社会准备大展宏图的有志青年一样迷茫无助？如果是这样那你就需要先了解一下 EDA。

探索性数据分析英文简称“EDA”，全称“Exploratory Data Analysis”，其目的是了解数据的基本特征，它是一系列探索数据分布规律的方法与理论的统称。

比如聚合这个概念，像对一组数据取均值、中位数、众数都是聚合的思路，这种古老的统计方式同时也是激进的。用一个数字就可以表达整组数据的信息，这需要数据分析师对数据集有良好的整体把握。

再比如相关性，两组数据之间相关性很高，可未必就代表存在因果关系，这需要数据分析师对现实世界的事物有透彻的理解，并且具有进一步探索背后因果关系的能力。

狭义上的数据分析基本等同于 EDA，而广义上的数据分析包含了 EDA 以及之后进行的数据挖掘过程。在实际工作中，数据分析与数据挖掘并不像楚河汉界般泾渭分明，只是工作内容有所侧重。因此本书着重讲解有关 EDA 的技能，但也会带领大家初窥数据挖掘门径，以保证本书的普适性。

下面将详细介绍广义数据分析的流程，广义数据分析的大致步骤如图 1.5 所示。

图 1.5 中前 3 步就是 EDA 过程，第 4 ～ 5 步就是简单的数据挖掘过程（复杂的数据挖掘过程有一整套理论，这里侧重介绍狭义数据分析，不深入讨论数据挖掘），第 6 步是无论数据分析还是数据挖掘都要进行的可视化操作。

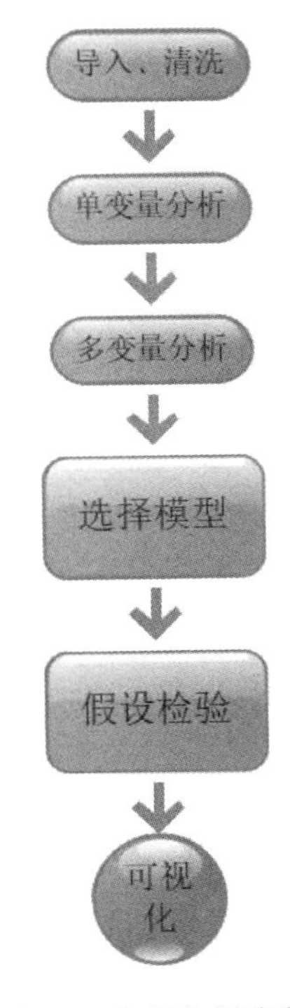

图 1.5　数据分析流程

1.3.1　数据导入、清洗

当拿到初始数据的时候，首先要做的是将数据读入并对数据进行筛选和规整。因为原始数据的类型有很多，有的存在 Excel 中，有的是 json 格式，有的是 html 格式，当使用的数据来源多样时就需要把它们统一以一种格式来表示。

接下来，需要筛选数据，清除离群值、异常值，对默认值进行插值，当数据量很大的时候对默认值直接删除也可以。

有时候，还需要对数据进行一些计算处理。比如在下面的例子中，有关全国婴儿体重的数据集中有这样两列数据，分别是磅和盎司，很明显这两列所表述的都是婴儿的体重，当进行数据分析时有必要将它们并为一列处理。

这一步中，经常使用的就是数值计算库 NumPy，以及数据分析库 pandas。

1.3.2 单变量分析

数据处理好后，需要对每个变量进行可视化操作，进而初步了解每个变量的分布规律以及可能存在的潜在相关关系，为之后的分析提供一个大致方向并排除一些明显错误的结论。

比如，使用条形图观察数据集中在哪一块，使用饼图观察各种数据所占比例，使用散点图观察数据分布规律，等等。在这一步中，可以通过判断数据分布是否合理，是否有离群值出现，是否出现异常等来决定，是否用该数据集做进一步研究为条件。

假设要探究一个问题“母亲生第一胎是否早产”，根据得到的数据以及常识知道，这个问题与孕妇年龄、是否流产、家庭经济情况、婴儿性别等因子有关系。可以通过条形图显示这些变量，假如发现当婴儿性别做自变量时，妊娠周期大致相同，就可以初步排除婴儿性别对早产的影响。

这一步主要用到数据可视化库 Matplotlib。

1.3.3 多变量分析

通过单变量分析筛选出最有可能影响结论的因子后，需要再对这些因子进行相关分析。

比如通过散点图，计算相关性看两个变量之间是否有密切联系。如果变量之间存在明显的相关性，就要深入业务领域，探索这两个变量对应的现实事物之间的逻辑关系，为之后利用因变量和解释变量选择模型建立基础。

这一步主要使用的库为 pandas、Matplotlib。

1.3.4 选择模型

经过前面的所有过程，终于将原始数据处理、分类成为想要的多维解释变量、因变量，接下来就可以考虑选择模型了。这一步是整个数据分析过程中难度最大、研究成果最丰富、实现方法种类最复杂的一步。从不同的角度考虑，模型选择的方法也有不同的分类。

比如当下比较热门的机器学习思想，也可以说是一种模型的选择思路。其分为无监督学习、监督学习两大类。监督学习分为分类、回归两类，无监督学习分为聚合、降维两类。

但从传统统计学的角度出发，模型的选择主要就是回归。该回归与机器学习大类下的回归小类并不等同。举个例子来说，逻辑回归属于传统统计学中的一种回归思想，但是在机器学习领域其实属于一种分类算法。下面主要从传统统计学的角度，来给大家讲解模型选择的思路。

所谓回归模型，即联系因变量 y 与解释变量 x 的模型。在一个回归模型中，因变量只有一个，而解释变量可以有多个（这是统计学回归与机器学习算法的本质区别）。其目的在于了解两个或多个变量间是否相关、相关方向以及相关强度。

回归的英文名为"regression"，至于为何翻译为"回归"，取能够观察使得认知接近真值的过程，回归本源之意。

回归主要分为线性回归与非线性回归，线性回归又分为简单线性回归与多元线性回归。统计学中回归的主要分类如图 1.6 所示。

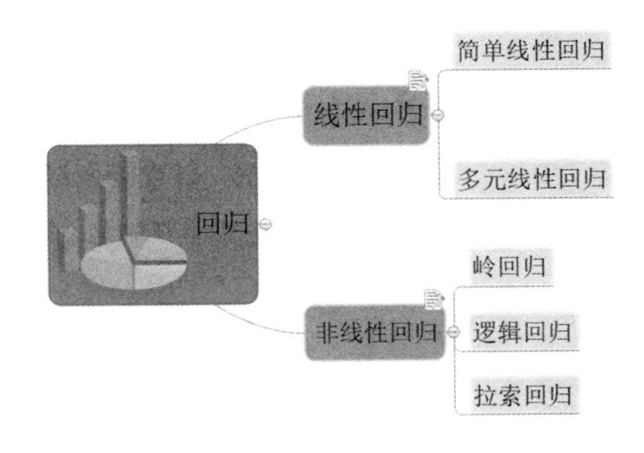

图 1.6　统计学的回归主要分类

我们拿到一个样本数据后，往往先采用简单线性回归模型。如果该模型不够准确，就需要使用多元回归模型。一方面，增加解释变量；另一方面考虑因变量与该解释变量是简单的线性关系，还是复杂的非线性关系，将模型从简单到复杂一步步具体化。

这一步，可以使用 Python 中的库有 SciPy、StatsModels、scikit-learn。如果想深入学习，还需要了解 TensorFlow 或者 Caffe 等专业机器学习框架（对于数据分析师来说，学会使用 SciPy、StatsModels 就已经足够。时刻记住，一个优秀的数据分析师是深刻业务理解与扎实数理知识的结合）。

有志于从事该领域的读者，建议先系统学习传统统计学，再考虑进入机器学习领域。这样有助于读者把握发展脉络，厘清方法定义以及系统概念思想。

1.3.5　估计与假设检验

这一步使用工具 SciPy。它与上一步中的模型评估有本质上的不同。一个模型设计出来，到底好不好？它是因为样本的选择具有偶然性还是说其具有代表性？例如，在经典假设检验中，一般使用 P 值来衡量一个模型的可信度。

1.3.6 可视化

对数据经过清洗、分析后得出了结论，就要对数据进行可视化操作，所谓“一图胜千言”。我们可以选择使用 Python 里的内置库 Matplotlib，或者 Pyechart 库，它属于表达更丰富，功能更多样化的第三方库。

1.4 数据分析经典案例

前面介绍了数据分析的历史、定义、范畴、技能需求，还介绍了数据分析的大致流程并解释了相关的统计学术语。本节将介绍三个数据分析的经典案例，希望通过本节内容能达到以下几个目的。

（1）了解数据分析应用的广泛性。

（2）理解在数据分析中，数据敏感性的重要性。

（3）希望通过这三个有趣的案例，激发大家对数据分析的兴趣，更有动力投入到数据分析的工作中去。

1.4.1 犯罪率的下降与法律条文的生成

这是在《魔鬼经济学》第一卷中了解到的案例，首先向作者致敬。

1973 年 1 月 22 日，美国最高法院宣判罗诉韦德案结果后，堕胎合法化普及美国全境。该案宣判结束后的第一年，美国就有 75 万名妇女接受了堕胎手术，而该年的堕胎与新生婴儿比例为 1 ： 4。到了 1980 年，美国每年约有 160 万人次的怀孕妇女抛弃了腹中的胎儿。

毫无疑问，这些妇女无疑大部分都是贫穷的。一位女性一生中怀孕的次数寥寥无几，能让她放弃怀胎数月的胎儿一定有着重大的原因。

时间再推后 17 年，来到 20 世纪 90 年代初。那时候的美国媒体无论大小都充斥着悲观气息。几十年间，美国任何城市的犯罪率都成直线上升的态势。贩毒、抢劫、强奸屡见不鲜。就连很多犯罪专家，也预测美国的犯罪率会持续攀升。

而大部分犯罪都是青少年，他们瘦骨嶙峋，衣衫褴褛，内心却冷酷无比。时任总统声称其要在六年内整治青少年犯罪，不然其继任者将无暇在全球化的潮流中抓住经济机遇，因为已经在保护人身安全中疲于奔命。

然而，进入 20 世纪 90 年代后，犯罪率不但没有持续攀升，反而下降势头猛劲。在第一个五年里犯罪率竟然下降了一半，等进入了 21 世纪，美国犯罪率已经降至 35 年来的最低。

那些之前预测犯罪率将持续攀升的美国专家们又开始出来预测犯罪率极速下降的原因，并且他们的说法看似不无道理。20 世纪 90 年代欣欣向荣的经济形式、《枪支管制法》的普及、新型治安策略的施行、警力增加等。

首先来看第一点经济繁荣。经济繁荣失业率就会降低，失业率降低往往犯罪率就会下降。这是常识，可是常识往往有所偏差。研究表明，失业率上升确实会影响犯罪率，但是其只对一直具有物质诱惑的犯罪有影响，如盗窃、抢劫、诈骗等，对纯粹因暴力而生，因暴力而结束的犯罪是没有影响的。美国 20 世纪 60 年代其经济井喷式发展，然而那时候正是美国犯罪率上升的起点。

《枪支管制法》被认为是美国比较失败的法案种类之一。时至今日，美国公民几乎可以做到人手一枪。一方面是因为枪支的耐用，一旦流通到民间，十几年几十年不会毁坏；另一方面美国枪支黑市非常繁荣，在美国，枪支价格低廉、唾手可得，但却可以造成巨大伤害。美国曾出台过一个枪支回购政策，上缴枪支便可获得 50 ～ 100 美元，可是试问在一个枪支泛滥的国家，谁愿意仅仅因为 100 美元就失去拥有枪支的权利？并且回购后甚至可以用这笔钱买一把更好的枪。

破窗理论大家都理解。如果一栋楼房的一扇窗户被打破，那么很可能过几天周围的窗户都被打破了。这个理论类似于我们熟知的千里之堤溃于蚁穴。新型治安策略的核心就在于此，其认为要加强对违法行为的惩罚力度，因为大罪犯都是从小罪犯演变来的。

然而以纽约为例，新型治安策略在 1994 年才开始实行，但纽约从 1990 开始，犯罪率已经开始下降。而且新型治安策略本身需要招募更多的警力，众所周知，警力的增加本身就会对犯罪率的下降有所影响。1990—2000 年，这十年中，纽约的犯罪率下降了 73.6%，然而在 1994 年之前，已经下降了 20%，这又做何解释呢？

答案便在这一小节的开头。自从 1973 年美国全面堕胎合法化后，大批犯罪的种子在萌芽中就被遏制了，这些未婚先孕、经济条件恶劣的家庭有可能是犯罪分子的摇篮。那么为何时间点正好在 1990 年呢？可能因为 17 岁是懵懂的年龄，堕胎合法化后父母可以更加自由地选择生育子女的时机，他们更有机会将子女培育成才，而不是让子女放任自流，尽管这些父母也许依旧贫困。

当时间点来到 1990 年，可以说堕胎合法化导致美国的年龄结构中少了这批问题青少年，于是犯罪率开始骤降，一直到 2000 年，那时犯罪率已经回到了 35 年前的水平。

当然本文并没有任何歧视贫穷的意思，只是试着从数据的角度去解释事物发生的真相。

1.4.2　利用数据观察校园作弊行为

这个数据分析的案例同样来自《魔鬼经济学》。都说中国的教育制度严苛，然尔美国也不过尔尔。

在美国，成绩优异不但学生会受到表扬，学校也会受到奖励。同样，成绩落后，不但学生会被批评，学校也会受到惩罚。

统一测验分数过低的学校将被停课整顿，甚至被关闭，自不用说老师也会跟着受牵连。于是，作弊者就不单单是学生了，老师因为有了动机也加入了作弊的行列，而且比学生有过之而无不及。

一旦老师加入了作弊的行列，那么情况就变得极其恶劣。学生作弊只能通过在考试过程中做手脚，而老师在考前、考试中、考后都有充足的时间和更隐蔽的手段。比如在给学生讲练习题时掺杂考试真题，考试时延长答题时间，批阅试卷时篡改答卷等。

如果说经济学是研究人类动机的手段，那么统计学就是研究人类有了动机后会如何反应的工具。所以任何行为都是会留下蛛丝马迹的。

首先，假设自己是那个作弊教师，会如何做呢？因为美国相关部门以学校的平均分数来衡量，学校以班级的平均分数来衡量，那么答案便昭然若揭了，帮助成绩相当差的那一小部分学生作弊会最大程度地提升班级平均分。但是又要考虑到一点，因为他们成绩过差，把整份考试答案给他们照抄显然太过引人注目，无异于作茧自缚。

其次，老师的作弊时间虽然比学生充分，但也不会太多。大多情况下，老师考前不知道标准答案，考后又要立刻交上去，那么作弊行为将会集中在考试过程中、批阅试卷时（虽然会统一分发封上名字的试卷，但是不排除个别老师会打开封条）。

考虑以上种种因素，老师会给那些成绩最差的学生修改部分答案，或提供部分答案。而这部分答案则是有规律可循的，并且提供给每个学生的应该都是相同部分的题目答案，毕竟老师的精力有限。那么就会出现以下几类问题：

- 考生答对了难题，却做错了简单题，甚至直接没有写。
- 考生奇迹般地答对相同的题目，有时甚至错的都一样（有的老师可能为了掩人耳目会夹杂错误答案给学生）。并且这部分学生在试卷的其他的部分竟然再无雷同。
- 该班级平均分在重要考试会突然提高，之后又突然下降，具体到某个学生也是如此。

利用这几个准则，芝加哥公立大学联系相关研究人员利用包含 1993—2000 年每名三至七年级学生的测试答案（每年芝加哥公立大学，每年级 3 万名学生，答卷 70 万份，题目将近 1 亿道），专门开发了一套防作弊的数据分析算法，并且组织了 120 个考场进行重考。

其中有一半以上的考场，是老师有作弊嫌疑的考场。另一半由优秀老师和一般老师对应的考场组成。最终学校利用结果开除了十几名作弊证据确凿的老师。

1.4.3　靠统计学致富的数学家

小时候经常听家长说，学好数理化走遍天下都不怕，现在给大家介绍一个真实的靠数学走向人生巅峰的故事。

1962 年，30 岁的爱德华索普出版了《击败庄家》一书，其内容详细描述了赌场里一种赌博游戏 21 点，并将针对该游戏的制胜之道一一道来。此书一出，一时洛阳纸贵，许多自作聪明的人都想凭借自己“聪明”的头脑在赌场上大展拳脚。

而在此书出版前，索普也曾亲身到赌场去做实验来验证他的理论。通常的流程是这样的，他会漫不经心地坐在一个赌桌旁边不停地下着小注，大概是 1 ～ 5 美元，有输有赢看不出什么特别的地方。然后出人意料突然下个大注，大概会有 500 美元，赚个盆满钵满。周围的观众啧啧称奇赞叹他运气好，却没有注意到索普嘴角那一丝不易察觉的微笑，就连发牌官也糊里糊涂不明白他为何总是这么走运。

其实这背后的数学原理很简单，只要有高中数学水平就可以完完全全理解。首先来解释一下 21 点的游戏规则。

21 点是一个比点数大小的游戏，A—10 的点数分别为 1—10，J、Q、K 的点数也是 10。也就是说一副牌 52 张 (去掉大小王)，1—9 各 4 张，10 有 16 张。然后给庄家发两张牌，给你自己发两张牌。此时你可以选择继续要牌、停止要牌等操作，然后轮到庄家要牌、停牌，其中如果庄家的牌小于等于 16，那他必须要牌。一系列操作结束后，玩家先亮牌，庄家后亮牌。

如果玩家、庄家牌的点数都超过 21 点，那么玩家输。如果玩家没超过，庄家超过，那么玩家赢。如果都没超过，比点数大小，点数越接近 21 点者赢。

索普发现，因为庄家牌小于等于 16 时必须要牌这个规则，导致当一副残牌中剩余的 10 点数牌占比越高，庄家手中的牌越容易爆掉（超过 21 点）。于是他通过记牌来计算赌桌里牌盒中剩余 10 点数牌的占比，当 10 点数牌占比高时，他加大赌注，占比低时降低赌注。

这是索普的一个基本思路，以此为基础，索普建立了一个完善的系统。根据此系统你可以知道在何时出手可以大捞一笔，何时低调不断下小赌注。

这其实就是高中最简单的概率论的知识 !

依靠该系统，索普在 20 世纪 60 年代的美国赌场大杀四方，据保守估计他至少赢了十万美元。此书公布之后，各大赌场才逐渐想明白，将索普拒之门外。

然而被各大赌场下了逐客令的索普并没有闲着，他转身将从赌场赚来的启动资金投入了股市。当然，他并不是一名投机分子，进入股市是为了检验新理论。通过对股市的研究，其建立起一个随机游走模型，结合凯利准则，建立了一套衡量投资标准的系统，为量化投资开创了先河。

1.5 数据分析的第一个实战

前面内容介绍了数据分析的基础知识，在第一章的最后，再来探索一个实战，帮助读者更透彻地了解数据分析的流程。

1.5.1 单变量探索

本节主要是探究一个问题，第一个孩子是否出生较晚。数据集是美国疾病控制和预防中心进行的全国家庭增长调查所得。所用数据比较规整，导入会过于简单，所以从单变量探索开始讨论。

如图 1.7 所示为数据集内容，可以发现有用数据一共有九列。

	caseid	pregordr	prglngth	outcome	birthord	agepreg	birthwgt_lk	birthwgt_o	finalwgt
0	1	1	39	1	1	33.16	8	13	6448.271
1	1	2	39	1	2	39.25	7	14	6448.271
2	2	1	39	1	1	14.33	9	2	12999.54
3	2	2	39	1	2	17.83	7	0	12999.54
4	2	3	39	1	3	18.33	6	3	12999.54
5	6	1	38	1	1	27	8	9	8874.441
6	6	2	40	1	2	28.83	9	9	8874.441
7	6	3	42	1	3	30.16	8	6	8874.441
8	7	1	39	1	1	28.08	7	9	6911.88
9	7	2	35	1	2	32.33	6	10	6911.88
10	12	1	39	1	1	25.75	7	13	6909.332
11	14	1	39	1	1	23	7	0	3039.905
12	14	2	37	1	2	24.58	4	0	3039.905
13	14	3	9	2		29.83			3039.905
14	15	1	3	4		27.5			5553.496
15	15	2	33	1	1	28.33	7	11	5553.496
16	15	3	33	1	2	30.33	7	8	5553.496
17	18	1	39	1	1	18.91	6	5	4153.372
18	18	2	5	4		27.83			4153.372
19	21	1	41	1	1	27.91	8	12	7237.123
20	21	2	39	1	2	30.58	8	3	7237.123

图 1.7　数据集内容

第一列为参与调查者的 id，这个 id 是唯一的。

第二列是妊娠的序列号，表示为第几次妊娠。比如第二行 id 号为 1，妊娠号为 2 所代表的意思是第一位调查者的第二次妊娠。

第三列为妊娠周数。

第四列为怀孕结果，只有 1 代表成功。

第五列代表成功生产的顺序号，如果没有成功，为空值。

第六列是妊娠结束时母亲的年龄。

第七列和第八列代表新生儿体重的磅部分数值和盎司部分数值。

第九列代表参与调查者统计权重，表示这位调查者在全美人口中代表的人数。

本节不再详细讲解代码的功能，重在清楚数据分析的思路。具体的代码功能会在后续章节中进行讲解。

首先，引入会用到的第三方库，以及导入会用到的数据，代码如下。

```
[In  1]:
import numpy as np
import pandas as pd
from matplotlib import pyplot as plt
data = pd.read_csv('EDA2002.csv')
```

再来看看美国母亲怀孕结果分布情况，代码如下。

```
[In  2]:
outcome = data.outcome.value_counts().sort_index()
outcome.plot(kind='bar')
plt.show()
[Out 2]:
```

输出结果显示如图 1.8 所示。

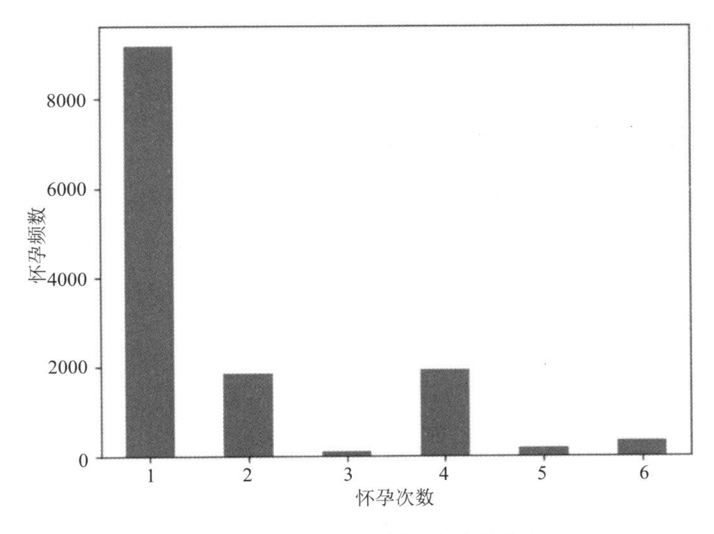

图 1.8　美国母亲怀孕结果分布

从图中可以看出，绝大多数美国母亲都能怀孕成功，但还是有相当一部分母亲因为各种原因没有怀孕成功，而且以原因 2、原因 4 居多，代码如下。

```
[In  3]:
prglength = data.prglength.value_counts().sort_index()
prglength.plot(kind='bar')
plt.show()
[Out 3]:
```

上面这几行代码，描述了美国母亲妊娠周数的分布直方图，如图 1.9 所示。

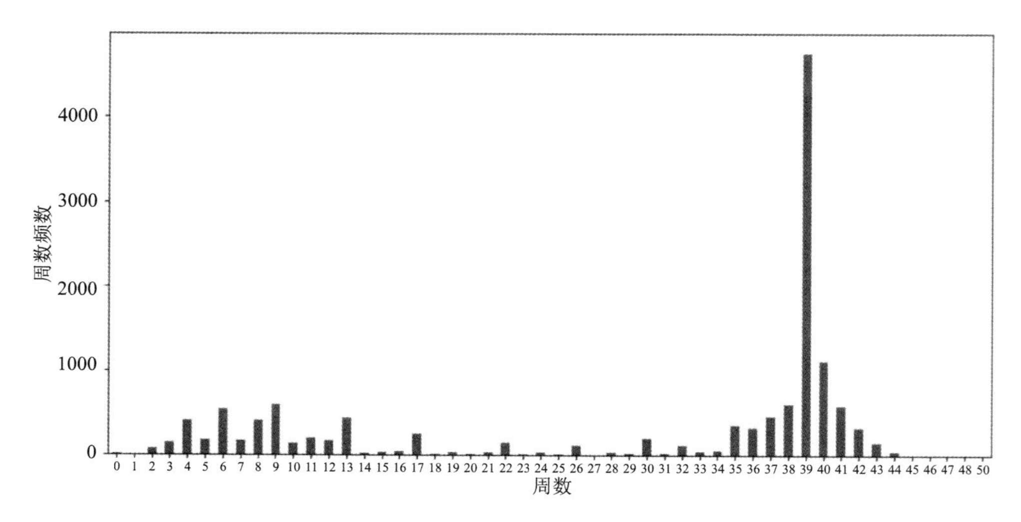

图 1.9　妊娠周数分布直方图

绝大多数母亲都是在第 39 周妊娠结束，符合怀胎十月的常识。往前看，一般如果是早产的话也至少需要四五个月的时间，也就是二十多周，但是图中数据显示 0—20 区间还分布着不少数据，说明这些都是没有成功，后来出现了流产状况，当然，也存在数据统计失误的可能性。

同理，可以把其他以后会用到的变量都做一个简单的直方图分析。这里不再展示代码，因为逻辑基本一样，只是修改一下变量。

如图 1.10 所示，大部分新生儿的体重都集中在 5 ～ 9 磅，体重分布符合正态分布。

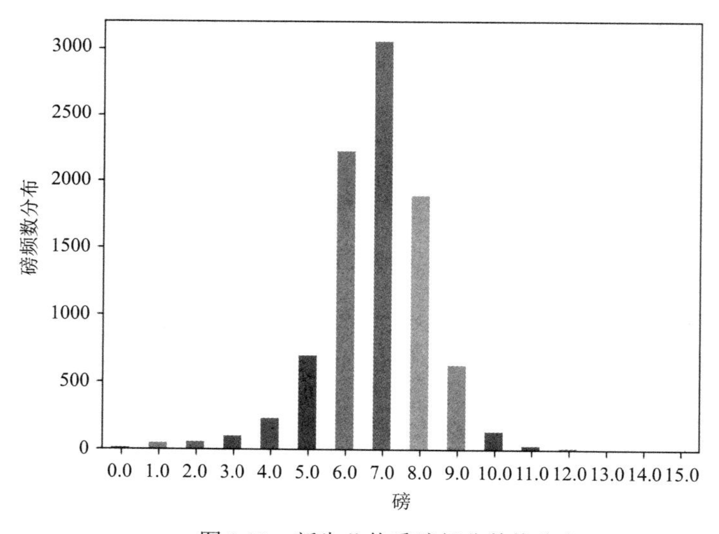

图 1.10　新生儿体重磅部分数值分布

如图 1.11 所示，因为盎司是磅的下一级体重单位，按理说应该是均匀分布的，可是 0 却居多，可以猜测这是统计人员做了四舍五入的操作。

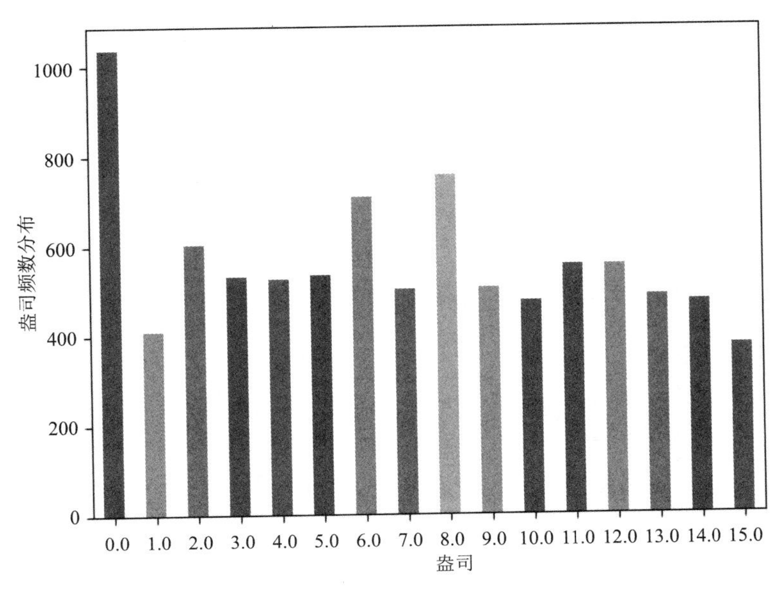

图 1.11　新生儿体重盎司部分分布

如图 1.12 所示，美国母亲生育子女的个数大致在 1 ～ 3 个，4 个以上就很少了。

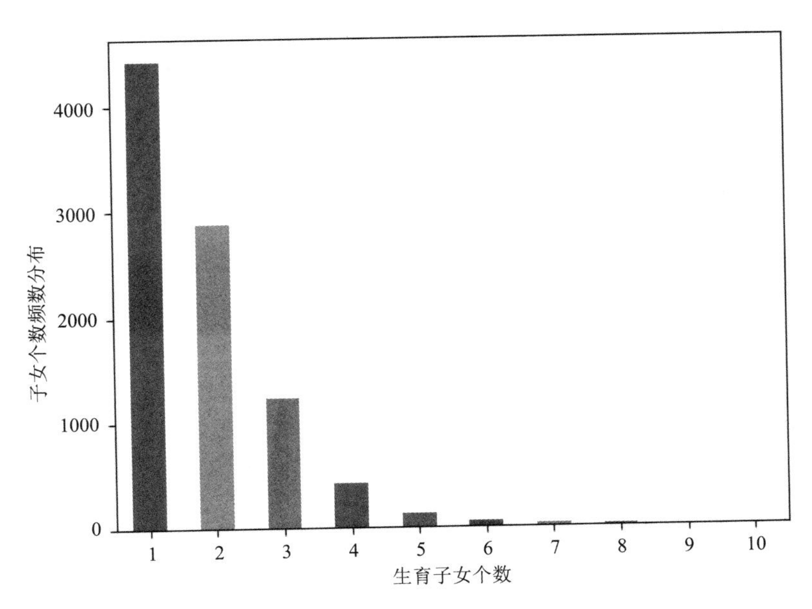

图 1.12　美国家庭母亲生育子女个数分布

1.5.2 多变量分析

既然目的是探究第一个孩子是否出生较晚的问题，那就应该做一个多变量分析，即把数据按照母亲生育小孩次数的不同分类，可视化其妊娠周期分布。同时从 1.5.1 节单变量分析可知，数据中有妊娠周期很短或者很长的例子，这不符合常识。因此在以下数据分析中，根据数据分布，取妊娠周期在 30 到 43 之间的数据。

具体代码如下。先通过选取过滤，分别获得第一胎、多胎妊娠周期在 30～43 之间的数据，然后将两个表格拼接起来统一绘图，如图 1.13 所示。

```
[In  4]:
import numpy as np
import pandas as pd
from matplotlib import pyplot as plt
data = pd.read_csv('EDA2002.csv')                    # 读取 csv 文件内容
data1 = data[data['birthord'] == 1]                  # 选出生育成功的样本
data2 = data1[data1['prglength']>=30]
first = data2[data2['prglength']<=43]                # 选出妊娠周期在 30-43 周之间的
data3 = data[data['birthord'] != 1]
data4 = data3[data3['prglength']>=30]
others = data4[data4['prglength']<=43]
first = first['prglength'].value_counts().sort_index()
others = others['prglength'].value_counts().sort_index()  # 将得到的结果按从小到大排序
frame = [first, others]
first_others = pd.concat(frame, axis=1)              # 合并两个排序好的列，进行比较
first_others.columns = ['first', 'others']
first_others.plot(kind='bar')
plt.show()
[Out 4]:
```

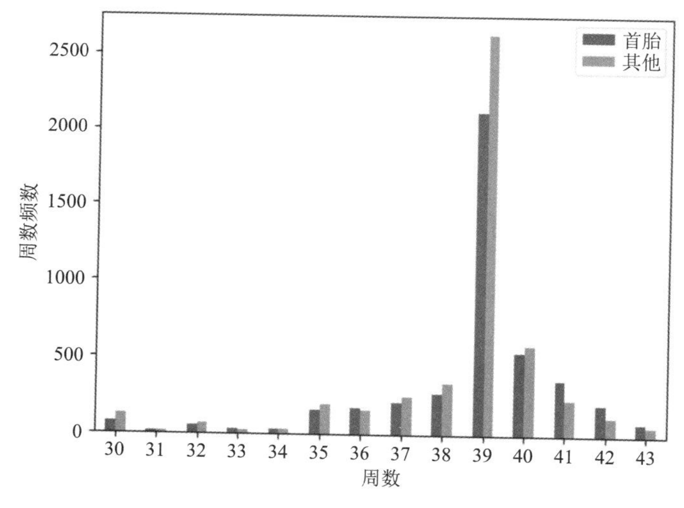

图 1.13　第一胎与其他妊娠周期对比

从 40 周往后，的确是生第一胎的母亲较多，貌似可以支持最初的结论。但是如此轻易得出结论太过武断，因为并没有考虑样本分布。

从 1.5.1 节的单变量分析中得知，尽管第一胎的数据是最多的，但是与其他所有类别加

起来的总量相比还是少的，图 1.13 很多分布差异是由样本容量不一致导致的。也就是说，会不会是因为第一胎样本个数太少，才导致 40 周之前的数据分布中，第一胎少于多胎的呢？

```
[In  5]: first_others.sum()
[Out 5]:
first       4313
others      4829
dtype: int64
```

如上代码可见，第一胎比多胎样本少了六百多个，这六百多个很可能导致图 1.12 所示的分布现状，为了不受样本容量不一致的影响，可以采用概率质量函数分布图来表示。所谓概率质量函数分布图其值并不是落在区间内的样本个数，而是落在该区间的概率，即落在该区间的样本个数除以样本个数总量，代码如下。

```
[In  65]:
first_others_pmf = first_others/first_others.sum()
first_others_pmf.plot(kind='bar')
plt.show()
[Out 65]:
```

先利用 sum() 函数求出总值，然后让表格里的值都除以该总值，得到的就是概率值，如图 1.14 所示。

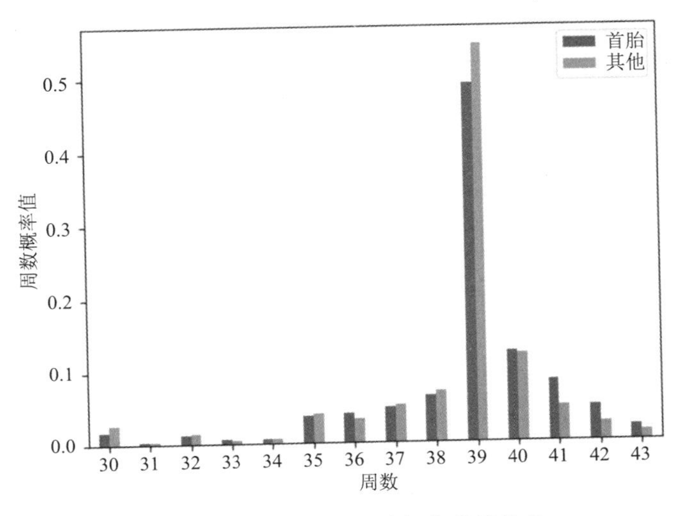

图 1.14 首胎与多胎概率质量分布

该图与图 1.13 大致相同，但是还是有些许差异。从 40 周往后，首胎的概率值全都高于第二胎，比图 1.13 更能印证首胎出生更晚的结论。此外还可以画出折线图，代码如下，让这一结论更加清晰，这就是可视化的神奇力量。

```
[In  6]:
first_others_pmf = first_others/first_others.sum()
first_others_pmf.plot()
plt.show()
[Out 6]:
```

如图 1.15 所示为首始与多胎 pmf 图，即概率质量函数图。概率质量函数所表达的是离散随机变量的各特定取值上的概率，39 周之前，双方不相上下，40 周之后明显首胎分布更加多，而 39 周这一周，多胎比首胎多很多。

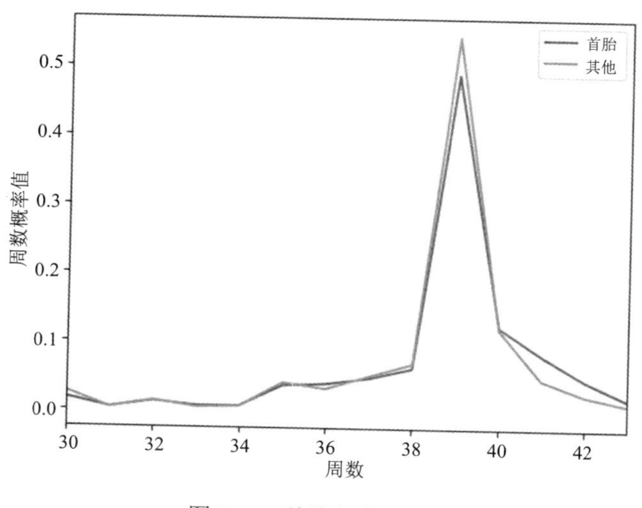

图 1.15　首胎与多胎 pmf 图

pmf 图有其优点，但是也有其缺点。虽然可以很好地对比两者之间在不同区间的分布，但是无法对数据分布有更好的整体性描述。这时候就需要 CDF 图，即累计分布函数，其定义为概率密度函数积分后的原函数，代码如下。

```
[In  7]:
first_others_pmf.cumsum().plot()
plt.show()
[Out 7]:
```

用一个 pandas 库中的累计计算函数 cumsum，可以累积计算表格中的值，如图 1.16 所示。

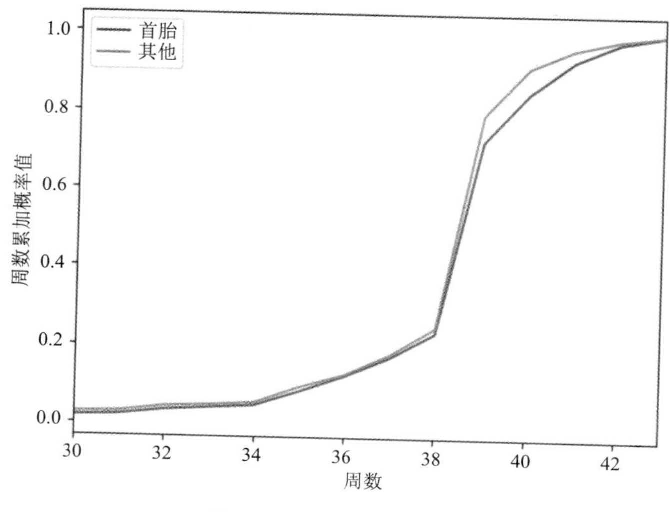

图 1.16　首胎与多胎 CDF 图

从图 1.16 更能看到整体性的变化，双方在 39 周这里出现大幅改变，39 周之前双方持平，39 周时多胎陡然增长，过了 39 周后开始放缓，然而首胎开始缓慢地增长。

以上通过一些变量对比，对第一胎是否妊娠周期更长的问题有了大概的认识。接下来探讨另外一个问题，分娩女性年龄与出生婴儿体重的关系，具体代码如下。

```
[In  8]:
age_weight = pd.concat([data['agepreg'], data['birthwgt_lb']], axis=1)
age_weight.plot(kind='scatter', x='agepreg', y='birthwgt_lb')
plt.show()
[Out 8]:
```

将年龄列与磅位体重列合并在一起画出散点图，如图 1.17 所示。

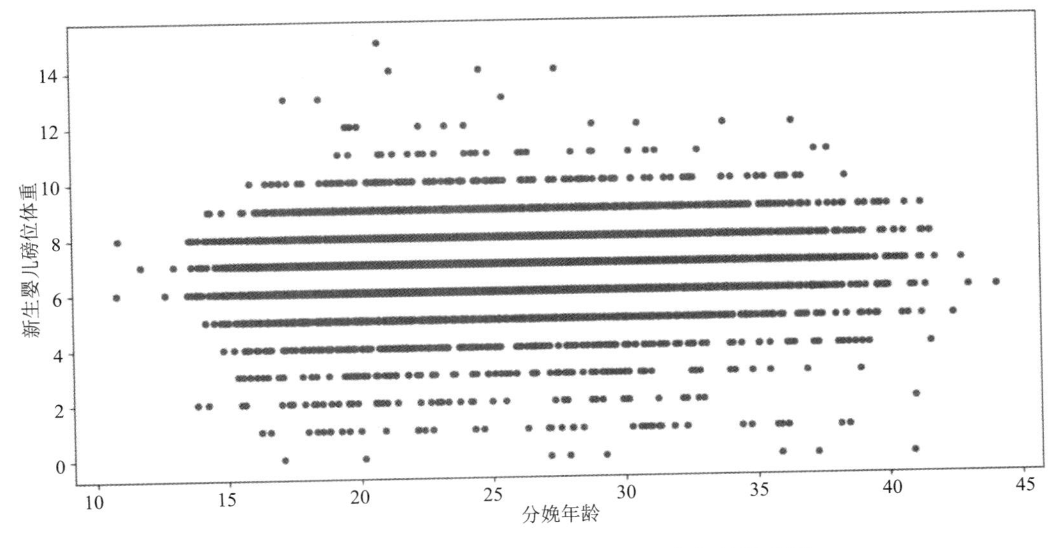

图 1.17　新生婴儿磅位体重与分娩母亲年龄散点图

从图 1.17 中，几乎得不到任何信息，感觉这两个变量之间也完全没有关系。不过可以看出一个特点，数据总是集中在纵轴值为整数的附近，这是因为仅仅录入了磅的原因。现在对数据进行进一步处理，加入盎司，并排除一些离群值，代码如下。

```
[In  9]:
data1 = data[data['birthord'] == 1]
new_data = data1[data1['prglength']>=30]
new_weight = new_data['birthwgt_lb']+new_data['birthwgt_oz']/16     # 将磅和盎司部分加在一起

age_weight = pd.concat([new_data['agepreg'], new_weight], axis=1)
age_weight.columns = ['agepreg', 'weight']
age_weight.plot(kind='scatter', x='agepreg', y='weight')
plt.show()
[Out 9]:
```

先把没有成功生育的排除，再把早产儿排除，然后加上盎司部分体重，最后得出的情况如图 1.18 所示。

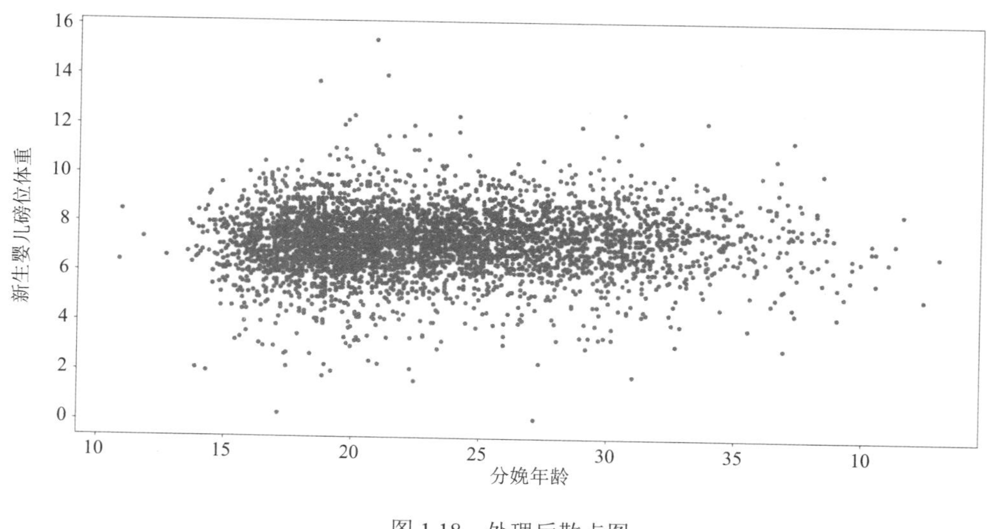

图 1.18　处理后散点图

可以看出处理完之后，点更加集中，也表现出一些趋势，大致可以看出关系是一个线性关系。以上基本是探讨多变量分析的所有图表工具。接下来，再介绍两个统计学中的专有名词，也是探索多变量关系之间的重要工具，协方差系数与相关系数（皮尔森系数）。

协方差系数与皮尔森相关系数都是描述两个变量之间相关性大小的指标。其中，协方差系数大小易受数据大小的影响，而皮尔森相关系数是通过协方差系数除以标准差所得，已经将数据的波动归一化，所以皮尔森相关系数范围在 -1 ～ 1，可以说，皮尔森相关系数是一种归一化后的协方差系数。

通常情况下通过以下取值范围判断变量的相关强度：

0.8—1.0　极强相关。

0.6—0.8　强相关。

0.4—0.6　中等程度相关。

0.2—0.4　弱相关。

0.0—0.2　极弱相关或无相关

Python 中有内置的函数来计算这两个系数代码如下，一般情况下皮尔森系数要比协方差系数可靠得多。

```
[In  10]:  age_weight['agepreg'].cov(age_weight['weight'])
[Out 10]:  0.49851034381
[In  11]:  age_weight['agepreg'].corr(age_weight['weight'])
[Out 11]:  0.0717646628181
```

结合上面的代码，计算出孕妇年龄与新生婴儿体重的相关系数，皮尔森系数在 0.07 左右，相关性并不强。

值得一提的是，相关性并不意味着因果关系。A 与 B 之间相关性很强，仅仅意味着当发生 A 时，发生 B 的概率也很大，但是它们两者之间是谁导致了谁并不清楚，甚至说两者之间完全没有关系也有可能。

1.5.3　选择模型

变量分析结束之后，下一步要做的就是建立模型。利用数据得到一些结论，就需要把这些结论公式化，从而可以利用这些公式去做预测，或者辅助决策。

在上文中提到通过散点图观察到孕妇年龄和新生儿体重呈线性关系，但是通过相关系数的计算意识到就算是线性关系，相关性也不是很强。但这些都是定性的认识，定量的认识就需要拟合公式，这就是建模的过程。

其实，建模也是一个求参的过程。在通过物理、化学等知识或者纯数学手段得到模型的大致结构后，就进入精准求参的阶段。目前，求参有两大主流思想，一是最小二乘法，一是极大似然估计法。

求参的方法有很多，但这两个方法代表了主流的两种思想。最小二乘法是从数据本身出发，在得到样本后，通过让理论值与实际值距离的平方和最小而得到拟合曲线。极大似然估计则完全不同，其从概率角度出发。当从模型总体随机抽取 n 组样本观测值后，最合理的参数估计量应该使得从模型中抽取该 n 组样本观测值的概率最大，而不是像最小二乘估计法旨在得到使得模型能最好地拟合样本数据的参数估计量。下面利用最小二乘法来求该模型，代码如下。

```
[In  12]:
Import numpy as np
import pylab as pl
import pandas as pd
from matplotlib import pyplot as plt
def leastsq_zyh(x, y):                                # 自定义一个最小二乘法函数
    meanx = sum(x) / len(x)                           # 求 x 的平均值
    meany = sum(y) / len(y)                           # 求 y 的平均值
    xsum = 0.0
    ysum = 0.0
    for i in range(len(x)):
        xsum += (x[i] - meanx) * (y[i] - meany)
        ysum += (x[i] - meanx) ** 2                   # 根据公式求参数，最小二乘法
    k = xsum / ysum
    b = meany - k * meanx
    return k, b                                       # 返回拟合的两个参数值
data = pd.read_csv('EDA2002.csv')
data1 = data[data['birthord'] == 1]                   # 选出生育成功的样本
new_data = data1[data1['prglength']>=30] # 选出妊娠周期大于 30 周期的样本
new_weight = new_data['birthwgt_lb']+new_data['birthwgt_oz']/16
age_weight = pd.concat([new_data['agepreg'], new_weight], axis=1)
age_weight.columns = ['agepreg', 'weight']
age_weight.dropna(inplace=True)                       # 清除缺省值
X = age_weight['agepreg']
Y = age_weight['weight']
X = np.array(X)
Y = np.array(Y)                                       # 将数组变为 np.array 数组，方便处理
k,b = leastsq_zyh(X,Y)
```

```
print('斜率是：',k)
print('截距是：',b)
plt.figure(figsize=(8,6)) ## 指定图像比例： 8：6
plt.scatter(X,Y,color="green",label="样本数据",linewidth=2,alpha=0.03)
                                            # 透明度 0.03，数值小透明
x=np.linspace(10,50,100)                            # 在 0-15 直接画 100 个连续点
y=k*x+b                                             # 函数式
plt.plot(x,y,color="red",label="拟合直线",linewidth=2)
plt.show()
[Out 12]:
斜率是：  0.017844851618
截距是：  6.85056281473
```

首先自定义一个最小二乘法函数 leastsq _zyh，其有两个参数，分别是包含孕妇年龄和新生婴儿体重数据的两个列表。该函数编写的数学原理不再赘述。然后通过读取原始文件，得到数据传入函数，最后再画图。画图结果如图 1.19、图 1.20 所示。这里画了两张图，前一张没有设置透明度，后面一张设置透明度 alpha=0.03。

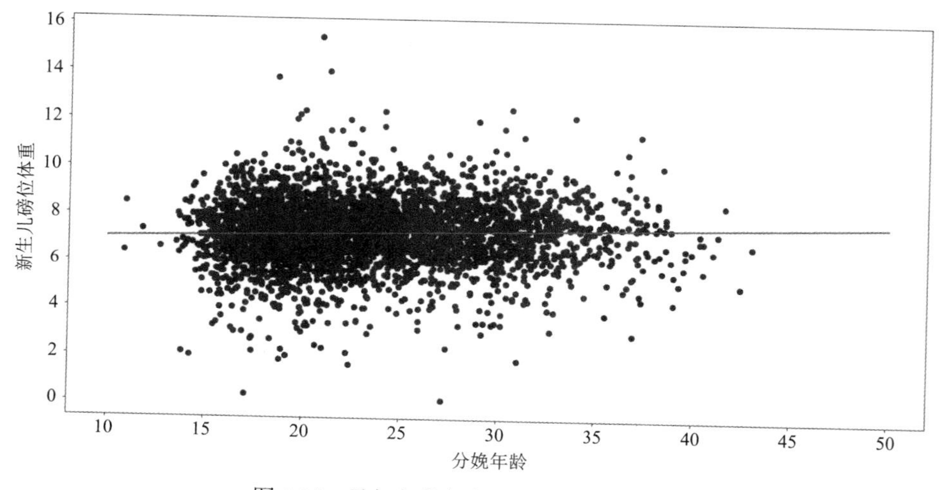

图 1.19　孕妇年龄与新生婴儿散点图分布

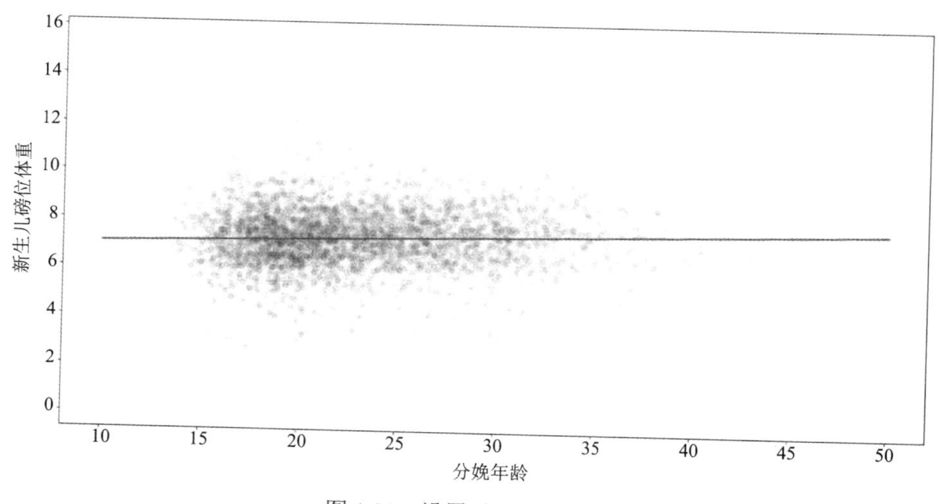

图 1.20　设置透明度后的图

图 1.19 因为点分布得比较密集，很多点都彼此覆盖了，这样无法更好地去观察点的分布。而图 1.20，在直线附近的颜色更深，说明在直线附近落下的点更多。

那么如何来判断这个拟合函数的拟合程度很好呢？接下来进行模型评估，这里介绍模型评估的一个手段——残差图。

所谓残差图就是把保存了所有真实值和拟合值之差的数据按大小顺序排序后等量抽样。

比如上面这个例子，就需要一个两列的表格，一列是孕妇年龄，一列是孕妇年龄所对应的残差，然后把这个表格按照残差的大小来排序（注意是按照残差的大小顺序，而不是年龄的大小顺序）。

紧接着抽样，比如随机抽 0—99、1000—1099、2000—2099、3000—3099 这四个样本（这些数字是指排序后的下标）。虽然这个残差是按照大小顺序排的，但是它们的自变量——孕妇年龄还是均匀分布的。

理论上说，如果误差并不影响自变量分布，就说明这个模型拟合得很好。体现在图像上，残差图应该是线条之间彼此平行，并且线条是水平的。水平说明残差是随机的，平行说明残差的大小对于孕妇年龄没有影响。介绍完残差的数学思想，下面写出代码，画出残差图。

```
[In  13]:
Y_TEST = []
for i in age_weight['agepreg']:
    Y_TEST.append(k*i+b)                              # 得到由构建模型预测的 Y
Y_TEST = np.array(Y_TEST)
Y_REAL = np.array(age_weight['weight'])
weight_error = Y_TEST - Y_REAL                        # 预测值与真实值相减，得到残差
weight_error = Series(weight_error)
age_weight.index = range(len(age_weight['agepreg']))     # 重新设置索引
errors = pd.concat([age_weight['agepreg'], weight_error], axis=1)
errors.columns = ['agepreg', 'error_weight']
errors.sort_values('error_weight', inplace=True)
errors.index = range(len(errors['agepreg']))          # 按照大小排序后，重新设置索引
error1 = errors.loc[0:99, 'error_weight']
error2 = errors.loc[1000:1099, 'error_weight']
error2.index = range(len(error2))
error3 = errors.loc[2000:2099, 'error_weight']
error3.index = range(len(error3))
error4 = errors.loc[3000:3099, 'error_weight']
error4.index = range(len(error4))                     # 任意取四组等长的残差样本
error = pd.concat([error1,error2,error3,error4], axis=1)
error.columns = ['0-99', '1000-1099', '2000-2099', '3000-3099']
error.plot()
plt.show()
errors['error_weight'].plot()
plt.show()
[Out 13]:
```

上面已经说明残差图的原理，这里再解释一下代码的易错点。列与列之间直接做减法，做好后先把列表、Series 等格式统一转化为 np 数组，不然也许会有意外错误。在合并表格之前先把表格的索引一致化，最后结果如图 1.21 所示。

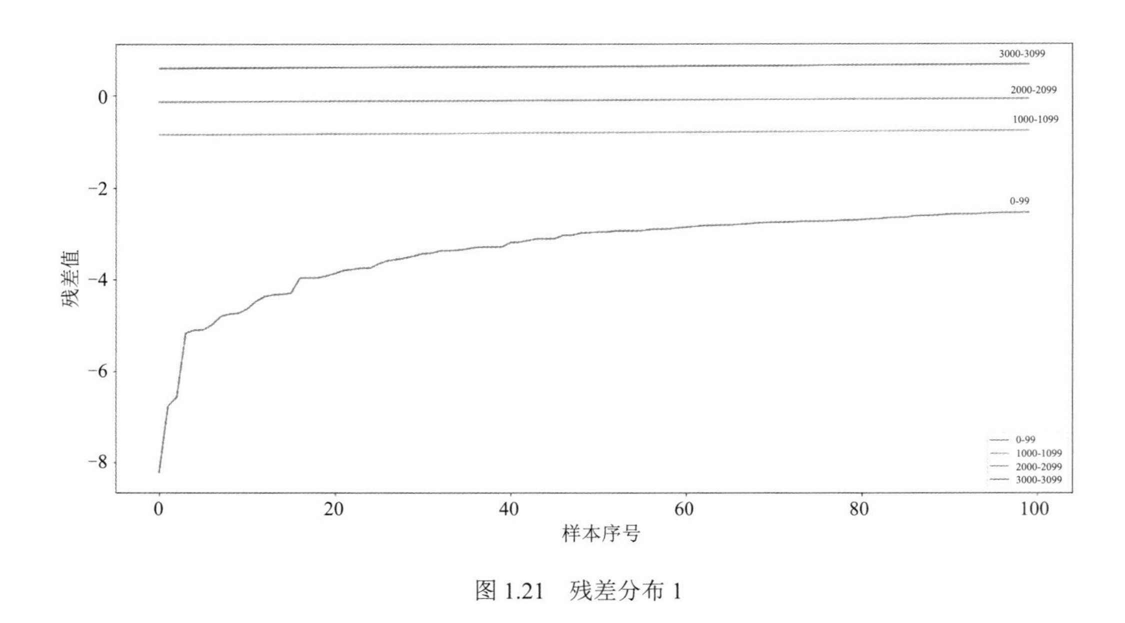

图 1.21　残差分布 1

图 1.21 看到后三条线的分布相当好，可是第一条线后半部分还行，前面非常糟糕，这是不是说明模型拟合得不够好呢？再看代码画的后一张图，如图 1.22 所示。

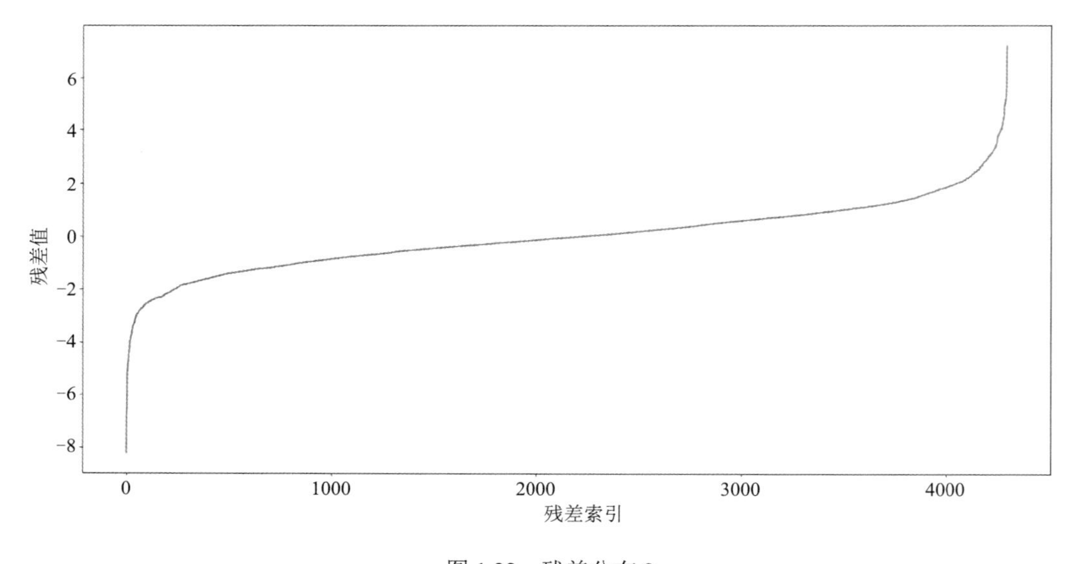

图 1.22　残差分布 2

图 1.22 纵坐标是残差大小，横坐标是残差所对应的索引，一共 4 299 个残差。因为残差是由大到小排列的，所以刚开头和最后结束的残差绝对值都有点大，大部分残差集中在 -1 到 1 的区间内，而图 1.21 之所以会出现那种情况，就是因为四组抽样组有一组是在开始阶段。

至于为何开始结尾会出现这样的数据，可能是生育时的一些极端情况造成的。总体来看，模型拟合得还是不错的。

1.5.4 假设检验

进行到这里，还有最后一个问题没有解决。即在该样本中所观察到的数据的规律是否也会出现在别的样本中，这个样本具有多少代表性？

假设检验就是为这个问题而生的。假设检验与模型评估有着根本的不同，模型评估是通过现有数据评估模型的拟合程度。而假设检验则代表了这个模型偶然出现的概率是多少，是否是因为样本的偶然性，造成了模型的偶然性。

假设检验中很经典的一个例题做例子。有一枚硬币，抛 100 次，60 次正面朝上，40 次反面朝上，问如果这个硬币质地均匀，出现这种情况的概率是多少？

在这里，硬币质地均匀就是假设，检验统计量是正反次数之差，算出的概率就是 P 值，P 值如果很低，那么就说这个效应是统计显著的。可能有些难以理解，类似于反证法。检验统计量是计算 P 值的一个指标。可以有如下理解：

- P 小于等于 0.01，统计显著，效应不太可能偶然发生。
- 介于 0.01 和 0.1 之间，统计比较显著，边缘值。
- 大于 0.1，效应很可能是偶然发生的，即随机事件。

为了解决上面那个问题，给出如下代码。

```
[In  14]:
import numpy as np
from pandas import Series, DataFrame
from matplotlib import pyplot as plt
M = 60
N = 40
test_statistic = M-N                            # 检验统计量为正反硬币次数的差值
count = 0
cal = []
for i in range(50000):                          # 实验模拟 50000 次
    test = np.random.randint(0, 2, M+N)         # 得到一个 M+N 长的 0/1 随机数组
    Y = F = 0
    for j in test:
        if j==1:                                # 如果等于 1，Y 自加 1，否则 F 自加 1，模拟抛硬币
            Y = Y + 1
        else:
            F = F + 1
    CAL = (Y-F)
    cal.append(CAL)                             # 得到每次模拟实验的结果，存储在数组里
    if CAL == test_statistic:
        count = count + 1
print(count/50000)                              # 输出统计量相等的比例
cal = Series(cal)
cal = cal.value_counts().sort_index()/50000         # 画出实验频数分布图
cal.plot(kind='bar')
plt.show()
[Out 14]:
0.01042
```

这段代码中 test_statistic 是检验统计量，test 是一个列表，包含了 100 个数据，其中有 0 和 1 代表硬币的正反面，0 和 1 的个数是随机的。实验重复 50 000 次，计算每次实验得到

的正反两面出现次数差，如果该差等于检验统计量，那么计数器 count 就加 1，最后计数器的计数再除以实验模拟总数。得到的数字是 0.014 2，这个数字比较小，统计显著，出现正面 60 次与反面 40 次的该硬币质地均匀的假设不太可能是偶然的，即硬币质地均匀的可能性很大。

如图 1.23 所示，画出了模拟 50 000 次实验中，抛掷硬币正反面次数差的频数分布图。

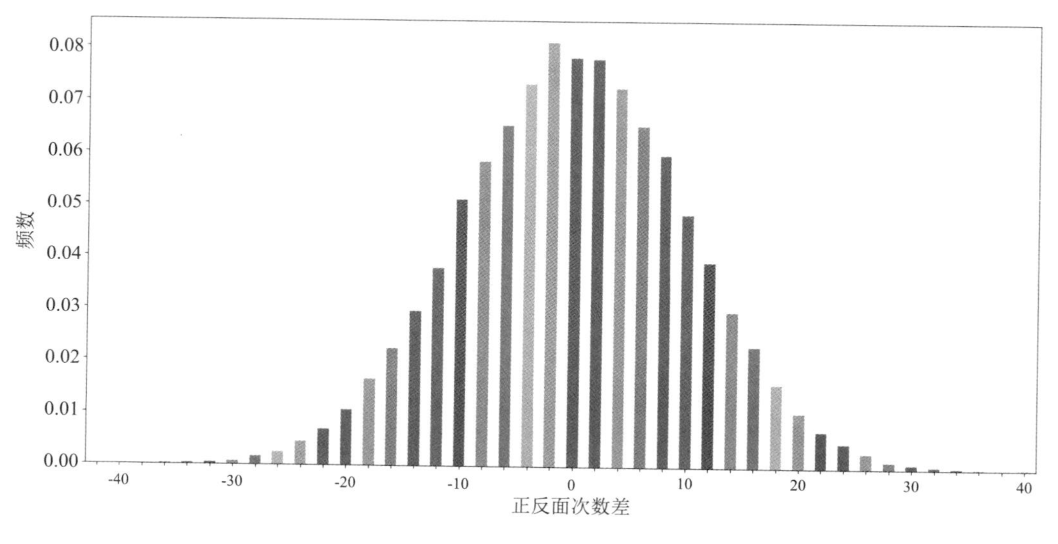

图 1.23　实验频数分布

由于我们可以观察出，相差为 ±2、0、2 的概率最大，并以其为中心呈现正态分布。之所以特意画出这个图，也是为了让大家观察到一个很重要的信息。

在日常生活中，我们认为如果硬币质地均匀，那么其抛掷 100 次后，正反两面次数之差为零的概率应该非常大，可是仔细观察图 1.23，其概率并不超过 0.08。也就是说最应该出现的情况其占所有可能出现情况的比例仅为 8%。因此以后计算 *P* 值，*P* 值如果是 0.08，要意识到，这已经是一个非常大的概率了。

回到正题，接下来利用同样的思路去计算一直探讨的问题——*P* 值。问题是，孕妇的第一胎是否妊娠期更长？假设是第一胎和多胎的孕妇妊娠周期分布值大致相同，编写如下代码。

```
[In  15]:
import numpy as np
import pandas as pd
from pandas import Series
data = pd.read_csv('EDA2002.csv')                              # 读取文件
data_filtration1 = data[data['birthord'] == 1]                 # 选取生育成功的样本
data_filtration2 = data_filtration1[data_filtration1['prglength']>=30]
new_data = data_filtration2[data_filtration2['prglength']<=43]
                                                               # 选取妊娠周期 30-43 之间样本
first = new_data[new_data['pregordr'] == 1]
other = new_data[new_data['pregordr'] != 1]                    # 将首胎和多胎分为两个表格
first_mean = first['prglength'].mean()
other_mean = other['prglength'].mean()
```

```
    test_statistic = first_mean - other_mean              # 检验统计量为两者平均值之差
    L1 = 99
    L2 = 33
    count = 0
    sample = []
    for i in range(1000):
        M = np.random.randint(1,len(first['prglength'])-101)
        N = np.random.randint(1,len(other['prglength'])-101)
                                                  # 在合理范围内随机取两个数作为样本开头
        first_sample = first['prglength'][M:M+L1]
        other_sample = other['prglength'][N:N+L2]
        outoforder_sample = np.append(first_sample, other_sample)    # 将两个数组合并
        np.random.shuffle(outoforder_sample)                        # 合并后打乱顺序重排
        if len(outoforder_sample) < L1 + L2:
            continue
        new_first_sample = outoforder_sample[0:L1]
        new_other_sample = outoforder_sample[L1: L1 + L2]    # 再将合并后数组分为两个数组
        new_first_sample = Series(new_first_sample)
        new_other_sample = Series(new_other_sample)
        sample_statistic = new_first_sample.mean() - new_other_sample.mean()
                                                        # 平均值互减
        sample.append(sample_statistic)
        if sample_statistic <= test_statistic + 0.01 and sample_statistic >= test_
statistic - 0.01:
            count = count + 1                           # 判断是否在置信区间内
    print(count/1000)
    print(test_statistic)
    [Out 15]:
    0.021
    -0.1594536148363659
```

这段代码的思路大致如下：

（1）求第一胎和多胎的均值差，并以此为检验统计量。然后进行 1 000 次模拟实验，每次实验从两类样本中取大小分别为 L_1、L_2 的数组，L_1、L_2 数组的大小根据两类样本大小以及比值决定。

（2）将两个数组合并打乱顺序重排，再重新产生两个大小分别为 L_1、L_2 的数组，再做均值差，如果均值差落在了 [test_statistic-0.01, test_statistic+0.01] 这个区间里，那么计数器 count 就加 1。

（3）得到 P 值为 0.021。统计显著，即妊娠周期与是否是第一胎有关系，不太可能是偶然发生的事件。

最后要强调一下在本节中遇到的两个统计学术语的区别。比如通过以上分析，得到了新生儿体重与孕妇妊娠年龄的简单线性回归模型，然后对该模型进行假设检验，得到了一个 P 值，发现该模型是统计显著的。同时另一方面在多变量分析那一小节中，计算了新生儿体重和孕妇妊娠年龄的皮尔森相关系数。那么 P 值和皮尔森相关系数有什么关联呢？

读者可以这么理解，皮尔森相关系数反映了这两个变量之间的相关性有多强，P 值反映了这种相关性的出现是否是偶然的，以及偶然的概率有多大。

第 2 章

Python 知识进阶

第 1 章带大家了解了什么是数据分析，也通过一些实例深刻体会了数据分析的大致流程。这一章带大家深刻了解 Python 语言本身。本章不讲太多基础的知识点，主要在读者已经了解什么是变量、函数、类等编程知识的基础上讲一些实用编程技巧，以及编程中容易遇到的问题。

2.1 Python 语言

Python 作为一门编程语言，本质上就是一个工具，和 Java、C、C++ 并没有什么不同。那么它到底有什么特色，为何近几年发展如此迅猛？截至 2020 年 6 月，最新的 TIOBE 语言排行榜，Python 终于超越了 C++，进入编程语言前三的地位，如图 2.1 所示。

Jun 2020	Jun 2019	Change	Programming Language	Ratings	Change
1	2	^	C	17.19%	+3.89%
2	1	⌄	Java	16.10%	+1.10%
3	3		Python	8.36%	-0.16%
4	4		C++	5.95%	-1.43%
5	6	^	C#	4.73%	+0.24%
6	5	⌄	Visual Basic	4.69%	+0.07%
7	7		JavaScript	2.27%	-0.44%
8	8		PHP	2.26%	-0.30%
9	22	^^	R	2.19%	+1.27%
10	9	⌄	SQL	1.73%	-0.50%
11	11		Swift	1.46%	+0.04%
12	15	^	Go	1.02%	-0.24%
13	13		Ruby	0.98%	-0.41%
14	10	⌄⌄	Assembly language	0.97%	-0.51%
15	18	^	MATLAB	0.90%	-0.18%
16	16		Perl	0.82%	-0.36%
17	20	^	PL/SQL	0.74%	-0.19%
18	26	^^	Scratch	0.73%	+0.20%
19	19		Classic Visual Basic	0.65%	-0.42%

图 2.1　2020 年 6 月 TIOBE 语言排行榜

2.1.1　Python 的历史

Python 的创始人为 Guido van Rossum，1989 年圣诞节期间在阿姆斯特丹，Guido 为了打发圣诞节的无趣，决心开发一个新的脚本解释程序，作为 ABC 语言的一种继承。

2004 年后，Python 语言的使用率呈线性增长。2011 年 1 月，它被 TIOBE 编程语言排行榜评为 2010 年度语言。

总的来说，Python 的历史已经三十年多了，虽然排名有升有降，但在编程界始终保持着自己的一席之地，不可否认是一门值得学习的语言。

但是话又说回来，最近一两年 Python 在国内的火热也是存在泡沫的。因为人工智能、大数据、机器学习等浪潮的来袭，在这些领域中应用得比较广泛的 Python 就炙手可热起来，培训班遍地都是，几乎人人都要学 Python。

其实，Python 程序员的市场与 Java、C、C++ 等老牌经典语言相比还是不够充分的，人工智能等高薪岗位也不仅仅需要学习 Python。在这个信息时代，学习一门语言也并不是程序员的专利。

也许你是一名科学家，需要类似 MATLAB 的计算工具；也许你是数据分析师，需要更高效地处理数据；也许你仅仅是想通过编程让生活更加便利、智能化，推荐你首选 Python 语言，尤其是你把编程仅仅当作爱好的情况下。

其简单易上手，第三方库丰富，功能强大。如果你不是一位专业程序员，比如你是一个数据分析师，你的特长在于分析数据发现问题，那么把太多的精力放在对编程语言语法的研究上以及轮子的开发上无疑是浪费，选择 Python，可以最大限度减少你对语言本身的学习以及开发重复轮子的时间，专注于功能设计。

2.1.2　Python 的特色

Python 语言在诞生之初，其开发者对它的定位就是简洁、优雅、明确，可以说 Python 的优缺点都来自这六个字。Python 的优缺点如图 2.2 所示。

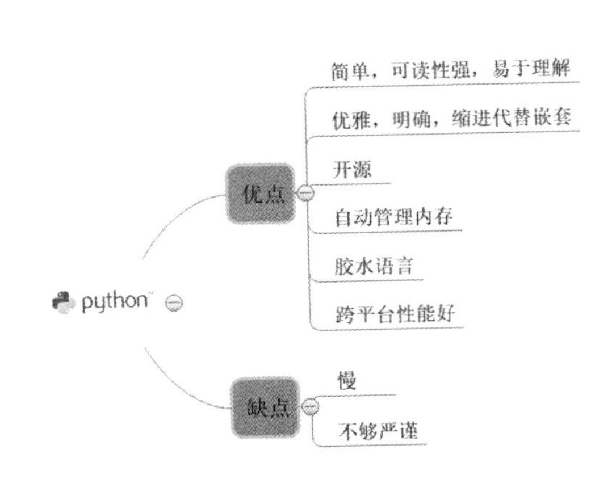

图 2.2　Python 的优缺点

先来说说 Python 的优点。

Python 最大的优点就是可读性强，其代码风格与人类的自然语言逻辑很像。代码表面看起来写得很随意，其实逻辑性很强。有时候你会有这样的惊喜，就是本来并不知道该怎么写，可是凭借着对自然语言的理解，可以顺其自然地写出来；或者说，你并没有很丰富的编程经验，但是你看过代码后可以将代码的功能猜个八九不离十。举个例子如下：

```
[In  1]:
my_list = [1,2,3,4,5]
[n for n in my_list if n>2]
[Out 1]:
[3, 4, 5]
```

首先创建了一个列表，叫作“my_list”，包含有五个元素。现在想筛选一下元素，去除其中小于 3 的元素。第二行代码就像英文句子一样，初学者也可以凭借自身对英文的掌握去尝试理解代码的逻辑。经过后面更加深入的学习，你会了解到这种方法叫作列表生成式。

Python 的第二个特色就是其利用缩进实现嵌套关系。这样做一方面看起来更加优雅，另一方面帮助初学者省略了一大隐患，就是 C 语言中经常出现的因为括号不匹配导致嵌套出错的问题。

Python 还是完全开源的，其开发者本身就是开源理念的坚定支持者。这意味着首先你可以不花一分钱使用 Python，其次可以自由阅读、发布、拷贝这个软件的源代码，甚至进行改动。这非常利于想要深入学习编程的程序员。而且正因为它是开源的，伴随着 Python 的发展涌现出了很多出色的第三方库。

如果你了解 C 语言、C++ 语言，你就会知道内存管理给你带来很大麻烦，程序非常容易出现内存方面的漏洞。但是在 Python 中内存管理是自动完成的，你可以专注于程序本身。

Python 又被称为胶水语言，它可以和 C、Java 等语言混合编写。Python 是典型的动态、解释性语言。所谓动态语言是说等到程序运行时才识别数据类型，这让开发者可以专注于程序逻辑设计，不再为复杂的数据类型劳神伤脑。解释性语言是说代码跳过了编译环节，利用解释器转换成字节码这样的中间形式。这意味着 Python 的跨平台性相当好。

接下来说说 Python 的缺点。

首先，慢。这是解释型语言的通病。编译型语言一次编译后可以以“exe”格式永久运行文件，解释型语言是每次运行都要解释。但是由于现在基础硬件的飞速发展，这个所谓的慢我们基本上是感受不到的。就算是处理大规模数据，也可以通过与 C 语言，以及分布式运算混合使用加以解决。所以说，这个问题随着时代的发展，越来越不是问题。

其次，因为其是动态语言，数据的类型在解释的时候才进行检验，这就造成一个是慢，一个是容易出现一些无法轻易察觉的 bug。后者是动态语言的通病，这个诟病目前来看还无法解决，这也使得 Python 在大型工程方面与严谨庄重的 Java 无法匹敌。

2.2　Python 技巧与进阶

想要熟练、高效地掌握数据分析的技能，仅仅懂得 Python 的基础语法知识是不够的，还需要知道一些功能函数以及特殊的操作技巧。而仅仅懂得 Python 的基础语法，可以写代码，却写不出可维护、可继承的代码，还需要懂得一些进阶知识。

本节就介绍一些 Python 编程技巧以及编程进阶内容。

2.2.1　数据类型方面的技巧

这方面的技巧是最常用的，也是最重要的。因为所有数据都是以数据类型为载体进行存放的。下面就从列表、元组、字典、集合、数组等数据类型入手，讲述一些技巧操作。

1．数组妙用

假设有一组数存在一个名叫 grades 的列表里，这分别是五个评委对一位选手的打分，具体代码如下。

```
[In  2]:
grades = [99, 89, 95, 93, 97]
g1, g2, g3, g4, g5 = grades
```

有过 Python 基础的读者都知道，第二行代码可以很轻松地将 grades 中的五个数分别赋值给从 g1 到 g5 的五个变量。

但有时候并不需要这么操作，比如想把最高分和最低分剔除，然后求平均。你也许想到了用切片，但是有时候也不需要切片这么复杂，代码如下。

```
[In  3]:
grades.sort()
g1, *g2_4, g5 = grades
g2_4
[Out 3]:
[93, 95, 97]
```

可以看到只要加一个“*”符号，就可以取到列表中间三个数值。事实上，这个“*”的作用不仅仅于此，关键看你如何使用。

比如，如果最后一个变量加“*”，可以取出最后面几个元素；最前面一个变量加“*”，可以取出最前面几个元素。有了这个“*”你可以更加灵活地从各种数据类型中取出你想要建模的数据。

在上面的代码中，是先对列表中的数字排序，其中使用的是 sort 函数。本书不涉及深层次算法复杂度分析的知识，但是因为排序在数据分析中十分重要，这里还是要讲一下几种函数的选择。

当你在数据分析的时候，如果需求是找出最大值和最小值，那么使用 min、max 这两个函数无疑是性能最高的。但如果想找到最大、最小的 N 个元素，使用循环配合 min、max 函数就是不明智的了。

这时如果数据规模和你想寻找的 N 个元素的规模差不多大小，那么使用 sort 先对列表整体排序后再用切片比较好。如果数据规模远远大于 N，那么可以考虑另外两个函数 nlargest、nsmallest，代码如下。

```
[In  4]:
import heapq
heapq.nlargest(3, grades)
[Out 4]:
[99, 97, 95]
```

2. 字典技巧

接下来讲讲字典方面的一些操作，比如字典排序。所谓字典排序往往是对其键对应的值进行排序，比如每一只股票对应一个股票价格。

在这里 zip 函数将字典的键值对反转了过来。如果不使用 zip 函数，而直接使用 min 的话，就会发现其返回的仅仅是一个值，而不知道它所对应的股票名字叫什么，代码如下。

```
[In  5]:
prices = {'a1' : 12.5, 'a2' : 13.4, 'b2' : 12.4}
min_price = min(zip(prices.values(), prices.keys()))
min_price
[Out 5]:
(12.4, 'b2')
```

大家都知道列表元组的切片，那么从字典中取出一个子集应该如何操作呢，代码如下。

```
[In  6]:
p1 = dict((key, value) for key, value in prices.items() if value > 12.4)
p1
[Out 6]:
{'a1': 12.5, 'a2': 13.4}
```

字典是无法像列表、元组那样通过索引切片来获得子集的，但是可以换一种方法通过元素筛选的方式来获得子集，这在数据过滤中也很常见。

2.2.2 数字方面的使用技巧

1. 浮点数陷阱

关于浮点数有一个人尽皆知的问题就是它们无法精确地表达出所有的十进制小数位。如果作为一个 Python 初学者，你可能会遇到这样的困惑，代码如下。

```
[In  7]:
a = 3.4
b = 4.3
a + b
[Out 7]: 7.699999999999999
```

你可能会有疑问，这个人人都可以迅速口算出来的运算，为何 Python 计算不准确？这些误差实际上是底层 CPU 的浮点运算单元和 IEEE754 浮点数算术运算标准的一种特性。这些误差在某些方面微不足道，但在有的领域却至关重要，比如金融行业。

这时如果你宁愿牺牲性能而选择更高的精度，可以选择 decimal 模块，代码如下。

```
[In  8]:
from decimal import  Decimal
a = Decimal('3.4')
b = Decimal('4.3')
a+b
[Out 8]:
Decimal('7.7')
```

需要注意的是，decimal 模块里面的数字必须用单引号括起来，因为它是以字符串的形式来进行操作的。

2．复数运算

某些工程中，需要引入复数运算，代码如下。

```
[In  9]:
a = complex(2, 4)
a
[Out 9]: (2+4j)
```

所有常见的算术运算操作都适用于复数，此外如果想要执行与复数有关的函数操作，需要特别引入 Cmath 模块。Python 的标准数据函数库 math 默认情况下不会产生复数值，代码如下。

```
[In  10]:
import math
math.sqrt(-1)
[Out 10]:
ValueError: math domain error
```

这时就必须使用 cmath 模块了，代码如下。

```
[In  11]:
import cmath
cmath.sqrt(-1)
[Out 11]: 1j
```

3．无穷值与缺失值

在数值计算中，如何处理无穷值和缺失值是一个大问题，因为这两种值有伴随计算而传播并不报错的特性，代码如下。

```
[In  12]:
a = float('inf')
b = float('nan')
C = 1
d = a + b + C
d
[Out 12]:
nan
```

唯一可以安全检测出这些值的函数是 isinf、isnan。在本书后面章节还会详细介绍如何处理缺失值。但是最安全的方法是用这两个函数检测，然后进行替换或者删除。

4. 随机数

随机数也是数据科学中很重要的一环。 数学家、计算机科学家用各种算法来保证产生的随机数是随机的，是为了让随机算法更好地发挥性能。在数据分析中不可避免地要构建模型，构建模型有时不得不使用随机数。

如果想从序列中随机挑选元素，可以使用以下方法，代码如下。

```
[In  13]:
import random
values = [1,2,3,4,5,6]
random.choice(values)
[Out 13]:
6
```

如果随机选出的数字个数不止一个，可以使用以下方法，代码如下。

```
[In  14]: random.sample(values, 3)
[Out 14]: [5, 1, 2]
```

如果想把一个序列打乱顺序，可以使用以下方法，代码如下。

```
[In  15]:
random.shuffle(values)
values
[Out 15]:
[1, 5, 2, 6, 3, 4]
```

以下不再举例子，还可以使用 random.randint、random.random、random.getrandbits 来分别产生随机整数、0 到 1 之间均匀分布的浮点数值、*N* 个随机比特位所表示的整数。

这些是在随机算法、启发式算法中常用的随机例子。

2.2.3 枚举

很多语言都有枚举这个功能。在早期的 Python 2.x 版本中是没有枚举的，更新换代的 Python 3.x 增添了枚举功能。

有过一定 C 语言基础的人都知道，C 语言是编译型语言，其有变量、常量、常变量等类型，但 Python 是没有的。在使用 Python 编程时，往往通过大写字母的形式来假定它是常量，这非常不严谨。通过枚举，可以在 Python 中定义一些常量，具体代码如下。

```
[In  16]:
from enum import Enum
Class physics(Enum):
    C = 3e8
    g = 10
    iron = 7.87
    silver = 10.5
    gold = 19.3
```

从上述代码可以看出来，枚举是通过类的方式来定义常量的。这里声明了一个有关物理学常量的枚举类，里面有五个常量，光速、重力加速度、铁密度、银密度、金密度。下面通过编码来看看是否可以改变其值。

```
[In  17]: physics.g.value = 9.8
[Out 17]: AttributeError: Can't set attribute
```

答案是不行。

枚举这个功能的诞生是为了让 Python 拥有定义常量的功能，但是同时伴随着这点也衍生出了一些其他的功能，比如在代码可读性方面的加强，代码如下。

```
[In  18]: physics.g
[Out 18]: <physics.g: 10>
[In  19]: physics.g.value
[Out 19]: 10
[In  20]: physics.g.name
[Out 20]: 'g'
```

以上分别是一个常量的枚举类型、枚举值、枚举名。编程时可以利用这些属性进一步增强代码的可读性，代码如下。

```
[In  21]:
if physics.g.value == 10:
    print('代码可读性增强')
[Out 21]: 代码可读性增强
```

为什么说这样让代码可读性增强了呢？因为它像一个字典一样给这个常量增添了一些属性，比如名、值。这样一来，编写 if 等逻辑语句时，可读性更强，更知道代码此时在判断哪个枚举类型，以及哪个枚举类型的名或值。

此外，枚举类可以通过值直接索引到枚举类型，但无法通过枚举类型取到枚举类型所对应的值。比如，代码如下：

```
[In  22]: physics(10)
[Out 22]: <physics.g: 10>
```

反过来就会报错。

2.2.4　匿名函数的应用

在传入函数时，有些时候不需要显式地定义函数，直接传入匿名函数更方便。匿名函数的基本定义是这样的，代码如下：

```
[In  23]:
f = lambda x,y : x+y
f(1,2)
[Out 23]:
3
```

用 lambda 来声明一个匿名函数，冒号左边是参数列表，冒号右边是参数表达形式，不可以出现赋值语句。

这个例子没有很好地表现出匿名函数的优势，接下来将把匿名函数结合几个 Python 常用的函数，体现匿名函数的简洁与优雅。

首先介绍一个很多语言都有的逻辑表达式：三元表达式。三元表达式的形式是为真时的结果 if 判定条件 else 为假时的结果，代码如下。

```
[In  24]:
x=1
y=2
result = '我是真' if x>y else '我是假'
result
[Out 24]:
'我是假'
```

这种形式的表达式在匿名函数里很常用，代码如下：

```
[In  25]:
f = lambda x,y : '我是真' if x>y else '我是假'
f(1,2)
[Out 25]: '我是假'
```

可以看出，用匿名函数结合三元表达式可以用极其简洁的形式去完成很多复杂的功能。如果使用声明函数，再在函数内部定义功能的方式，会显得烦琐，可读性也不强。

接着介绍 map 函数，代码如下。

```
[In  26]:
result = map(lambda x: x*x, [1,2,3,4,5])
list(result)
[Out 26]:
[1, 4, 9, 16, 25]
```

可以发现，map 的功能就是对传进来的列表的每一个值进行函数运算，所执行的函数功能由 map 函数的第一个参数决定。

类似的与匿名函数结合，从而实现批量处理数据同时形式又很简洁优美的函数有很多。比如 reduce，代码如下。

```
[In  27]:
from funtools import reduce
step_xy = [1,2,3,4,5]
result = reduce(lambda x,y : x+y, step_xy)
print(result)
[Out 27]:
15
```

可以发现，reduce 完成的是一个累加的操作。在第一次操作中 x=1，y=2，计算得到的结果 3 赋值给 x，第二次 x=3， y=3，再进行计算，依此类推。

还有一个 filter 函数，执行的是过滤操作，代码如下。

```
[In  28]:
result = filter(lambda x : x>3, [1,2,3,4,5])
list(result)
[Out 28]:
[4, 5]
```

通过以上代码可以了解到，lambda 函数定义了一个表达式，凡是列表中满足该表达式的元素就会被过滤出来。

这里要提醒一下，lambda 函数所实现的仅仅是形式上的优雅、简洁与明确，但是其并不会带来性能上的提升。不过有时候形式上的可读性可以很大程度上提升代码的继承性，这在公司项目方面有很大的作用。所以 lambda 是一种 Python 推荐经常使用的形式。

2.2.5 装饰器：语法糖

好的开发模式有一个原则，对修改是封闭的，对扩展是开放的，允许在定义的时候复杂，但调用的时候要简单。

而装饰器就是这样一种在定义时比较复杂，调用的时候非常简单，避免了想要增加函数功能时对原有函数的修改，提高函数扩展性的语法糖。

所谓语法糖，也译为糖衣语法，是由英国计算机科学家彼得·约翰·兰达（Peter J. Landin）发明的一个术语，指计算机语言中添加的某种语法，这种语法对语言的功能并没有影响，但是更方便程序员使用。通常来说使用语法糖能够增加程序的可读性，从而减少程序代码出错的概率。

装饰器是 Python 语言中一个比较难以理解的知识点。这里循序渐进、抽丝剥茧地来理解装饰器的定义，代码如下。

```
[In  29]:
def f1():
    print('hello world')
f1()
[Out 29]:
hello world
```

这是一个简单的函数，其功能是输出 hello world。这时候有个需求，想让该函数再输出一个 hello beijing。在不改变原来函数体的情况下，增添函数的功能法怎么做呢？你可能想到了嵌套函数，代码如下。

```
[In  30]:
def f():
    print('hello beijing')
    f1()
f()
[Out 30]:
hello beijing
hello world
```

可以看到，功能是实现了，可是相当烦琐。首先代码可读性不高，每次要增添函数功能时，每次都要嵌套太过麻烦。其次虽然它没有改变 f1 的函数体，但是在增添函数新功能后只能调用 f，已经不再是原来的函数。

装饰器就解决了这个问题，代码如下。

```
[In  31]:
def decorator(func):
    def wrapper():
        print('hello beijing')
        func()
```

```
    return wrapper
@decorator
def f1():
    print('hello world')
f1()
[Out 31]:
hello beijing
hello world
```

装饰器在定义的时候是很烦琐的。首先要声明一个函数，在函数里再声明一个函数，并要在该内部函数里调用想要装饰的函数，想增添的函数功能在内部函数里实现。不过调用是相当简单的，只需要用 @ 这个符号就可以解决问题。

这时候还没有完，有时候定义一个函数会有参数，会有关键值，这时候需要在“wapper”后面加括号声明，代码如下。

```
[In  32]:
def decorator(func):
    def wrapper(*args, **kw):
        print('hello beijing')
        func(*args, **kw)
    return wrapper
@decorator
def f1(test_arg1, **kw):
    print('hello world' + test_arg1)
f1('zyh', a=2018)
[Out 32]:
hello beijing
hello worldzyh
```

*args 代表参数，**kw 代表关键值。因为不知道参数、关键值的真实个数，所以要加“*”。至此装饰器的基础功能就讲解完毕了。

装饰器功能这么强大是不是没有缺点呢？不是的，装饰器也不要轻易使用，因为使用得不对，反而会给程序带来负担，代码如下。

```
[In  33]: print(f1.__name__)
[Out 33]: wrapper
```

很奇怪对不对，明明想输出的函数名是 f1，怎么变成了 wrapper ？这是因为使用装饰器之后，程序实际调用的是之前装饰器声明中的 wrapper 函数，而不是 f1。这个改变也许会给你的程序带来意想不到的错误。那么这个问题应该如何解决呢，代码如下。

```
[In  34]:
from functools import wraps
def decorator(func):
    @wraps(func)
    def wrapper(*args, **kw):
        print('hello beijing')
        func(*args, **kw)
    return wrapper
@decorator
def f1(test_arg1, **kw):
    print('hello world' + test_arg1)
f1('zyh', a=2018)
print(f1.__name__)
[Out 34]:
```

```
hello beijing
hello worldzyh
f1
```

通过以上代码就完美解决了问题。引入 wraps 包，在定义装饰器的内部函数之前使用 wraps 语法糖，就可以解决问题。

这里还要强调一点，装饰器同匿名函数、列表生成式一样都不会改变编程性能。它所带来的是编程效率的提高、代码继承性的提高。

2.2.6　列表生成式

如果有一个列表，现在的需求是让每个列表里的元素都加 1。你应该如何做呢？如果学过后面的第三章，你会说最简单的方式是将列表数组化，将数组与数直接做运算。不错，如果不想使用数组，就使用列表呢？最直接的方式当然是循环操作，代码如下。

```
[In  35]:
test1 = [1,2,3,4,5,6]
for i in range(len(test1)):
    test1[i] = test1[i] + 1
test1
[Out 35]:
[2, 3, 4, 5, 6, 7]
```

还有比较简单的方法，比如 2.2.4 节刚刚讲过的匿名函数的应用，代码如下。

```
[In  36]:
result = map(lambda x:x+1, test1)
list(result)
[Out 36]:
[3, 4, 5, 6, 7, 8]
```

还有一种最简单的方式就是使用列表生成式，代码如下。

```
[In  37]:
test1 = [3,4,5,6,7,8]
test2 = [i+1 for i in test1]
test2
[Out 37]:
[4, 5, 6, 7, 8, 9]
```

这就是列表生成式，非常的简单、明确、优雅，初学者可能不太会写，不过可以先学习下。

2.2.7　迭代器与生成器

列表生成式的作用仅仅是简化了表达形式，当然不否认简化表达形式极大地提高了开发效率。2.2.6 节之所以介绍列表生成式，其实主要还是为了引出迭代器、生成器这两个在 Python 语言中十分重要的概念。

要想深刻了解迭代器、生成器在 Python 中的作用，先来了解一下 Python 的整体结构。在 Python 语言中，有诸多类型比如容器、函数、类。容器用来存放数据和函数操作的数据，而类由大大小小不同的功能函数与容器组成。

容器包括列表、字典、元组、集合、数组、迭代器、生成器等。其中前面五者与后面两者有本质的区别。

可以说，前面几个数据类型作为容器容量都是有限的。如果想创建一个包含 100 万个元素的列表，不仅会占用很大的存储空间，在大多数情况下也不会同时使用如此之多的元素，这样就白白浪费了资源。

而生成器和迭代器可以说是一种数据流，你可以把这个数据流看成一个有序数列，但是并不知道这个有序数列最终的长度。它的计算是惰性的，即只有在需要的时候才会计算。它们甚至可以表达一个无限长的序列，比如全体自然数集合。

不过容易混淆的是，迭代器和可迭代对象有什么不同？列表、元组等都是可迭代对象，但是你不能把它称作迭代器，只能通过 iter 函数将其转化为可迭代对象。

这个概念可以这么理解，你是一个人，但你不会打羽毛球，不过你可以通过训练成为一名羽毛球职业选手。这里，人等同于列表，训练等同于 iter, 职业选手等同于可迭代对象。你不能说人就是职业选手，但是你可以说人都有成为职业选手的潜在可能。

而且值得一提的是，生成器、迭代器的元素仅仅可以调用一次，再调用就会报错，因为其具有即用即得、不占内存的特性，使用过后就会丢弃，不会在内存中存放。

生成器、迭代器与其他容器的关系以及优劣的对比，如图 2.3 所示。

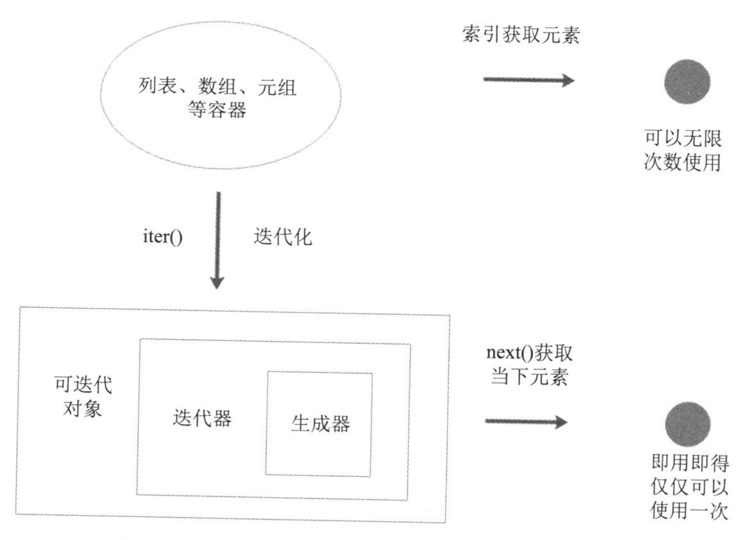

图 2.3　生成器、迭代器与其他容器的关系及优劣对比

那么生成器与迭代器的区别何在呢？迭代器包括生成器，生成器是一种特殊的迭代器，其可以通过自定义生成器函数来改变迭代的形式、终止条件等，代码如下。

```
[In  38]:
def test_range(start, stop, flag):
    x = start
    while x<stop:
        yield x
        x += flag
for i in test_range(0, 10, 2):
    print(i)
[Out 38]:
0
2
4
6
8
```

这里就是自己编写了一个特殊的迭代器和一个生成器。其实有 Python 基础的读者会发现，编写的这个函数和 range 这个内置函数的功能是一样的。在函数中，只要出现了 yield 语句，那么它就是一个生成器函数。这里配合 for 循环将所有的数都输了出来，其实还可以通过 next 函数控制输出，代码如下。

```
[In  39]:
test = test_range(0,10,2)
test
[Out 39]:
<generator objeCt test_range at 0x000001BA53AC3AF0>
```

这里可以清楚地看到，test 是一个生成器对象，代码如下。

```
[In  40]: next(test)
[Out 40]: 0
[In  41]: next(test)
[Out 41]: 2
```

通过调用 next，就可以得到生成器下一个生成的数据。这里，不需要通过像列表一样索引得到值，而是调用 next 获取想要得到的值。

生成器的编写不一定要像上面那样复杂，它可以像列表生成式一样简单、明确、优雅，而且只需要做一点小小的改动，比如把中括号改成小括号，代码如下。

```
[In  42]:
test1 = [1,2,3,4,5]
generator1 = (i+1 for i in test1)
generator1
[Out 42]:
<generator objeCt <genexpr> at 0x000001BA53A96E08>
```

只需要写一行代码，就可以得到一个生成器。这就是要先介绍列表生成式的原因。

2.3　Python 编程的易错点

每一门语言因为其语法特性、擅长领域都有一些自身独特的易错点，避开这些雷区，才能更高效地编程。尽管 Python 语言相当得简单、优雅、明确，其在非逻辑上的 bug 已经很少很少了，但是还会有一些新手必触雷区，还是要简单介绍下。

2.3.1 全局变量与局部变量

请先看如下代码。

```
[In  43]:
def f(a):
    print(a)
    print(b)
b = 8
f(3)
[Out 43]:
3
8
```

下面代码中，首先定义了一个函数 f，作用是打印出 a、b。最后打印出的 a 为 3，b 为 8。a 来自函数 f 中传入的形参，而 b 是全局变量 b。到现在为止很好理解，代码如下。

```
[In  44]:
def f(a):
    print(a)
    print(b)
    b = 4
b = 8
f(3)
[Out 44]:
3
UnboundLocalError: local variable 'b' referenced before assignment
```

然后对代码做一些改动。在 print(b) 这行代码下面加上 b=4。这时候程序输出了 a，但是紧接着系统会报错，局部变量 b 应该在任务之前。这是因为作用域的问题。

函数定义了局部作用域，模块定义了全局作用域。也就是说当你定义一个函数时，这个函数整体是一小块独立的作用域，在该区域内定义的变量当超出该作用域范围后将不再使用。虽然在整个模块中，有代码 b=8，但是这个 b 是全局变量，它不同于局部变量 b=4。函数里的语句优先使用局部变量，同时该局部变量定义的位置不合适，所以才会报错，代码如下。

```
[In  45]:
def f(a):
    b = 4
    print(a)
    print(b)
b = 8
f(3)
[Out 45]:
3
4
```

当 b=4 定义在使用 b 之前，程序就可以正常运转了，这时候输出 a=3，b=4。如果想在程序中使用的是全局变量 b，需要使用 global 声明。需要注意的是，无法在声明的同时赋值，想赋值必须要另起一行，代码如下。

```
[In  46]:
def f(a):
    global b
    b = 4
    print(a)
```

```
    print(b)
b = 8
f(3)
[Out 46]:
3
4
```

这部分代码和上部分代码的输出是一模一样的，但是其意义完全不同。上面一部分代码输出的是局部变量b的值，而这部分代码输出的是全局变量b的值，这是两个完全不同的变量。下面这部分代码，可以让读者理解得更加清晰。

```
[In  47]:
def f(a):
    b = 4
    print(a)
    print(b)
b = 8
f(3)
b
[Out 47]:
3
4
8
```

这里可以清楚地了解到，该函数的功能中输出的 b 是局部变量，而最后直接输出的 b 是全局变量，其值为 8。

2.3.2　闭包

上面一小节讲了全局变量与局部变量的区别，这里讲一下由局部变量、全局变量衍生出来的一种函数式编程的思想产物——闭包。

闭包没有绝对标准的定义，对它的理解是定义在函数 A 内部的函数 B。因为函数 B 所需要的一些环境变量在 A 中已经设定好了，所以使得函数 B 有着良好的封闭性。编程并不一定要使用闭包，但是闭包绝对是一种高阶编程方式，代码如下。

```
[In  48]:
def factory(origin):
    def step(step):
        new_origin = origin + step
        origin = new_origin
        return new_origin
    return step
visitor = factory(1)
print(visitor(2))
print(visitor(3))
print(visitor(5))
[Out  48]: UnboundLocalError: local variable  'origin'  referenced before
assignment
```

这就是闭包最简单的一个构造。首先声明一个函数，然后在函数内部再声明一个函数。不过该函数的一些初值、常量、环境变量等不轻易改变的值将存放在外部函数里。如在该闭包中，origin 就是一个初始值。

该函数的功能是假设一个人走台阶，origin 代表上一次走上台阶后在什么位置，step 代表这次走了几个台阶。

最后发现函数报错了，这是因为程序把 origin 又看成了局部变量，这是 Python 中的一个默认机制导致的。一旦一个变量出现在赋值符号的左边，程序就把它看成一个局部变量。那么这时需要用 nonlocal 声明它不是局部变量，代码如下。

```
[In  49]:
def factory(origin):
    def step(step):
        nonlocal origin
        new_origin = origin + step
        origin = new_origin
        return new_origin
    return step
visitor = factory(1)
print(visitor(2))
print(visitor(3))
print(visitor(5))
[Out 49]:
3
6
11
```

这样，结果正确了。同时变量 origin 也有了良好的封闭性。

2.3.3 函数传参

先看如下代码。

```
[In  50]:
a = 10
def mistake(x=a):
    print(x)
a=5
mistake()
[Out 50]:
10
```

这里期望输出的是 5，结果输出的是 10，这是为什么呢？是因为在使用这个函数时忘记传参了，导致函数在定义的时候认为的 a=10 没有被替换，代码如下。

```
[In  51]:
a = 10
def mistake(x=a):
    print(x)
a=5
mistake(x=a)
[Out 52]:
5
```

在使用定义有形参的函数时，如果忘记了传参，有时程序并不会报错而会使用最开始定义的时候形参得到的值，这是个很难发现的小错误。

2.3.4　列表和数组的区别

在 Python 中，列表和数组是两种完全不同的类型。无论是从表面的功能上看，还是从深层次上的内存管理分配来看，它们都有很大的不同，代码如下。

```
[In  53]:
a = list(range(1,10))
print(a)
[Out 53]:
[1, 2, 3, 4, 5, 6, 7, 8, 9]
[In  54]:
import numpy as np
b = np.array(range(1,10))
print(b)
[Out 54]:
[1 2 3 4 5 6 7 8 9]
```

在 pycharm 编译器中，为了让大家能更加方便地区分列表和数组的区别，在形式上也加以区分。列表的元素之间是有逗号隔开的，数组的元素之间是没有逗号的，用空格隔开。

可以说，数组的功能比列表要强得多，尤其在计算方面，数组有许多独特的优势。比如说，数组是有广播功能的，这个功能在下一章还会详细讲解，代码如下。

```
[In  55]: print(b+1)
[Out 55]: [ 2  3  4  5  6  7  8  9 10]
```

b 加上一个 1 后，b 中的每个元素都会加上 1。如果相同的操作在列表上就会报错。同时数组还有很多别的独特功能，比如矩阵计算等。

2.3.5　变量和按引用传递

在某些语言中，赋值过程仅仅是值的赋值，而在 Python 中，通过赋值，两个不同的变量名会指向同一个对象，代码如下。

```
[In  56]:
a = [1,2,3]
b = a
b.append(4)
a
[Out 56]:
[1, 2, 3, 4]
```

如上述代码所示，将 a 赋值给 b，b 增加了一个元素时，a 也随之增加。这是因为 Python 中赋值操作直接完成了类似 C 语言中指针的功能，使得变量名同时指向一个地址。可以通过 id() 函数查看地址，代码如下。

```
[In  57]: print(id(a), id(b))
[Out 57]: 1899779067592 1899779067592
```

地址是一模一样的，可以说 a 是完全等同于 b 的。如果不想达到这样的效果，即像 C 语言一样仅仅赋值行是不行的？可以，这时需要引入 copy 模块，代码如下。

```
[In  58]:
```

```
import copy
c = copy.copy(b)
c.append(5)
b
[Out 58]:
[1, 2, 3, 4]
```

可以发现，c 增添了一个元素之后 b 没有增添，也可以通过打印地址来证实，代码如下。

```
[In  59]: print(id(b), id(c))
[Out 59]: 1899779067592 1899779328264
地址是不一样的。下面深入介绍 copy 模块。
[In  60]:
list1 = [1, [1,2,3], 2, 3,]
list2 = list1.copy()
list1.append(0)
list1[1].append(4)
list2
[Out 60]:
[1, [1, 2, 3, 4], 2, 3]
```

在这里，list1 是一个二维列表，其第二个元素是一个列表。list1 调用 copy() 函数后，进行了 append 操作。第一次是在整体上增添一个元素，第二次是给第二个列表元素增添一个元素。可以发现，这时候输出被复制的 list2，其元素 0 没有增加，但元素 4 却增加了。

这就是浅 copy 的作用，其第一层地址不同，但第二层地址是完全一样的，如图 2.4 所示。

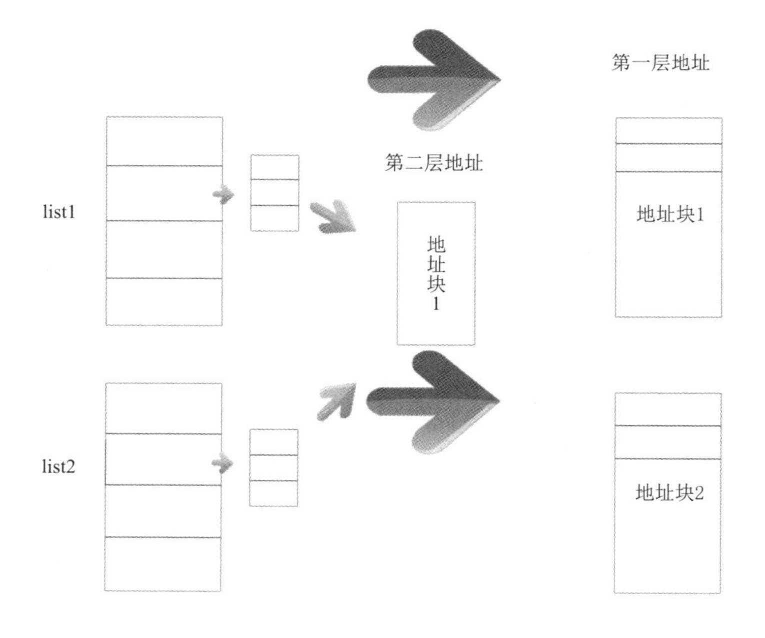

图 2.4　浅 copy 内存分配

以上使用到的 copy 函数叫做浅 copy，要想使得无论第一层地址还是第二层地址都完全不同，需要使用深 copy，代码如下。

```
[In  61]:
list3 = copy.deepcopy(list1)
list1.append(4)
```

```
list1[1].append(5)
list3
[Out 61]:
[1, [1, 2, 3, 4], 2, 3, 0]
```

结果与预料的一样，第一层元素与第二层元素都发生了改变。

2.3.6　None：一个独特的类型

最后再介绍一个大家比较容易混淆的概念。想必大家都遇到过以下几种数据，代码如下。

```
[In  62]:
a = []
type(a)
[Out 62]:
list
[In  63]:
b = ''
type(b)
[Out 63]:
str
[In  64]:
C = ' '
type(C)
[Out 64]:
str
[In  65]:
d = None
type(d)
[Out 65]:
NoneType
```

可以了解，a 是一个空列表，不过其类型还是列表。b 是一个空字符串，c 是一个字符内容为空格的字符串，d 是一个 NoneType 类型。

在 Python 语言中，有很多种数据类型如整型、浮点型、字符型、布尔类型，各种容器还有容器类型，类也有属于其自身的类型。而 None 是一个独特的 NoneType 类型，其表示的意义是不存在，再看如下代码。

```
[In  66]:

[Out 66]:
T
F
```

在这里第一个输出的是 T，第二个输出的是 F。第二个是 F 很明显，因为前面也验证了，空列表显然不是空类型。

为什么第一个输出的是 T 呢？这意味着 a 也是空吗？其实不是这样的。在做判断的时候，因为 a 作为一个空列表被当作了布尔值中的 False。一般这种 ifelse 类的结构，会默认逻辑为真，输出 if 后面的内容；否则输出 else 后面的内容。所以 not a 等同于 True，从而输出 if 后面的内容了。

2.4 小结

到这里，这一章的内容就结束了。这一章的内容比较琐碎，甚至显得没有章法。其实这是我编程总结出来的一些经验，遇到的一些难点，说出来分享给大家。

这些易错点、难点、小技巧，不需要立刻就掌握，而是希望可以在大家心中种下一个种子，每当遇到困难从心中和脑海中会模糊地感觉到、记忆起有某个知识点可以解决该问题，会有一种灵光闪现的感觉，那时候再去翻阅书本、笔记，最终解决困难。

当你经常遇到一些困难并尝试去解决它后，很多知识点就会烂熟于心。逐渐将不同的知识点串联起来，就可以改进以及创新出解决问题的更好的方法。

第 3 章 NumPy 的入门与进阶

NumPy 的全称为 numerical python，其是高性能科学计算和数据分析的基础包。它是本书第一个要深入掌握的第三方库，也是本书后面所要介绍的第三方库的基石。

NumPy 支持大维度数组与矩阵运算，此外也针对数组运算提供大量的数学函数库。本章节将一一介绍这些内容。

在本章中，将在写主体代码前，总是写出“import numpy as np”，这作为我们之间的一个约定。不推荐使用“from numpy import *”这样的写法，因为它使得程序在运行时加载了 numpy 的全部内容，从而浪费了运算资源。

3.1 ndarray 数组

NumPy 最重要的一个特色就是其 *N* 维数组对象 ndarry，它是一个快速而灵活的大数据集容器。在学习 NumPy 之初，非常有必要对其做一个深入的了解。

3.1.1 ndarray 数组的创建

创建 ndarray 数组最简单的方式就是使用 array 函数，代码如下。

```
[In  1]:
import numpy as np
data1 = [1,2,3,4]
ndarray1 = np.array(data1)
type(ndarray1)
[Out 1]:
numpy.ndarray
```

首先创建了一个列表，然后用 array 函数将其数组化。不仅仅是列表，将元组传入 array 函数也可以达到同样的效果，代码如下。

```
[In  2]:
tuple1 = (1,2,3,4)
ndarray1 = np.array(tuple1)
```

```
type(ndarray1)
[Out 2]:
numpy.ndarray
```

当然创建数组不仅仅只有这一种方式，还有一些功能函数，可以快速创建特殊的数组，代码如下。

```
[In  3]: np.zeros(10)
[Out 3]: [ 0.   0.   0.   0.   0.   0.   0.   0.   0.   0.]
    zeros 函数的功能是创建 n 个 0 元素构成的数组
[In  4]: print(np.zeros((2,2)))
[Out 4]:
[[ 0.   0.]
 [ 0.   0.]]
```

它还可以创建 N 维数组，数组大小由输入的数字决定。

熟悉 Python 基础的读者在使用 for 循环的时候，经常用到 range 函数，其作用是产生一个列表容器的序列，arange 是 Python 内置的 range 函数的数组版，代码如下。

```
[In  5]:
data2 = np.arange(1,10,1)
data2
[Out 5]:
array([1, 2, 3, 4, 5, 6, 7, 8, 9])
```

该函数的功能是快速创建一个数组，该数组以 1 为初始值，终止值为 10，1 为步长，并且最后的数组中不包括终止值。

常用的创建数组的函数见表 3.1。

表 3.1　创建数组常用函数

函数	功能作用
array	最直接的产生数组的方式
arange	对应 range 的数组
ones	创建由 n 个 1 组成的数组
zeros	创建由 n 个 0 组成的数组
empty	创建数组，仅仅分配空间而不填充值
eye	创建一个 $n \times n$ 单位矩阵

以上这些函数功能比较雷同，理解起来也比较简单。还有两个比较常用，并且有一点难以理解的创建数组函数，分别是 linspace 和 logspace，代码如下。

```
[In  6]:
np.linspace(0,1,10)
[Out 6]:
[ 0.          0.11111111  0.22222222  0.33333333  0.44444444  0.55555556
  0.66666667  0.77777778  0.88888889  1.        ]
```

该函数的功能是创建了一个指定初始值、结束值以及差值的等差数列数组。这个函数在信号处理领域画波形图时非常常见，代码如下。

```
[In  7]: print(np.logspace(0, 2, 5))
```

```
[Out 7]: [   1.            3.16227766   10.           31.6227766   100.        ]
```

该函数的功能是创建了一个指定初始值、结束值以及比值的等比数列数组。

3.1.2　C 和 Fortran 顺序

在 Python 中，ndarray 数组是按行优先顺序创建的，即 C 顺序（按列优先即为 Fortran 顺序）。这意味着在空间方面，一个二维数组中每行的数据是被存放在相邻内存位置上的，代码如下。

```
[In  8]:
arr = np.arange(12).reshape((3,4))
print(arr)
[Out 8]:
[[ 0  1  2  3]
 [ 4  5  6  7]
 [ 8  9 10 11]]
```

这是得到的一个二维数组，用 reshape 方法把一个一维数组重塑成一个三行四列的二维数组。然后把其拆解回一维数组，看看它的元素排列顺序，代码如下。

```
[In  9]: print(arr.ravel())
[Out 9]: [ 0  1  2  3  4  5  6  7  8  9 10 11]
```

可以看到，是按照按行优先的顺序拆解的。当然 Python 不同于 R、matlab 等语言，其可以显示指定排序方式。不显示指定时，默认为 C 顺序；当指定为 F 时，认为按照 Fortran 顺序。

```
[In  10]: print(arr.ravel('F'))
[Out 10]: [ 0  4  8  1  5  9  2  6 10  3  7 11]
```

显示指定后按照的顺序就是列优先了。

3.2　索引

NumPy 数组的索引具有相当丰富的功能。

3.2.1　基本索引

先来介绍一下一个最基本的索引，首先创建一个一维数组，代码如下。

```
[In  11]:
soccer = np.array(['C 罗', '梅西', '本泽马'])
soccer
[Out 11]:
array(['C 罗', '梅西', '本泽马'], dtype='<U3')
```

数组的索引也是从零开始的，所以这时候如果想取出“C 罗”这个值，必须这样写，代码如下：

```
[In  12]: soccer[0]
[Out 12]: 'C 罗'
```

还可以使用切片操作，即按照索引的范围来取出一串值，代码如下。

```
[In  13]: soccer[0:2]
[Out 13]: array(['C罗', '梅西'], dtype='<U3')
```

需要注意的是，数组的切片是左闭右开的，在上面代码中的表现就是它从索引为 0 的第一个数据开始取，但无法取到索引为 2 的数据。

在索引方面，数组和列表也有着很大的不同。数组切片是数组的原始视图，而不是复制的数据，这意味着更改切片的同时也会更改原数组。之所以这么设计是因为 NumPy 的诞生就是为了应对计算密集型的任务，如果 NumPy 也像列表一样每次切片都复制，将会在内存中占去很大一部分不必要的空间(有关数组和列表的不同，将会在本章后续小节一一介绍)，代码如下。

```
[In  14]:
test_soccer= soccer[0]
test_soccer = '阿扎尔'
soccer
[Out 14]: array(['阿扎尔', '梅西', '本泽马'], dtype='<U3')
```

可以看到，原始数组也发生了改变。可是这种情况在列表中就不会发生，代码如下。

```
[In  15]:
test_list = ['C罗', '梅西', '本泽马']
test = test_list[0]
test = '阿扎尔'
test_list
[Out 15]:
['C罗', '梅西', '本泽马']
```

在这里，列表切片发生了变化，但是列表本身并没有改变。因为列表切片复制了原列表的数据。它们的变量名指向不同的地址。如果你想让数组切片“独立”出来，与原始数组无内存联系，那也是可以做到的。别忘了上一章中提到的 copy 函数。

3.2.2 高维数组的索引

当数组的维数变多，索引的花样就更多了，这时候索引变得稍微复杂一点。先创建一个二维数组，代码如下。

```
[In  16]:
city = np.array([['北京','上海', '广州', '深圳'],
           ['天津','长沙', '杭州', '武汉'],
           ['重庆','成都']])
city
[Out 16]:
array([list(['北京', '上海', '广州', '深圳']), list(['天津', '长沙', '杭州', '
武汉']),
       list(['重庆', '成都'])], dtype=object)
```

首先可以发现，NumPy 数组是不要求严格对齐的（当然，在 Python 中列表也不要求完全对齐），二维数组里每一维度的元素个数可以不一样。但是会发现这时候，该二维数组的每一个一维数组都是以列表的形式存放的。这种现象是同维度下数组元素个数不一致导致的。

再看下面这个例子对比一下，代码如下。

```
[In  17]:
city = np.array([['北京','上海'],
          ['天津','长沙'],
          ['重庆','成都']])
city
[Out 17]:
array([['北京', '上海'],
       ['天津', '长沙'],
       ['重庆', '成都']],
      dtype='<U2')
```

在这里，每一个一维数组的元素个数都是两个，每一个一维数组也都是以 ndarray 数组的形式存在的。这一点很重要，如果不小心忽略了这点，很有可能出 bug 了不知道错在哪里，因为数组和列表的性质有很大的不同。

然后开始对这个二维数组进行索引操作，代码如下。

```
[In  18]:
city[0]
[Out 18]:
array(['北京', '上海'], dtype='<U2')
[In  19]:
city[0] = '北京'
city
[Out 19]:
array([['北京', '北京'],
       ['天津', '长沙'],
       ['重庆', '成都']],
      dtype='<U2')
```

可以发现，当对整个第一个一维数组赋值的时候，该一维数组的所有元素都会被赋值。这一点和列表也是非常不一样的，代码如下。

```
[In  20]:
city_list = [['北京','上海'],
         ['天津','长沙'],
         ['重庆','成都']]
city_list[0] = '北京'
city_list
[Out 20]: ['北京', ['天津', '长沙'], ['重庆', '成都']]
```

发现区别了吗，当对列表进行同样的赋值操作时，列表的变化是该索引的一维列表变成要赋的那个值，而不是每一个元素都变成那个值。这一区别是 NumPy 数组的广播特性导致的。

对于一个二维数组，如果想要索引到具体某个值，就必须从两个维度去定位。Python 中数组的精确索引有如下两种方式。

```
[In  21]: city[0][1]
[Out 21]: '北京'
[In  22]: city[2,1]
[Out 22]: 成都
```

第二种索引方式对于列表来说是错误的。在第四章中，会提及在列表中调用 loc 函数，那时可以使用这种写法。

```
    如果你想调用多行的片段（也叫切片索引），那么每行可以用冒号表示选择范围。[In  23]:
city[0:2,0:1]
    [Out 23]:
    array([['北京'],
           ['天津']],
          dtype='<U2')
```

NumPy 数组不仅仅支持二维数组，更高维度的也可以。现在来看看如何创建一个三维数组，其实非常简单，代码如下。

```
[In  24]:
city3d = np.array([[['北京', '上海', '广州'],
                    ['深圳', '杭州', '苏州']],
                   [['青岛', '济南', '合肥'],
                    ['合肥', '西安', '徐州']]])
city3d
[Out 24]:
array([[['北京', '上海', '广州'],
        ['深圳', '杭州', '苏州']],
       [['青岛', '济南', '合肥'],
        ['合肥', '西安', '徐州']]],
      dtype='<U2')
```

提醒一个小点，写代码的时候，尤其是这种高维度的数组，最好对齐后写，不然容易出错。接下来，开始索引这个三维数组，代码如下。

```
[In  25]:
city3d[0]
[Out 25]:
array([['北京', '上海', '广州'],
       ['深圳', '杭州', '苏州']],
      dtype='<U2')
```

这时候这样索引到的就是该三维数组的第一个二维数组了，再对它进行赋值操作，代码如下。

```
[In  26]:
city3d[0]='北京'
city3d
[Out 26]:
array([[['北京', '北京', '北京'],
        ['北京', '北京', '北京']],
       [['青岛', '济南', '合肥'],
        ['合肥', '西安', '徐州']]],
      dtype='<U2')
```

可以发现，与二维数组赋值逻辑同理，在这种情况下，赋值操作使得第一个二维数组被整体赋值。

3.2.3 高阶索引

首先来生成一个 np 数组，代码如下。

```
[In  27]:
champion = np.array(['FNC', 'TPA', 'SKT1', 'SSW', 'SKT1', 'SKT1', 'SSW'])
data = np.random.randn(7,5)
data
[Out 27]:
```

```
array([[-0.28413191,  1.36894295, -0.12957299,  1.21794994],
       [-1.63469525, -0.39650913,  2.44575753,  1.47560302],
       [-1.49530716, -1.19076431, -0.15623067, -0.48344376],
       [ 0.96138918, -0.67579062,  0.83287078,  1.4409908 ],
       [-0.67921794, -0.54562409,  1.47707267, -1.18445909],
       [-1.497267  , -1.29548028,  1.22524172,  0.44765609],
       [ 0.30293147,  1.37680685,  1.08391922,  0.3706745 ]])
```

champion 保存了英雄联盟系列赛决赛冠军队伍的名字。假设 data 数组里保存了这七个冠军当时比赛的一些数据。这时候，如果想取出 SKT1 队伍的数据，应该如何做呢？这里用到了布尔型索引。

所谓布尔型索引，即是构造一个等式，当等式的结果为 True 时索引数组，否则反之，代码如下。

```
[In  28]:
data[champion=='SKT1']
[Out 28]:
array([[-1.49530716, -1.19076431, -0.15623067, -0.48344376],
       [-0.67921794, -0.54562409,  1.47707267, -1.18445909],
       [-1.497267  , -1.29548028,  1.22524172,  0.44765609]])
```

布尔型索引也可以同时进行切片操作，取出部分值，代码如下。

```
[In  29]:
data[champion=='SKT1', :3]
[Out 29]:
array([[-1.49530716, -1.19076431, -0.15623067],
       [-0.67921794, -0.54562409,  1.47707267],
       [-1.497267  , -1.29548028,  1.22524172]])
```

如果大家举一反三的话，应该可以联想到，既然是布尔型索引，那么一定可以使用与或非这些逻辑运算符来进行操作。不过需要记住的是，在 Python 中的逻辑运算符关键字，比如 and、or 是无效的。需要使用逻辑运算符！ =、|、& 等来进行操作。

```
[In  30]:
data[(champion=='SKT1')|(champion!='SSW'), :2]
[Out 30]:
array([[-0.28413191,  1.36894295],
       [-1.63469525, -0.39650913],
       [-1.49530716, -1.19076431],
       [-0.67921794, -0.54562409],
       [-1.497267  , -1.29548028]])
```

上面这行代码的意思是取出数据集中 SKT1 以及 SSW 战队第一列和第二列的数据。还可以对数据设置阈值进行过滤，比如将数据集中所有负值全部变为 0，只需要很简单的操作，代码如下。

```
[In  31]:
data[data<0]=0
data
[Out 31]:
array([[ 0.        ,  1.36894295,  0.        ,  1.21794994],
       [ 0.        ,  0.        ,  2.44575753,  1.47560302],
       [ 0.        ,  0.        ,  0.        ,  0.        ],
       [ 0.96138918,  0.        ,  0.83287078,  1.4409908 ],
       [ 0.        ,  0.        ,  1.47707267,  0.        ],
```

```
 [ 0.        ,  0.        ,  1.22524172,  0.44765609],
 [ 0.30293147,  1.37680685,  1.08391922,  0.3706745 ]])
```

以上是布尔型索引的基本操作，接下来介绍 NumPy 中的一个专业术语——花式索引，它是指利用整数数组进行索引。

除了使用 copy 可以将原数组复制到新数组来，花式索引也可以做到这一点。它利用横纵轴的坐标直接进行索引，代码如下。

```
[In  32]:
num = np.arange(20).reshape(4,5)
num
[Out 32]:
array([[ 0,  1,  2,  3,  4],
       [ 5,  6,  7,  8,  9],
       [10, 11, 12, 13, 14],
       [15, 16, 17, 18, 19]])
```

首先创建一个数组，它是一个四行五列的二维数组，元素个数从 0 到 19 一共 20 个。根据以前学习的知识，可以利用布尔值索引整行、整列，也可以利用基本索引的方法索引具体某个元素，具体某行行列，不过它们并没有复制数组，而是在原视图上进行的操作。这是花式索引和其他索引的根本不同。还有一点不同的是，花式索引可以精确索引多个值，代码如下。

```
[In  33]: num[[0,1,2,3],[0,1,2,3]]
[Out 33]: array([ 0,  6, 12, 18])
```

在这里，第一个 [0,1,2,3] 是行数，第二个 [0,1,2,3] 是列数。索引最后索引出来的结果就是四个数字，四个数字分别是第一行第一列、第二行第二列、第三行第三列、第四行第四列这四个数字。整数索引也可以通过切片索引进行整行整列的操作，这里不再举例。

3.3 广播机制

广播，就是 NumPy 不同维度数组之间可以进行运算的功能。其不同于传统的通过对标量数据进行循而达到效果的思路，而是将标量进行矢量化再进行直接运算。广播是 NumPy 数组独有的功能，列表、元组等其他普通数据类型不具备此功能。

为了方便大家更加直观地感受广播的作用，能快速判别出效果，这一节的例子使用简单的数字来作为元素。先创建一个一维数组，再创建一个整型变量，代码如下。

```
[In  34]:
boradcast = np.array([1,2,3,4,5])
scalar = 1
boradcast - scalar
[Out 34]:
array([0, 1, 2, 3, 4])
```

可以很轻松地推测出最后的结果是如何运行出来的。数组和变量直接运算，然后数组的每一个元素都与该变量做差，最后得到的结果还是一个数组。

如果是列表，系统会报错。上面这个例子是最简单的体现广播的例子。接下来看一个更复杂的例子，代码如下。

```
[In  35]:
boradcast2d = np.array([[1,2,3,4,5],
                        [6,7,8,9,10]])
boradcast2d - boradcast
[Out 35]:
array([[0, 0, 0, 0, 0],
       [5, 5, 5, 5, 5]])
```

可以看到，一维数组在二维数组上也可以做广播运算。但是它不同于之前例子中一个变量在一维数组上那样逐个元素进行传播，而是以它本身一维数组的规模大小为单位进行传播。

再创建一个三维数组来做一下实验，代码如下。

```
[In  36]:
boradcast3d = np.array([[[1,2,3,4,5],
                         [6,7,8,9,10]],
                        [[11,12,13,14,15],
                         [16,17,18,19,20]]
                           ])
boradcast3d - scalar
[Out 36]:
array([[[ 0,  1,  2,  3,  4],
        [ 5,  6,  7,  8,  9]],
       [[10, 11, 12, 13, 14],
        [15, 16, 17, 18, 19]]])
```

当一个三维数组与一个标量进行运算时，标量以其自身规模大小为单位在三维数组上传播，于是最后的结果就是三维数组的每一个元素都减 1，代码如下。

```
[In  37]: boradcast3d - boradcast2d
[Out 37]:
array([[[ 0,  0,  0,  0,  0],
        [ 0,  0,  0,  0,  0]],
       [[10, 10, 10, 10, 10],
        [10, 10, 10, 10, 10]]])
```

当一个三维数组与一个二维数组进行运算时，二维数组以其自身规模大小为单位在三维数组上传播。于是最后的结果就是该三维数组下的两个二维数组与进行广播的这个二维数组做差。广播机制如图 3.1 所示。

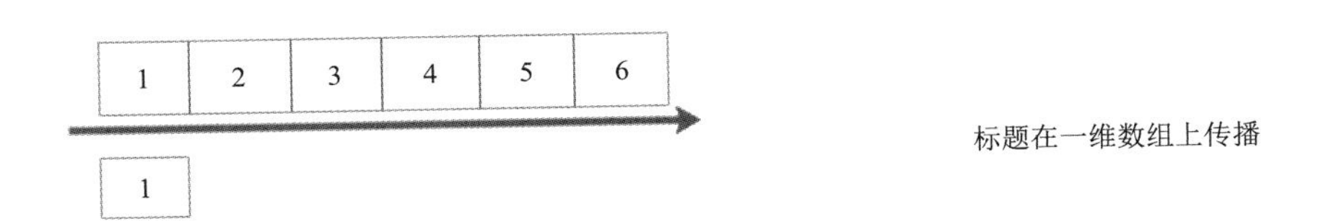

图 3.1　广播机制示意图

3.4 NumPy 数组的运算

前面介绍过广播机制后，再介绍运算就方便理解了。

3.4.1 NumPy 的数值计算

先介绍最常用的一个求和函数。首先创建一个数组。

```
[In  38]:
cal = np.array([1,2,3,4,5])
sum(cal)
[Out 38]:
15
[In  39]:
cal2d = np.array([[1,2,3,4,5], [6,7,8,9,10]])
sum(cal2d)
[Out 39]:
array([ 7,  9, 11, 13, 15])
```

sum 函数的功能是将数组中所有元素的值求和。对一维数组求和时，所有元素聚合成一个元素，对二维数组求和时，默认按列为轴进行求和。如果想改变默认的轴，可以使用 axis 参数，代码如下。

```
[In  40]: np.sum(cal2d, axis=1)
[Out 40]: array([15, 40])
```

注意，当想改变 sum 的默认轴时，必须使用 np 库中的 sum 函数，内置的 sum 函数是没有这个功能的，使用的时候就会报错。

第三方库 NumPy 中有两个求平均值的函数，一个是 average，一个是 mean。它俩的区别是一个求加权平均值，一个求算术平均值。正常的计算中，mean 只需要传入一个参数即可，就是需要计算的数组，而 average 需要传入两个数组，一个是需要计算的数组，一个是储存了每个元素对应权值的数组，其参数叫“weight”。

一般来说 average 更常用一些，比如算一个大学生的学分绩，往往是分数乘以学分后求和最后再除以学分总和。

```
[In  41]:
grade = np.array([92,98,90,70])
credit = np.array([4,5,2,10])
GPA = np.sum(grade*credit)/np.sum(credit)
GPA
[Out 41]: 82.761904761904759
```

这是利用 sum 算出学分绩的算法，也可以利用 average 更简单地算出来。

```
[In  42]: np.average(grade, weights=credit)
[Out 42]: 82.761904761904759
```

可以看出，利用 sum 函数计算直接方便多了。下表列出了常见的基础数值计算函数，如表 3.2 所示。这些函数的参数都是大致相同的。在这里不再一一举例赘述函数用法，其实读者也不必牢记函数名，浏览一下有印象即可，需要使用时查找函数手册即可。

表 3.2　常见数值计算函数

sum	求和
mean	求算术平均
average	求加权平均
std	求标准差
var	求方差
product	求连乘积

3.4.2　比较与排序

下表 3.3 列出了常见的比较、排序函数，可以帮助我们对数组进行快速寻值或者计算。

表 3.3　常见比较、排序函数

函数	说明
min max	最大最小值
minimum maximum	二元最大最小值
argmin argmax	最大最小值下标
ptp	最大值与最小值的差
sort	排序
partition	快速计算前 K 位
searchsorted	返回元素所在数组中的坐标
median	中位数

为了方便介绍这些函数，先创建一个简单的数组，代码如下。

```
[In  43]:
arr1 = np.array([2,1,3])
min(arr1)
[Out 43]:
1
```

首先创建了一个只有三个元素的数组，元素分别是 2、1、3，使用 min 函数来寻找最小值。如上面代码所示。表 3.1 所列出的函数都是如此用法，在这里要特别强调的是 sort 排序函数。

如果使用数组的 sort 方法，会改变原数组的内容。即使用 sort 函数对数组进行排序后，排好序的数组是一个新数组，有着完全不同于原数组的地址空间，同理也不改变原数组的内容。可能有些难以理解，下面举例说明，代码如下。

```
[In  44]:
arr1.sort()
arr1
[Out 44]: array([1, 2, 3])
```

以上是数组使用 sort 方法来改变自身。下面代码是使用 sort 函数对数组进行排序。

```
[In  45]:
arr1 = np.array([2,1,3])
```

```
np.sort(arr1)
arr1
[Out 45]: array([2, 1, 3])
```

可以发现，原数组并没有改变，还是原来的顺序。同时 sorted 函数对数组进行排序同样不会改变原数组的内容，而且其返回的是一个列表，而不再是数组了。

searchsort 函数的功能是返回数组中所查找元素的坐标，值得注意的是传入的数组必须是排好序的。

3.4.3 NumPy 的数组计算

本章 3.4.1 节讲述了求和、求平均值等常规数值计算，3.3 节也讲了广播机制。现在学会了数组内部的数值计算，以及数组与数值的计算，那么数组与数组之间的运算该怎样运行呢？

熟悉 matlab 的读者都知道，当数组与数组之间进行运算时，用点乘来表示点积 (所谓点积就是数组对应位置元素相乘)，用乘号来表示矩阵乘积。如图 3.2 表示的就是矩阵点积，图 3.3 表示的是矩阵乘积。

$$\begin{bmatrix} a,b \\ c,d \end{bmatrix}\begin{bmatrix} e,f \\ h,i \end{bmatrix}=\begin{bmatrix} ae,bf \\ ch,di \end{bmatrix}$$

图 3.2　矩阵点积

$$\begin{bmatrix} a_1,b_1 \\ c_2,d_2 \end{bmatrix}\begin{bmatrix} c_1,d_2 \\ c_2,d_2 \end{bmatrix}=\begin{bmatrix} a_1c_1+b_1c_2,a_1d_1+b_1d_2 \\ a_2c_1+b_2c_2,a_2d_1+b_2d_2 \end{bmatrix}$$

图 3.3　矩阵乘积

NumPy 里如何处理这种数组计算呢？在 NumPy 中，用“*”表示点乘积，用 dot 函数来实现矩阵乘积，举例代码如下。

```
[In  46]:
a = np.array([[1,2], [3,4]])
a*a
[Out 46]:
array([[ 1,  4],
       [ 9, 16]])
[In  47]:
np.dot(a,a)
[Out 47]:
array([[ 7, 10],
       [15, 22]]
```

可以看到，当直接用“*”符号做运算时，实现了对应位置元素的相乘，当想计算矩阵乘积时使用的是 dot 函数。

由此可以联想，当实现数组之间的点除时直接使用“/”符号即可。不过想实现矩阵相除还需要费一番功夫。因为实现矩阵相除的方式是先对所要做除法的矩阵求逆，然后将被除矩阵与逆矩阵求矩阵乘积 (不了解的复习大学课程线性代数)。

在 NumPy 中实现矩阵的求逆非常简单，不过这要涉及 NumPy 中专门为矩阵运算而开发的 matrix 类。

不同于 matlab，NumPy 不仅仅要兼顾矩阵运算，还需要考虑在 Python 编程语言扮演一个第三方库的角色，因此 NumPy 中的普通矩阵运算代码与 matlab 没法很好地兼容。为此，NumPy 中有一个专门为矩阵运算而开发的 matrix 类。

可以使用 mat 函数来将数组、列表、元组等转换为矩阵类型，然后进行 matrix 中独特的运算。举例代码如下。

```
[In  48]:
b = np.mat(a)
b.I
[Out 48]:
matrix([[-2. ,  1. ],
        [ 1.5, -0.5]])
```

利用 mat 函数将数组 a 矩阵化，然后对矩阵 b 求逆，结合上面所说就可以进行矩阵除法的运算了。值得一提的是，矩阵化后的数组，在进行矩阵乘法的时候不需要使用 dot 函数，直接使用“*”符号即可，这一点和 matlab 代码完美兼容了。

因此问题又来了，既然为了与 matlab 代码融合使得矩阵乘积运算可以用“*”符号直接表示，那么如果想对 matrix 类矩阵进行点乘运算的时候 (虽然这种需求在实际中是几乎不存在的，因为想对矩阵进行点乘运算不如转化为普通数组然后使用 * 相乘简洁方便)，就不能使用“*”符号来表示了，那怎么办呢？可以使用 multiply 函数。

```
[In  49]:
b*b
[Out 49]:
matrix([[ 7, 10],
        [15, 22]])
[In  50]:
np.multiply(b,b)
[Out 50]:
matrix([[ 1,  4],
        [ 9, 16]])
```

可以通过这个例子来发现两者之间的差别。事实上 multiply 函数是 ufunc 函数。使用 ufunc 函数对两个数组进行计算时，ufunc 函数会对这两个数组的对应元素进行计算，因此它要求这两个数组有相同的大小 (shape 相同)。

那么什么是 ufunc 函数呢？这就是下一小节所要讲述的内容。

3.4.4　ufunc 高级应用

所谓 ufunc 函数，即通用函数。它是一种对数组中的数据执行元素级运算的函数，是一个接受一个或者多个标量值，并产生一个或多个标量值的矢量化包装器。比较常用的 NumPy 通用函数见表 3.4。

表 3.4 常用的 NumPy 通用函数

函数	说明
reduce	通过连续执行原始函数运算对数组进行聚合
accumulate	同上，但保留所有局部聚合结果
reduceat	聚合切片以产生聚合型数组

下面将依次介绍这三个常用的通用函数。先创建一个简单的二维数组。然后使用 reduce 来对该数组进行求和。

```
[In  51]:
arr2 = np.array([[1,2,3,4,5],
                 [2,3,4,5,6]])
np.add.reduce(arr2)
[Out 51]:
array([ 3,  5,  7,  9, 11])
```

最后得到的结果是二维数组按列求和后得到的一维数组。在这个过程中，先调用了 add，然后再调用 reduce，即在每列上连续执行 add 函数的操作。其实这个功能等同于 sum 函数的功能，唯一的区别是第一种方法运算速度更快。

如果说 add.reduce 对应着 sum，那么 add.accumulate 就对应着 cumsum。创建一个包含三个一维数组的二维数组，可以更好地体现什么叫保留局部聚合结果。

```
[In  52]:
arr3 = np.array([[1,2,3,4,5],
                 [2,3,4,5,6],
                 [3,4,5,6,7,]])
np.add.accumulate(arr3)
[Out 52]:
array([[ 1,  2,  3,  4,  5],
       [ 3,  5,  7,  9, 11],
       [ 6,  9, 12, 15, 18]], dtype=int32)
```

可以发现这是一个累加操作，即第一行与第二行的加法运算结果存储在了第二行中，三行的总加法运算结果存储在了第三行中。同样，cumsum 可以达到同样的效果，不过 accumulate 的运算速度更快一些。

上面介绍的是 NumPy 中开发好的通用函数，其实可以通过自定义 ufunc 的方式来使用通用函数。还记得在上一小节中所说的 multiply 函数吗？现在来利用自定义 ufunc 的方式创建一个自己开发的 multiply 函数。

```
[In  53]:
b = np.mat(np.array([[1,2],[3,4]]))
def customed_multiply(x, y):
    return x*y
multiply_them = np.frompyfunc(customed_multiply,2,1)
multiply_them(b,b)
[Out 53]:
```

```
matrix([[1, 4],
        [9, 16]], dtype=object)
```

解释一下这段代码：先创建一个矩阵 b，然后自定义一个函数。该函数的功能是传入两个参数，返回一个参数，该返回参数是两个传入参数的乘积。紧接着使用 frompyfunc 让该函数变为通用函数，传入该函数的函数名、输入参数个数、输出参数个数。最后赋值给 multiply_them(该函数名是自定义的，可以随意取名)，这样 multiply_them 就成了一个自定义的通用函数，其实现的功能和 NumPy 中内置的 multiply 通用函数是一样的。

有了自定义 ufunc 函数，在编写程序的时候可以更灵活，允许开发符合自己项目要求复杂运算的特定通用函数。

3.4.5　NumPy 初等函数与 math 内置初等函数的区别

所谓初等函数，就是指幂函数、指数函数、三角函数等这些比较简单的函数（并不是严格定义，不是本书讨论范围）。

随着学习的深入，你可能会接触到 math 这个 Python 内置库，里面有很多封装好的初等函数，方便科学计算使用。比如 sin、cos、exp 等。但是 NumPy 中也有一套 sin、cos、exp 等初等函数，那么它们有什么区别呢？

```
[In  54]:
import time
import math
x = [i * 0.001 for i in range(1000000)]
start = time.clock()
for i, t in enumerate(x):
    x[i] = math.sin(t)
print ("math.sin:", time.clock() - start)
t = [i * 0.001 for i in range(1000000)]
t = np.array(t)
start = time.clock()
np.sin(t)
print ("numpy.sin:", time.clock() - start)
[Out 54]:
math.sin: 0.7049927938629565
numpy.sin: 0.028003686702760433
```

解释一下上述代码。总体来说，该代码的功能就是比较两种函数运算的速度。首先，引入了一个第三方库 time，这个后面会有介绍，现在读者就简单理解引入它是为了计算程序运行时间。

利用列表生成式生成一个有一百万个元素的列表，然后开始计时，因为 math 库里的初等函数只能计算标量、数值，传入数组、列表等矢量会报错，所以必须利用循环来计算。循环结束后，用当前时钟减去开始时钟，就可以得到程序运算时间。

同理，下半部分代码思路是一样的，只不过 NumPy 里的初等函数可以直接处理矢量，省去了循环操作。

运算时间相差了 25 倍，所以如果进行数组运算，建议使用 NumPy 中的初等函数。

3.4.6 NumPy 中的多项式函数

多项式函数是很重要的函数分支，其是变量的整数次幂与系数的乘积之和，只包含加法与乘法运算，因此可以计算其他很多函数的近似值，比如在傅里叶变换中的应用。在 NumPy 中，可以很方便地表示多项式函数。接下来介绍 NumPy 中多项式的简单应用。

```
[In  55]:
a = np.array([1,-2,-3])
p = np.poly1d(a)
p(0)
[Out 55]:
-3
```

首先创建了一个简单的数组，然后将其传入 poly1d 函数，转换成一个 poly1d 对象，也就是一个一元多项式对象。这时候 p 就是一个多项式，$p = x^2-2x-3$。它是这样确定系数对应位置的，首先因为数组只有三个元素，所以该多项式最多二次，然后按照先后顺序一一对应，在前面的元素对应高次系数，在后面的元素对应低次系数。当 x=0 时，p=−3 正确。

如果输入 p，会输出一个 poly1d 对象，其由系数构成的数组来表示。

```
[In  56]: p
[Out 56]: poly1d([ 1, -2, -3])
```

该多项式对象可以直接进行多项式层面的加减乘除运算。

```
[In  57]: p + [2,1]
[Out 57]: poly1d([ 1,  0, -2])
```

上述代码进行的是加法运算，将 p 直接和一个数组进行运算。其实是将数组转换为了一个多项式对象，然后再与该多项式运算。

同理，如果它不是和数组运算，而是和一个数值运算，那么就只改变常数项。

```
[In  58]: p+22
[Out 58]: poly1d([ 1, -2, 19])
```

当进行乘法运算时也是如此。多项式对象已经封装好了多项式相乘的算法，仅仅用“*”符号就可以实现多项式之间的相乘，除法同理。

```
[In  57]: p*p
[Out 57]: poly1d([ 1, -4, -2, 12,  9])
```

如果你想计算方程的根，可以使用 roots 函数。

```
[In  58]: np.roots(p)
[Out 58]: array([ 3., -1.])
```

还有很多多项式常用函数，比如微分函数 deriv、积分函数 integ，使用方法大致类似，这里不再赘述。

NumPy 里还有一个 polyfit 函数，可以从多项式逼近的角度去拟合函数。在这里不做过多叙述，下一章有一节会专门讲解函数拟合问题，到时候会放在一起比较来讲解。

3.4.7　其他功能函数

还有一些常用的但不好归类的函数，将在这一小节里统一讲解，如表 3.5 所示。

表 3.5　其他功能函数

函数	功能
unique	去除重复元素
bincount	数组元素计数
histogram	一维直方图统计
digitze	离散化

unique 函数的功能是按照从小到大的顺序返回参数数组中的不同值，同时还有两个参数，return_index 表示是否返回原始数组中的下标，return_inverse 表示是否返回重建原始数据用的下标数组。

```
[In  59]:
arr4 = np.array([1,1,2,2,3,3,4,4])
np.unique(arr4, return_index=True, return_inverse=True)
[Out 59]:
(array([1, 2, 3, 4]),
 array([0, 2, 4, 6], dtype=int64),
 array([0, 0, 1, 1, 2, 2, 3, 3], dtype=int64))
```

首先创建了一个数组，里面包含了 1、2、3、4 四个重复元素，调用函数后，返回了三个数组，第一个数组是去除重复元素后的数组，第二个数组是去除重复元素后现数组在原始数组中的下标，第三个数组是重建原始数组时用的去除重复元素的数组的下标数组。

bincount 是对整数数组中各个元素出现次数的统计，并且要求所有元素都是非负的。

```
[In  60]:
arr5 = np.array([1,2,3,4,5,5,6,7,9,9])
np.bincount(arr5)
[Out 60]:
array([0, 1, 1, 1, 1, 2, 1, 1, 0, 2], dtype=int64)
```

数组中，元素 5 重复两次，元素 9 重复两次。其中还有两个 0，是指原数组中没有出现的 0 元素和 8 元素。可见该函数还会统计数组中没有出现的元素。

histograms 是对一维数组进行直方图统计。

```
[In  61]:
np.histogram(arr5, bins=5, range=(0,9))
[Out 61]:
(array([1, 2, 3, 2, 3], dtype=int64),
 array([ 0. ,  1.8,  3.6,  5.4,  7.2,  9. ]))
```

其常用的有三个参数，第一个是待分区数组，第二个是直方图区间个数，第三个表示统计范围的最大值和最小值。

其返回两个数组，第一个数组代表待分区数组元素落在区间内的元素个数，第二个数组表示的是所有区间的左右边界。

第 4 章

pandas 的入门与进阶

如果说 Python 是数据处理界的皇冠，那么 pandas 一定是皇冠上那颗最闪耀的明珠。pandas 全称 python data analysis library，是一款基于 NumPy 的数据分析工具。尽管其建立在 NumPy 之上，并且只有详细了解 Matplotlib 的 api 才能更透彻地利用 pandas 直接做图，但如果你仅仅想更好、更快地处理结构化数据，那么单独阅读本章即可。

下面将进入 pandas 的学习。注意在本书中，因为频繁使用 pandas 包，并且以 Series 和 DataFrame 为中心来讲解，所以每行代码都以有如下三行代码的存在为基础来表示：

```
import numpy as np
import pandas as pd
from pandas import Series, DataFrame
```

4.1 pandas 的数据结构

该节将主要介绍两种数据结构，并且以后全部以这两种数据结构为中心进行操作。一种是 Series，一种是 DataFrame，这两者都是在数据处理中经常遇到的数据结构。

先来介绍这两种主要数据结构的创建方法，主要内容如图 4.1 所示。

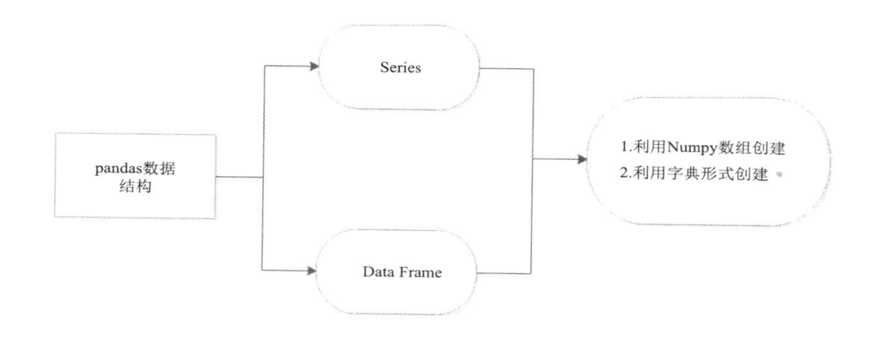

图 4.1 Pandas 数据结构

4.1.1 Series 的创建

Series 是一个类似于一维数组的对象，比如 NumPy 的一维 array。它除了包含一组数据还包含一组索引，所以可以把它理解为一组带索引的数组。

那么有人也许会问，既然已经有了 NumPy 中的 array，为何还需要 Series 呢？这是因为在实际需求中，有的数据不仅需要存储起来，还需要索引来表达附带信息。

比如在一场长跑比赛中，如果仅仅记录比赛者成绩，可以使用 array 数组来解决，如果还想知道比赛者的姓名呢？这时候，就需要来创建一个 Series。

```
[In  1] :
import pandas as pd
from pandas import Series, DataFrame
import numpy as np
[In  2] :
s = Series([17, 17.81, 17.90, 18, 19, np.nan])
[In  3] :
s
[Out 3] :
0     17.00
1     17.81
2     17.90
3     18.00
4     19.00
5       NaN
dtype: float64
```

可以看到，将跑步成绩录入 Series 中，该结构自动给数据生成索引，自动生成的索引都是数字，并且从零开始。如果想让索引显示出比赛者的姓名，就需要显示指定索引。

```
[In  4] :
s1 = Series([17, 17.81, 17.90, 18, 19, np.nan], index=['zyh', 'yrz', 'zle',
'zj', 'yle', 'yj'])
s1
[Out 4] :
zyh     17.00
yrz     17.81
zle     17.90
zj      18.00
yle     19.00
yj        NaN
dtype: float64
```

代码中的 index 参数，就是 Series 的索引，需要注意一点的是，索引与数据必须一一对应，不能多也不能少，不然就会报错。

这样就可以同时存储比赛者的姓名和成绩了。输出中的最后一行，表示该数据结构存储的都是浮点类型数据，包括 NaN 也是。NaN 是空值，在以后章节中会有详细介绍。

以上是构造 Series 最常见的一种方式。还可以利用字典直接创建一个 Series。比如，想存储比赛者的姓名和年龄，构造了一个字典，然后直接 Series 化。

```
[In  5] :
sdict = {'zyh' : 23, 'yrz' : 18}
s2 = Series(sdict)
```

```
[In  6] :
s2
[Out 6] :
yrz     18
zyh     23
dtype: int64
```

可以发现，默认情况下，字典的键就是该 Serise 的索引，而值就是 Serise 的内容。并且输出最后一行告诉我们，该 Series 数据结构中存储的都是整型数据。

4.1.2 Series 的数值计算

当数据结构已经创建好，随着情况的变动，需要在原有基础上更改数值，或利用原有数值做一些计算。这时候，重新创建一个 Series 是不可取的，就需要利用到 Series 的数值运算，先创建一个 Series。

```
[In  7] :
s3 = Series([1, 2, 3])
s3
[Out 7] :
0     1
1     2
2     3
dtype: int64
```

如果想让整组数据都加 1，直接进行如下操作就可以，非常简单。这其实是上章节中 NumPy 中讲解的广播机制的应用，是 Python 的特色之一，从中可以感受到它的简便与人性化，直接对 s 这个 Series 进行加 1 操作，其每条数据都会自动加 1。同样的需求，放到 C 中可能就需要来一个循环操作了。

```
[In  8] :
s3 + 1
[Out 8] :
0     2
1     3
2     4
dtype: int64
```

同样，直接对 s 乘以 2，整个数据结构的每条数据也会随之改变。

```
[In  9] :
s3 * 2
[Out 9] :
0     2
1     4
2     6
dtype: int64
```

如下是指数运算。

```
[In  10] :
np.exp(s3)
[Out 10] :
0     2.718282
1     7.389056
2    20.085537
dtype: float64
```

其余运算不一一列举，请读者自行验证。这些运算符号也不一定非要牢记，需要时查阅手册，使用多了自然就记住了。

4.1.3　DataFrame 的创建

上文说过，Series 是一个类似于一维数组的对象，可以理解为带有一组索引的一维数组。那么类比起来，DataFrame 就是一个类似于多维数组的对象，可以理解为带有一组索引或者多组索引（复杂情况下会用到层次化索引）的多维数组。多维数组是由一个个一维数组组成的。因此，DataFrame 是由一个个 Series 组成的（其实，DataFrame 是以一个或者多个二维块存放的，而不是列表、字典等别的一维数据结构，有关其内部细节超出本书讨论范围）。

由上文解释可知，Series 是 DataFrame 的一维存在。就好比整个教室里所有的同学为 DataFrame 里的元素，那么任意一排任意一列都可以看作一个 Series，每个同学又都有一个唯一学号来标识，相当于 Series、DataFrame 中的索引。

既然如此，可以很容易理解——只要是 Series 所有的功能、属性，DataFrame 都有。

有时候，只存一维数据无法满足需求，这时候 DataFrame 就派上用场了。比如想存储用户年龄与姓名，又想用索引来表示存储了多少条数据。

```
[In  11] :
D = DataFrame({'姓名' : ['zyh', 'yrz'], '年龄' : [23, '永远18']})
[In  12] :
D
[Out 12] :
   姓名     年龄
0  zyh     23
1  yrz   永远18
```

这是通过字典来创造 DataFrame 的方法，是最常见的一种方法，可以发现它同样可以包含不同类型的数据。第一行年龄是整型变量，第二行年龄是字符串类型。

还可以通过数组来创建 DataFrame。结合上章节的知识，用 NumPy 内置函数创建了一个多维数组，然后直接把这个多维数组 DataFrame 化。

```
[In  13] :
arr = np.random.randn(6,4).cumsum(0)
D1 = DataFrame(arr)
[In  14] :
D1
[Out 14] :
          0          1          2          3
0  -0.756262   1.432586  -0.843382   1.338299
1   1.685896   1.701746  -1.287349  -0.537531
2   1.370414  -1.106215   0.954559  -2.350036
3   1.633221  -1.214309   1.284338  -1.785574
4   1.928219  -1.342992   1.351196  -3.664926
5   3.264499  -1.095087   1.150431  -2.262343
```

同样可以通过显示指定，来改变其默认的数字索引、数字列名称。需要注意的是，无论是索引还是列，都需要一一对应，数据是两行两列，那么索引与列都只有两个。

```
[In  15] :
D2 = DataFrame(np.random.randn(2, 2).cumsum(0),
               columns=['A', 'B'], index=['C', 'D'])
[In  16] :
D2
[Out 16] :
A          B
C  1.598565  0.769725
D  0.771635  2.045116
```

并且，如果单指定了列序列，则 DataFrame 的列就会按照指定顺序进行排列。如果传入的列在数据中找不到，就会产生 NaN 值。

4.1.4 DataFrame 的基本属性

还可以给 DataFrame 的索引和列命名。注意清楚列标签名与列名称是完全不同的概念，比如由小孩、男人、女人组成的列组可以命名为人，而其每列中又各有许多小孩、大人、女人。其中，人就是列标签名，而小孩、女人等是列名称，代码如下。

```
[In  17] :
D3 = DataFrame([['ZYH', 'YRZ'],['zyh', 'yrz']],
               columns= ['man', 'woman'],
               index=['old', 'young'])
[In  18] :
D3.columns.name = 'sex'
D3.index.name = 'age'
[In  19] :
D3
[Out 19] :
sex     man  woman
age
old     ZYH   YRZ
young   zyh   yrz
```

在这里，sex、age 一个是列标签，一个行标签。而 man、woman 是列名称，old、young 是行名称，也就是索引。不要小瞧这些细节，标准化是非常重要的，区别如图 4.2 所示。

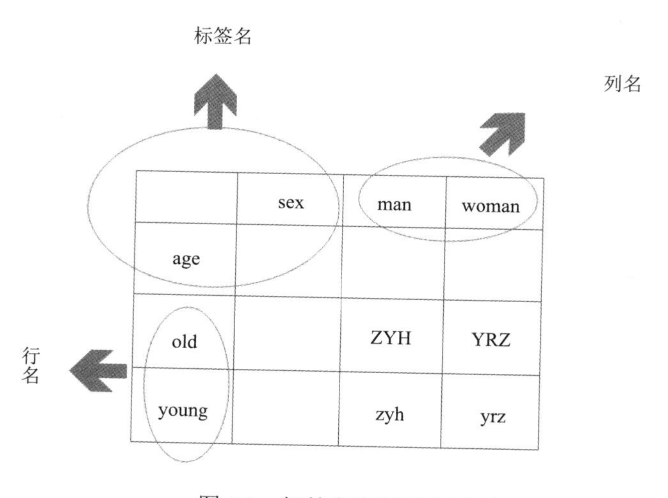

图 4.2　标签名和行列名区别

需要注意的是，这里给列命名，用的是 colunms，给行命名用的是 index！ colunms 多了一个 s。初学者经常写错。

这里再说一些题外话，学语言，其实就是一个勤劳输入、分析输出的过程，一个实验的过程，不要害怕出错，大不了就是多几个 bug。type 是 Python 的一个功能，可以用来指定所有数据的当前类型。还拿容易混淆的“空”问题举例子。搞不清楚的时候，可以用 type 来观察，代码如下。

```
[In  20] :  type(None)
[Out 20] :  NoneType
[In  21] :  type(' ')
[Out 21] :  str
[In  22] :  type('')
[Out 22] :  str
[In  23] :  type(np.nan)
[Out 23] :  float
```

这样一来，是不是清晰明了了呢？还可以注意到，NaN 竟然是 float 类型。留个悬念，以后再说。

还有一点需要说明的是，Index 对象是不可修改的。这里，Index 对象不仅仅包括索引，也包括列名，准确来说，所有轴名称都是不可以被改变的。不可修改性非常重要，因为这样才能使 Index 对象在多个程序开发、数据结构之间安全共享，也会提高开发效率，代码如下。

```
[In  24] :  D2.index
[Out 24] :  Index(['C', 'D'], dtype='object')
[In  25] :  D2.index[1]
[Out 25] :  'D'
[In  26] :  D2.index[1] = 'DD'
[Out 26] :  TypeError: Index does not support mutable operations
```

同样的，如果是列的话也不可以更改。

```
[In  27] :  D2.columns[1] = 'BB'
[Out 27] :  TypeError: Index does not support mutable operations
```

还需要提醒的是，虽然索引对象（包括行列）的内容是不可以更改的，但是对于整个索引对象来说，是可以更改的，代码如下。

```
[In  28] :
D2.columns = ['更改列1', '更改列2']
D2.index = ['更改行1', '更改行2']
D2
[Out 28] :
更改列1      更改列2
更改行1  1.043686  1.032939
更改行2  1.924329  1.312810
```

以上的更改方法太过粗暴，还可以通过重新索引的方法来更改索引，这需要利用到一个内置的函数。重新索引往往应用于清除了一些缺失值、异常值后旧的索引名称，不再适合新的表格，所以这个功能放在后面讲到缺失值、异常值再说。

因为 Python 万物皆对象的准则，所以代码 D.A 就等价于 D['A']，代码如下。

```
[In  29] : D2.A
[Out 29] :
CD
C     1.545984
D     1.874813
Name: A, dtype: float64
[In  30] : D2['A']
[Out 30] :
CD
C     1.545984
D     1.874813
Name: A, dtype: float64
```

可以看到把列当作属性，也可以通过索引列名称来找到列。在这里，既可以理解为通过索引找出列名为 A 的 Serise，又可以理解为 A 为对象 D 的一个属性从而直接提取出来。

4.2 pandas 数据结构的基本操作

接下来讨论 DataFrame 数据结构的基本操作，主要内容如图 4.3 所示。

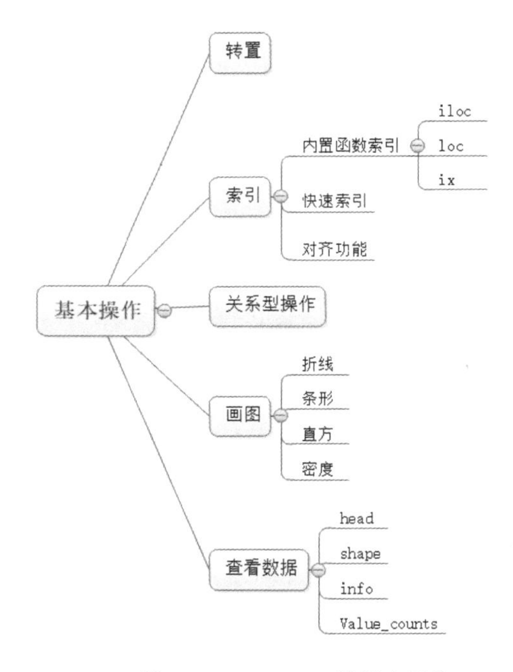

图 4.3 DataFrame 的基本操作

4.2.1 转置

既然 DataFrame 可以由 ndarray 数组直接转化而成，那么它就拥有其部分属性，比如转置。所谓转置，就是将该表格的行作为列，列作为行，代码如下。

```
[In  31] : D2.T
[Out 31] :
```

```
CD          C           D
AB
A    0.397928    0.296072
B   -0.068187   -0.359419
```

4.2.2　索引

既然提到结构化数据，就不得不提到索引，前面 D['A'] 已经有了索引的形式在里面，接下来详细介绍一下索引功能。为了方便展现，重新创建一个 DataFrame。

```
[In  32] :
data = {'姓名' : ['李大', '王二', '张三', '李四'],
        '薪酬' : [10000, 8000, 12000, 5000],
        '工作' : ['程序员', '程序员鼓励师', '产品经理', '运营']}
D1 = DataFrame(data,
                         columns= ['姓名', '薪酬', '工作', '是否有女朋友'],
                         index= ['one', 'two', 'three', 'four'])
[Out 32] :
         姓名      薪酬         工作       是否有女朋友
one      李大      10000       程序员         NaN
two      王二      8000     程序员鼓励师       NaN
three    张三      12000      产品经理        NaN
four     李四      5000        运营           NaN
```

位置查找有三种方法，分别是函数 ix、loc、iloc。ix 现在已经不推荐使用了，其实并不是其性能不友好。iloc 主要使用数字来索引数据，而不能使用字符型的标签来索引数据。而 loc 则刚好相反，只能使用字符型标签来索引数据，不能使用数字来索引数据，不过有特殊情况，当数据结构 DataFrame 的行标签或者列标签为数字，loc 就可以用数字来索引。而 ix 是混合使用，不会报错。乍一看好像 ix 更方便。确实 ix 功能更强大一些，但是 loc、iloc 明确了索引类别，因此在阅读代码的时候，更清晰而无歧义。这也是为什么不再推荐使用 ix 的原因，代码如下。

```
[In  33] : D1.loc['one']
[Out 33] :
姓名                  李大
薪酬                  10000
工作                  程序员
是否有女朋友          NaN
Name: one, dtype: object
[In  34] : D1.iloc['one']
[Out  34]  :   TypeError: cannot do positional indexing on <class 'pandas.core.
indexes.base.Index'> with these indexers [one] of <class 'str'>
```

可以看到，iloc 无法索引行名称不是数字的情况，代码如下。

```
[In  35] : D1.iloc[0]
[Out 35] :
姓名                  李大
薪酬                  10000
工作                  程序员
是否有女朋友          NaN
Name: one, dtype: object
```

这样才是 iloc 的正确使用方法。同样，如果强制使用 loc 去索引得到的也只会是报错，这里就不举例子赘述了。ix 对于这两种方法都行，也不再举例子。强调一遍，在数据操作中，是不推荐使用 ix 的。

上面是索引一整行 / 列的方法，如果想具体到哪一行或者哪一列，那应该如何操作呢，代码如下。

```
[In  36] : D1.loc['one', '姓名']
[Out 36] : 李大
```

同样想使用 iloc 就需要改变一些。

```
[In  37] : D1.iloc[0, 0]
[Out 37] : 李大
```

如果不仅仅只想选取同一行的内容呢？可以使用分号来解决这个问题。

```
[In  38] :  D1.iloc[0:1, 0]
[Out 38] :
one     李大
Name: 姓名 , dtype: object
[In  39] :   D1.loc['one' : 'two',  '姓名']
[Out 39] :
one     李大
two     王二
Name: 姓名 , dtype: object
```

这里有必要提及一个细节。在上一章学到比如 range(1,10)，其实这个数组中是不包含 10 的，但是在 Python 的 pandas 索引功能中不是这样的，索引写到哪里，就索引哪些内容。还有上面也说到过，有特殊情况，当数据结构 DataFrame 的行标签或者列标签为数字时，loc 就可以用数字来索引，这一点也是需要注意的。

还有一种快速索引列并以 Serise 形式返回的方法。之前已经用过 D['A']，不过它不止可以索引一列，还可以同时索引好几列，当索引不止一列时返回一个子 DataFrame。需要注意的是，列名称组合必须以列表形式传入，代码如下。

```
[In  40] : D1[['姓名', '工作']]
[Out 40] :
        姓名        工作
one     李大      程序员
two     王二  程序员鼓励师
three   张三     产品经理
four    李四       运营
```

这里提及一个实用小技巧，用 DataFrame 经常会遇到不对齐的问题，这是每列内容长度不同带来的结果。如果你是用 Jupyter Notebook 它会自动对齐，可是开发程序时往往不会用 Jupyter Notebook。下面这段小程序可以解决这个问题，代码如下。

```
[In  41] : data = {'姓名' : ['李大~~~~~~~~~~~~~~~~~~~~~~~~~~~~~~', '王二', '张三',
'李四'],
           '薪酬' : [10000, 8000, 12000, 5000],
           '工作' : ['程序员', '程序员鼓励师', '产品经理', '运营']}
           D2 = DataFrame(data,
                          columns= ['姓名', '薪酬', '工作', '是否有女朋友'],
                           index= ['one', 'two', 'three', 'four'])
           D2
```

```
[Out 41] :                                    姓名     薪酬      工作      是否有女朋友
one      李大 ~~~~~~~~~~~~~~~~~~~~~~~~~~~~~~~~~~    10000     程序员        NaN
two                                           王二    8000   程序员鼓励师    NaN
three                                         张三   12000    产品经理       NaN
four                                          李四    5000     运营        NaN
```

上面这段非常难看。做项目时如果对排版美观要求较高的话，这样做就不合理。实现这个功能需要先引入一个包：from terminaltables import AsciiTable，然后代码如下。

```
[In  42] :    head = list(D2)
content = D2.values.tolist()
data1 = [head]
for i in range(len(content)):
    data1.append(content[i])
data1 = AsciiTable(data1)
[In  43] :    data1.table
[Out 43] :
```

输出如图 4.4 所示。这几行代码的逻辑是先将表格 D2 的表头赋值给 head，然后通过 values.tolist() 把表格的原始内容以二维数组的形式赋值给 content。用循环以表格的每行为单位依次添一开始只有表头的 data1。当添加内容完毕时，将其 table 化，并最后以 table 的格式输出。

```
+---------------------------------------------+-------+------------+------------+
| 姓名                                        | 薪酬  | 工作       | 是否有女朋友 |
+---------------------------------------------+-------+------------+------------+
| 李大~~~~~~~~~~~~~~~~~~~~~~~~~~~~~~~~~~~~~~~ | 10000 | 程序员     | nan        |
| 王二                                        | 8000  | 程序员鼓励师 | nan        |
| 张三                                        | 12000 | 产品经理   | nan        |
| 李四                                        | 5000  | 运营       | nan        |
+---------------------------------------------+-------+------------+------------+
```

图 4.4　输出格式

可以看到，加入这个功能后排版就非常美观了。

4.2.3　DataFrame 的关系型操作

所谓关系型操作，即类似于关系型数据库的操作。比如想从表格中选取大于某个值的所有数据等。总而言之，就是根据现实情况，数据之间的联系从而设置某些条件，实现选取、过滤等功能，代码如下。

```
[In  44] :  s = Series([1,2,3,4], index=['a', 'b', 'c', 'd'])
[In  45] :  s[['a', 'b']]
[Out 45] :
a     1
b     2
dtype: int64
```

同样其他的索引功能也是可以用的。

接下来介绍一个可以称作索引，又可以称作选取或者过滤的操作。大家如果学过数据库，应该对 SQL 语句印象深刻。其实越深入学习 pandas 越觉得其非常像关系型数据库，首先创建一个新的表格。

```
[In  46] :
D3 = DataFrame(np.arange(16).reshape(4, 4),
               index=['one', 'two', 'three', 'four'],
               columns=['five', 'six', 'seven', 'eight'])
D3
[Out 46] :
five  six  seven  eight
one       0    1      2     3
two       4    5      6     7
three      8    9     10     11
four      12   13     14     15
```

在现实生活中，经常遇到选取大于某个值的所有数据的情况。比如，所有高于 60 分的考生分数，所有高于 175 厘米的男生姓名等。上文所说的关系型操作，也叫选取或者过滤，就是在这种情况下的应用。

比如想选择刚刚创建的表格中列名为 five 的列中数据大于 6 的所有行，代码如下。

```
[In  47] :  D3[D3['five'] > 6]
[Out 47] :
five  six  seven  eight
three      8    9      10      11
four      12   13      14      15
等于的话注意是两个等于号。
[In  48] : D3[D3['five'] == 6]
[Out 48] :
Empty DataFrame
Columns: [five, six, seven, eight]
Index: []
```

这个意思是说是个空表格，因为没有选取到想要的数据，代码如下。

```
[In  49] : D3 < 6
[Out 49] :
          five      six      seven     eight
one       True      True     True      True
two       True      True     False     False
three     False     False    False     False
four      False     False    False     False
```

表格里凡是小于六的值返回 True，否则反之。这里可能觉得有点奇怪，其实这是来自实际经验的设计。比如有一个阈值，然后想对数据做一个二分类，只有 0 和 1 的标签，这个功能就非常实用了。这以上所有的操作，可以称为关系型操作，而不是索引。因为它是通过关系判断从而找出数据，这和关系型数据库里的 SQL 语句操作很像。

4.2.4 DataFrame 的画图操作

DataFrame 可以避免后面所讲到的 Matplotlib 烦琐的部件拼凑画图方式，尽管它所调用的也是 Matplotlib 的 api。这要感谢“2012 Google Summer of Code 计划”的学生，他们废寝忘食地添加新功能，在 pandas 绘图上下了很大功夫。

在这里介绍一些主要功能，想了解更加详细的功能介绍大家需要深入学习 Matplotlib 的 api。plot 的很多关键字参数会被传给相应的 Matplotlib 绘图参数，方便更加个性化地定义 pandas 画图。

首先要引入包：from matplotlib import pyplot as plt。该小节所有代码都默认已经引入该行代码。

用 np 内置函数创建一个多维数组，再把它 DataFrame 化。如下是两位考生三次模拟考的成绩分数，代码如下。

```
[In  50] :
D4 = DataFrame([[89, 90],[91, 89],[100, 70]],
               columns= ['zyh', 'yrz'],
               index=['one', 'two', 'three'])
D4.columns.name = 'name'
D4.index.name = 'grade'
D4
[Out 50] :
name   zyh  yrz
grade
one      89   90
two      91   89
three     100   70
```

如下，用 D4 这个 DataFrame 数据结构直接作图，这是非常方便的，代码如下。

```
[In  51] :
D4.plot()
plt.show()
[Out 51] :
```

如图 4.5 所示折线图，从图中可以轻易看出，zyh 的成绩一开始不如 yrz，但是经过三次考试，成绩逐渐上升，超过了 yrz。

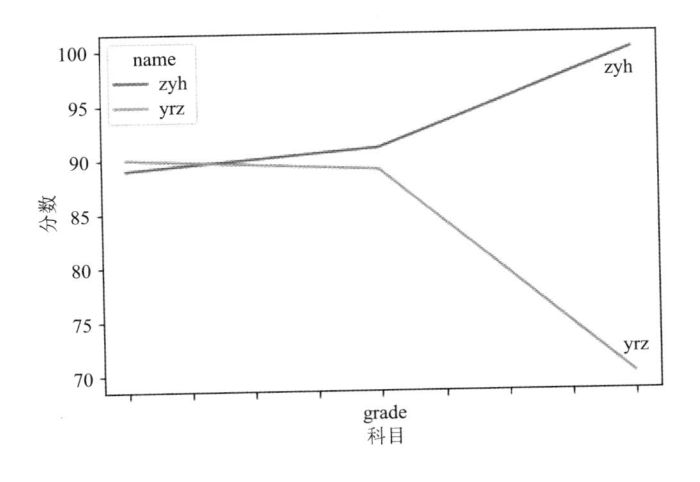

图 4.5　折线图

同时可以看到，只需要 plot() 这一行代码，颜色、纵横坐标等图表配件都会给你配置好。如果学习了 Matplotlib，你就可以感受到这种方式有多方便了。

利用 DataFrame 可以很方便地画出条形图、散点图、密度图、直方图等。下面将绘制一些常见的统计图表。

```
[In  52] :
D4.plot(kind = 'bar')
plt.show()
[Out 52] :
```

输出结果，如图 4.6 所示，这是条形图。从这个图中可以看到三次考试两人成绩的对比。

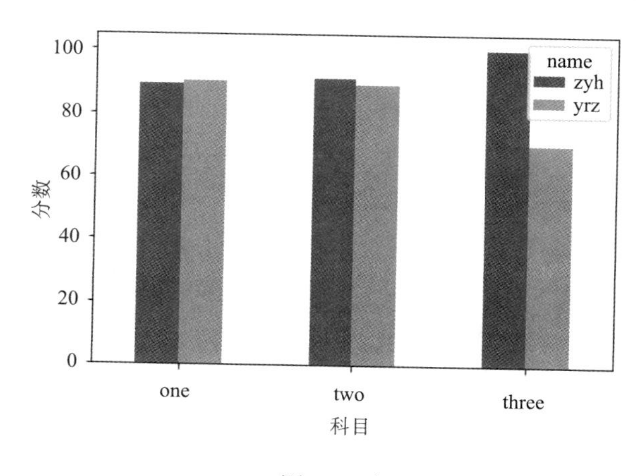

图 4.6　条形图

```
[In  53] :
D4.hist()
plt.show()
[Out 53] :
```

输出结果，如图 4.7 所示，这是直方图。从这两个图中可以看到两个人考试分数的集中区域在哪里，代码如下。

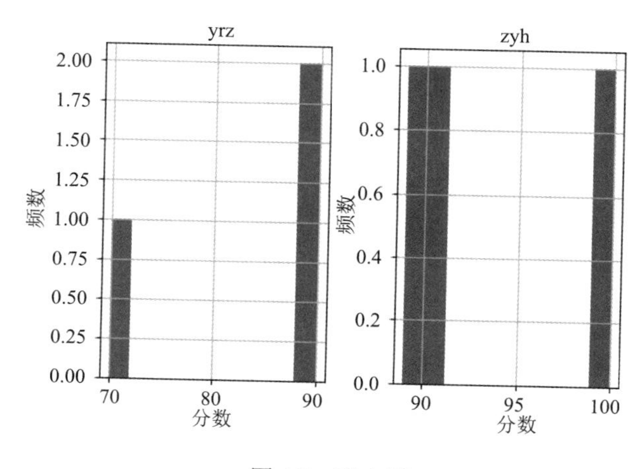

图 4.7　直方图

```
[In  54] :
D4.plot(kind='kde')
plt.show()
[Out 54] :
```

输出结果，如图 4.8 所示，这是密度图。横坐标表示分数，纵坐标表示密度，蓝黄两条线分别表示两个人。从该图中可以看出两人的考试成绩分布。

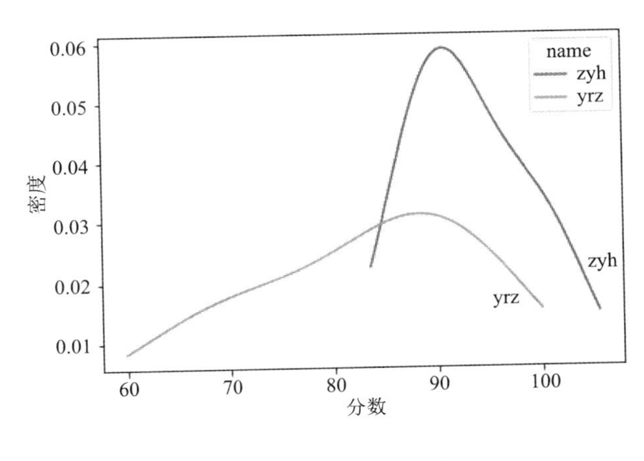

图 4.8　密度图

以上这些图都是一个 DataFrame 整体去画的。其实还可以用 DataFrame 中的每一个 Serise 去绘制图表，代码如下。

```
[In  55] :
D5 = DataFrame([[11,44,77],
                [22,55,88],
                [33,66,99]],
                columns=['AA', 'BB', 'CC'])

D5
[Out 55] :
AA  BB  CC
0  11  44  77
1  22  55  88
2  33  66  99
[In  56] :
plt.plot(D5.AA)
plt.plot(D5.BB)
plt.plot(D5.CC)
plt.show()
[Out 56] :
```

输出结果，如图 4.9 所示。一共用了三个 plot 语句，每一个 plot 语句以表格 D5 的一行为内容。最后三个 plot 所画的内容通过函数 show 展示在一张图片上。

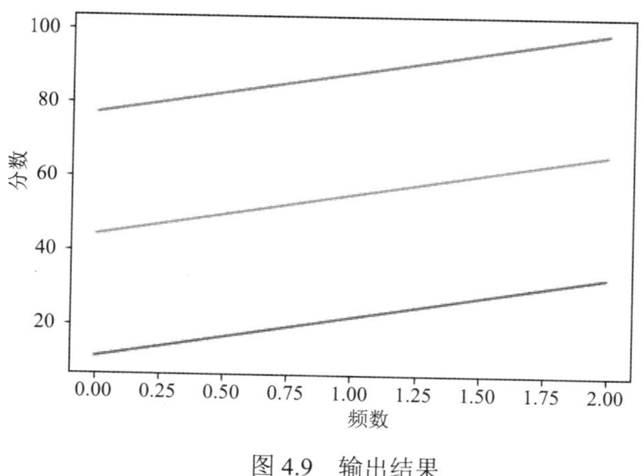

图 4.9　输出结果

从这个例子中看到两点，就是先用 plot，最后统一用 plt.show()，可以将其画在一张图里。

另一点，也是非常重要的。注意到，创建的数组是由 [11,44,77][22,55,88][33,66,99] 三个一维数组组成的二维数组。DataFrame 同样是以前面介绍过的 C 顺序来读取数组中的数据的。这是 DataFrame 对 NumPy 数组的理解方式。

有关可视化技巧的系统学习会在以后章节中进行深度讨论。以上介绍是为了让大家理解 pandas 也可以绘图，并且是建立在了 matplotlib 的基础之上。而且 pandas 绘图功能正在越来越丰富。

4.2.5　查看数据

有时候数据量太大，而需求并没有这么多。比如，想看全校第一名的学生的信息，就需要用到查看信息的功能。

```
[In  57] :
D5.head(1)
[Out 57] :
AA   BB   CC
11   44   77
```

这行代码的功能是查看 D5 表格第一行数据。该函数功能是查看表格的前 *n* 行数据。类似的数据查看函数如表 4.1 所示。

表 4.1　查看数据函数

函数	用途
head	查看 DataFrame 对象的前 *n* 行
tail	查看 DataFrame 对象的最后 *n* 行
shape	查看行数和列数
info	查看索引、数据类型和内存信息
Value_counts	查看内容出现的频率分布

4.3　pandas 数据结构的进阶操作

基础操作注重的是数据结构本身，而进阶操作所针对的对象就是数据了。本节既会介绍一些相对比较难理解的表格操作，也会讲一些在实际操作中容易遇到的处理数据的问题与易错点。本节主要内容如图 4.10 所示。

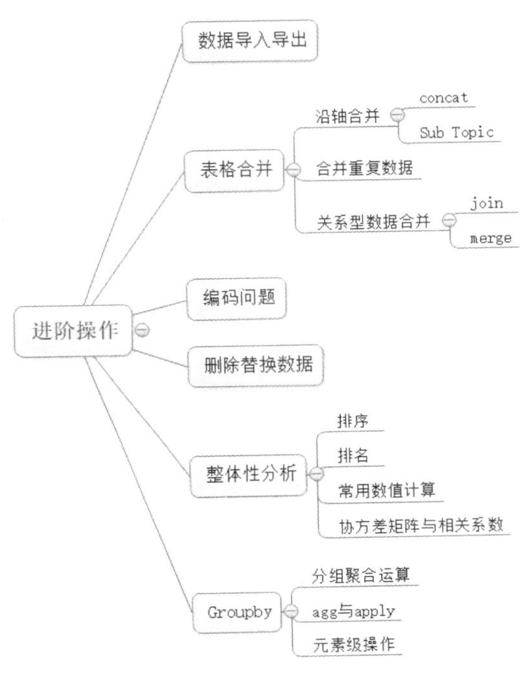

图 4.10　进阶操作主要内容

4.3.1　数据导入导出

大多数的数据分析工作者都有一个别称——表哥或者表姐。无论是之前用 Excel，还是用 SPSS，都需要和结构化数据打交道，都需要用到表格，数据的导入导出就显得格外重要。

在这一节，简单介绍一下利用 pandas 读取 csv 文件这一最主要的数据读取导出方式。其余的文件类型的操作会放到实战章节里简单介绍。

csv 文件是一个纯文本文件，最早用在简单的数据库里，其格式简单，具备很强的开放性，非常容易被导入各种 PC 表格及数据库，比如 Excel 表格等。

从 csv 文件中读取数据，只需要简单的一行代码。该例子中所读取的文件名叫作 test.csv，注意要加文件名后缀“csv”。

```
[In  58] :
data = pd.read_csv('test.csv')
data
```

```
[Out 58] :
    name   age     sex
0   zyh    23     male
1   yrz    18     female
2   lzz    19     female
```

这个文件名叫作 test.csv 的表格，存放在本编程项目路径下。所以在这里使用的是相对路径。如表 4.11 所示，分别存储了三个用户的姓名、年龄、性别信息。

	A	B	C	D
1	name	age	sex	
2	zyh	23	male	
3	yrz	18	female	
4	lzz	19	female	

图 4.11　test.csv 存储内容

可以看到，该函数会把表格里的表头以及内容都读取出来，并且会自动生成索引，在读取过程中，会把第一行默认为表头。这时候把读取的数据再写入 csv 文件。

```
[In  59] : data.to_csv('test-01.csv')
[Out 59] :
```

输出的内容如图 4.12 所示，三行三列，存储数据为三个人的姓名、年龄与性别。

	A	B	C	D
1		name	age	sex
2	0	zyh	23	male
3	1	yrz	18	female
4	2	lzz	19	female

图 4.12　test-01.csv 写入内容

可以发现，通过这样一个中转，表格内容里自动多出了一列索引。如果想把它去掉，在代码里改动一下就可以。上文使用的是相对路径，有时候会出错，所以这里改为使用绝对路径（改绝对路径请设置更新为读者的习惯路径）。

```
[In  60] : data = pd.read_csv('test.csv')
           data.to_csv(test-02.csv', index=False)
[Out 60] :
```

可以看到，现在存储到表格里的数据已经没有了多余的索引列，如图 4.13 所示。

	A	B	C	D
1	name	age	sex	
2	zyh	23	male	
3	yrz	18	female	
4	lzz	19	female	
5				

图 4.13　更改过后的写入内容

另外，还有一个常用参数，header。当它等于 0 时，即写入文件时不读取第一行内容，即表头，否则默认为读取表头。

```
[In  61] : data.to_csv('C:/Python/Python code/pandas/test-03.csv',
index=False,header=0)
```

```
[Out 61] :
```

可以看到，与图 4.13 相比较，已经没有了表头。即表格的列名。

	A	B	C	D
1	zyh	23	male	
2	yrz	18	female	
3	lzz	19	female	
4				

图 4.14　不带表头的文件内容

了解了有关 csv 文件的基础读写操作问题，就可以进行下面的学习了。

4.3.2　表格合并

在现实生活中，经常会遇到表格的合并。比如每当高考结束后，大家想报考心仪的学校都会去官网了解详细信息。如果某高校发布了包含历年专业录取人数的多个文件，想把这些信息集中到一张表格里方便比较，就需要合并。类似的场景还有很多。

合并表格的方法大致分为三种。

- 沿纵横轴拼接表格。
- 对有重复数据表格的合并。
- 关系型数据库连接。

首先来看一下要处理的数据，如图 4.15 所示。

	A	B	C	D	E	F	G	H	I	J	K	L	M	N	O	P
1	专业	总计		北京	天津	河北	山西	内蒙古	辽宁	吉林	黑龙江	上海	江苏	浙江	安徽	福建
2	•总计	3810	76	2	50	108	78	35	100	1891	110		100	100	83	35
3	(030302)社会工作	45			2				2	29			2	2	2	
4	(070504)地理信息科学	42							2	26	2		2	2		
5	(080102)工程力学	43			2				2	21			2	2		
6	(080201)机械工程	82	4		2	4			2	34	2			2	2	2
7	(080403)材料化学	80			2	2			2	49	2		2	2		2
8	(080406)无机非金属材料工程	200	4				2	2	6	122	2		2	6	2	2
9	(080407)高分子材料与工程	80				2				49	2		2	2	2	
10	(080601)电气工程及其自动化	82	8		2	2		2	2	30	2			2		2

图 4.15　某高校 2018 年招生计划

这是某高校 2018 年的招生计划，还有一张表是 2017 年的招生计划。需求是，将该高校这两年在安徽的招生指标数据集合到一张表格中，这种需求是很常见的。

首先，分析这个需求。所要得到的是有关安徽的全部数据，不存在重复数据的问题，而且不是合并整张表格，只取其中的安徽列。因此采用第一种方法比较合适。

```
[In  62]:
daxue2018 = pd.read_csv('C:/Python/Python code/college entrance examination/2018.csv')
daxue2018_major = daxue2018.loc[:, '专业']
daxue2018_anhui = daxue2018.loc[:, '安徽']
daxue2017 = pd.read_csv('C:/Python/Python code/college entrance examination/2017.csv')
daxue2017_anhui = daxue2017.loc[:, '安徽']
frame = [daxue2018_major, daxue2018_anhui, daxue2017_anhui]
data = pd.concat(frame, axis=1)
data.columns = ['专业', '安徽2018', '安徽2017']
data.to_csv('C:/Python/Python code/college entrance examination/data.csv', index=False, encoding='gbk')
[Out 62]:
```

运行以上代码，得到的结果一共三列，第一列为专业的名字，后面两列分别是该学校近两年在安徽的招生指标数据，如图 4.16 所示。

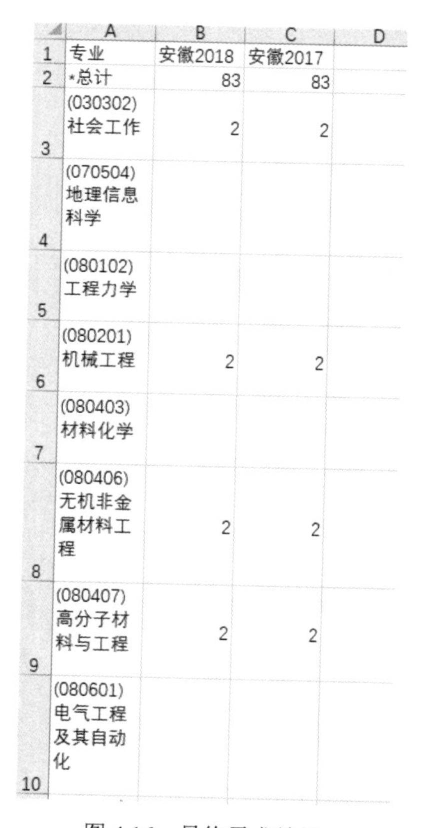

	A	B	C	D
1	专业	安徽2018	安徽2017	
2	*总计	83	83	
3	(030302)社会工作	2	2	
4	(070504)地理信息科学			
5	(080102)工程力学			
6	(080201)机械工程	2	2	
7	(080403)材料化学			
8	(080406)无机非金属材料工程	2	2	
9	(080407)高分子材料与工程	2	2	
10	(080601)电气工程及其自动化			

图 4.16　最终需求结果

来解释一下这些代码。首先根据绝对路径读取了从某高校官网上下载下来的官方数据。利用前面所学过的索引知识，直接提取出来两张表格中的列名为“安徽”的这一列，当然为了表格的完整性，也把包含各专业名称的这一列提取出来了。因为两年专业都一样，所以提取一次就行。

这时候提取出来的内容为包含该学校在安徽两年招生指标的两列数据，以及包含各专业名称的这一列，它们的类型现在都是 Series。现在，要把这三个 Series 合并为一个 DataFrame，如何操做呢？

很简单，用 [] 将三个 Series 框起来，中间用逗号隔开，赋值给一个 frame 变量。然后利用内置函数 concat 就完成了。axis 这个参数决定的是沿纵轴合并还是沿横轴合并，当其值为 1 时就是沿横轴合并。最后一个参数 encoding 是有关编码问题的，以后再介绍。

以上是 concat 的主要使用过程，接下来探讨一些细节问题。上面这个例子，每一列都是一一对应的，但是现实生活中如果遇到数据缺失的问题该如何应对呢，代码如下。

```
[In  63]:
D1 = DataFrame([['zyh', 'yrz', 'xhy', 'xm'],
['xxd', 'mzd', 'hyt', 'jrdg']],
columns=['安徽', '湖南', '山西', '浙江'])
D2 = DataFrame([['zjc', 'mrz', 'zj']],
columns=['安徽', '湖南', '浙江'])
D1
D2
[Out 63]:
     安徽    湖南    山西     浙江
0    zyh    yrz    xhy     xm
1    xxd    mzd    hyt    jrdg
     安徽    湖南    浙江
1    zjc    mrz     zj
```

可以看到，上面表格中内容是四个省份的学生的姓名，下面表格是三个省份学生的姓名。现在把两个表格进行合并。

```
[In  64]: data = pd.concat([D1, D2])
          data
[Out 64]:
     安徽    山西    浙江     湖南
0    zyh    xhy     xm     yrz
1    xxd    hyt    jrdg    mzd
0    zjc    NaN     zj     mrz
```

可以看到，程序自动做了处理，即表格二中没有浙江的数据，在合并过程中给它赋了空值。非常方便。但是索引并没有因为合并而改变，现在合并后的表格中索引还是 [0,1,0]。随着数据量增大，日后如果想知道有多少条数据，是非常麻烦的。可以通过如下代码来解决这个问题。这个参数值为 True 时意味着忽略原始索引，按照新内容重新排索引，代码如下。

```
[In  65]: data = pd.concat([D1, D2], ignore_index=True)
data
[Out 65]:
     安徽    山西    浙江     湖南
0    zyh    xhy     xm     yrz
1    xxd    hyt    jrdg    mzd
2    zjc    NaN     zj     mrz
```

有关上面这个问题，第四小节还会讲另一个方法。接下来介绍 concat 有关层次化索引的问题。

什么是层次化索引呢？现在看到的 DataFrame 都是二维结构，有时候一维甚至二维结构都无法满足对数据的存储要求。比如像很多金融报表就是三维甚至更多维度的，每年都会有环比、对比，需要很多数据同时集中在一张表进行展现，这时就需要层次化索引。

还以上面那两个表格为例，假设第一个表格是 2017 年数据，第二个表格是 2018 年数据，在合并的时候需要体现出年份的差异，代码如下。

```
[In  66]: data = pd.concat([D1, D2])
data
[Out 66]:
    2017                                 2018
    安徽     湖南     山西     浙江      安徽     湖南      浙江
0   zyh     yrz     xhy      xm       zjc     mrz       zj
2   xxd     mzd     hyt     jrdg      NaN     NaN       NaN
```

前面讲过，二维的 DataFrame 有转置操作，三维的层次化索引如何转置呢？三维的层次化索引也是有一个特殊的函数将其进行转置，代码如下。

```
[In  67]: data.stack()
[Out 67]:
2017 2018
0     安徽     zyh      zjc
      山西     xhy      NaN
      浙江      xm       zj
      湖南     yrz      mrz
1     安徽     xxd      NaN
      山西     hyt      NaN
      浙江    jrdg      NaN
      湖南     mzd      NaN
```

stack 函数是将数据的列旋转为行，与之相对应的一个函数 unstack 其功能是将数据的行旋转为数据的列。

沿纵轴拼接表格并仅有 concat 这一个函数，还有一个函数 append 也可以做到。仍利用上面省份的例子，代码如下。

```
[In  68]:
D1.append(D2, ignore_index=True)
[Out 68]:
    安徽     山西     浙江     湖南
0   zyh     xhy      xm      yrz
1   xxd     hyt     jrdg     mzd
2   zjc     NaN      zj      mrz
```

concat 与 append 这两个函数的功能可以说是有重复的，其实可以理解 append 的功能是 concat 功能的子集，其只能在纵向进行合并。concat 是 pandas 下的函数，而 append 是 Series 与 DataFrame 下的函数。

append 的出现是为了明确需求，也是一种约定俗成的规律。即，每当从两张表格中提取某些列合并成一个新的表格或者将两个表格整个拼接在一起时，应该要想到 concat。如果给一个表格在原有基础上增添一行，应该选择 append。

concat 虽然好用，可是其并不能解决所有问题。比如当拼接两张表格出现重复数据时，如果拼接完了还要手动删除重复数据会非常麻烦，代码如下。

```
[In  69]:
S1 = Series([100, 97, 98, 95], index=['吕布', '关羽', '张飞', '华雄'])
S2 = Series([100, 97, 98, 93], index=['吕布', '赵云', '马超', '太史慈'])
pd.concat([S1, S2])
[Out 69]:
吕布     100
关羽      97
张飞      98
华雄      95
吕布     100
赵云      97
马超      98
太史慈    93
dtype: int64
```

这两个表格是《三国志》里武将名称与其对应的武力值。用 concat 将表格合并后，虽然合并成功，但是两个表格中都拥有吕布的数据，因此合并后该数据条被存储了两遍，这是不想看到的。这时候就需要用到合并数据的第二个方法：对重复数据的合并，代码如下。

```
[In  70]:
S1.combine_first(S2)
S1
[Out 70]:
关羽     97.0
华雄     95.0
吕布    100.0
太史慈   93.0
张飞     98.0
赵云     97.0
马超     98.0
dtype: float64
```

合并过后如果需要按大小顺序排列可以这么做，代码如下。

```
[In  71]:
S3 = S1.combine_first(S2)
S3.sort_values(ascending=True)
[Out 71]:
太史慈   93.0
华雄     95.0
关羽     97.0
赵云     97.0
张飞     98.0
马超     98.0
吕布    100.0
dtype: float64
```

如果你想按照从大往小排序，可以设置参数 ascending=False。

该方法除了可以排除重复数据，还可以用对象中的值去填充另一个对象中的缺失值，代码如下。

```
[In  72]:
S4 = Series([np.nan, 97, 98, 93], index=['吕布', '赵云', '马超', '太史慈'])
S4
```

```
[Out 72]:
吕布      NaN
赵云       97
马超       98
太史慈     93
dtype: int64
[In  73]:
S5 = S1.combine_first(S4)
S5
[Out 73]:
关羽      97.0
华雄      95.0
吕布     100.0
太史慈    93.0
张飞      98.0
赵云      97.0
马超      98.0
dtype: float64
```

接下来讨论最难理解也应用最广泛的第三种合并方法：关系型数据库连接。其中主要功能函数是 merge，思路是通过一个或多个共有键，即两个表格之间的联系将表格连接起来，代码如下。

```
[In  74]:
D3 = DataFrame({'阵营' : ['魏', '魏', '蜀', '吴', '吴', '魏'],
                '武将' : ['徐晃', '张辽','关羽', '太史慈', '周泰', '于禁']})
D4 = DataFrame({'阵营' : ['魏','蜀', '吴'],
        '君主' : ['曹操', '刘备','孙权']})
D3
[Out 74]:
      武将     阵营
0     徐晃     魏
1     张辽     魏
2     关羽     蜀
3    太史慈    吴
4     周泰     吴
5     于禁     魏
[In  75] :
D4
[Out 75] :
      君主     阵营
0     曹操     魏
1     刘备     蜀
3     孙权     吴
```

可以看到，两张表格，一张是三国君主表格，一个是三国武将表格，两张表格有个共同的列，就是阵营。现在把两张表格连接起来，代码如下。

```
[In  76]:
pd.merge(D3, D4, on='阵营')
[Out 76]:
      武将     阵营     君主
0     徐晃     魏      曹操
1     张辽     魏      曹操
2     于禁     魏      曹操
3     关羽     蜀      刘备
4    太史慈    吴      孙权
5     周泰     吴      孙权
```

从这个例子的方法和之前方法的不同。它往往应用于两张表格的数据之间有某些现实世界的联系的情况下，因此也叫作关系型数据库连接。而且在连接的时候，最终产生的结果是行的笛卡儿积。

什么是笛卡儿积，举个例子，假设集合 A={a, b}，集合 B={0, 1, 2}，则两个集合的笛卡尔积为 {(a, 0), (a, 1), (a, 2), (b, 0), (b, 1), (b, 2)}。

merge 的主要功能已经介绍，接下来讨论一些细节问题。有的时候，因为表格来自不同工作人员的创建。比如上面那个表格，共有列都叫阵营，如果一个叫阵营，一个叫国家呢，代码如下。

```
[In  77]:
D5 = DataFrame({'阵营' : ['魏', '魏', '蜀', '吴', '吴', '魏'],
                '武将' : ['徐晃', '张辽','关羽', '太史慈', '周泰', '于禁']})
D6 = DataFrame({'国家' : ['魏','蜀', '吴'],
                '君主' : ['曹操', '刘备','孙权']})
D5
[Out 77]:
     武将     阵营
0    徐晃     魏
1    张辽     魏
2    关羽     蜀
3    太史慈   吴
4    周泰     吴
5    于禁     魏
[In  78]:
D6
[Out 78]:
     君主     国家
0    曹操     魏
1    刘备     蜀
4    孙权     吴
```

这时候因为列名不相同，是无法用 on 来显示指定按照哪个共同列合并。需要用到另外两个参数，代码如下。

```
[In  79]: pd.merge(D5, D6, left_on='阵营', right_on='国家')
[Out 79]:
     武将     阵营     君主     国家
0    徐晃     魏       曹操     魏
1    张辽     魏       曹操     魏
2    于禁     魏       曹操     魏
3    关羽     蜀       刘备     蜀
4    太史慈   吴       孙权     吴
5    周泰     吴       孙权     吴
```

这样就可以了。即显示指定共同列为左边哪一列和右边哪一列。

还有的情况是，显示指定的不是某一列，是索引。这时候就需要另外一个参数，显示指定左边的就是 left_index=True, 右边的就是 right_index=True，并且可以和列混合使用。比如，左边显示指定的是索引，右边显示指定的是某一列。

前面的例子是一对多的情况。即第二个表格中共同列里的内容每个值都是唯一的，即魏、蜀、吴，体现不出笛卡儿积。再举一个例子，代码如下。

```
[In  80]:
D7 = DataFrame({'阵营' : ['魏', '魏', '蜀', '吴', '吴', '魏'],
```

```
            '武将' : ['徐晃', '张辽','关羽', '太史慈', '周泰', '于禁']})
D8 = DataFrame({'国家' : ['魏', '魏', '蜀', '蜀', '吴', '吴'],
        '君主' : ['曹丕', '曹奂', '刘备', '刘禅', '孙权', '孙皓']})
pd.merge(D7, D8, left_on='阵营', right_on='国家')
[Out 80]:
      武将    阵营    君主    国家
0     徐晃    魏     曹操     魏
1     徐晃    魏     曹丕     魏
2     张辽    魏     曹操     魏
3     张辽    魏     曹丕     魏
4     于禁    魏     曹操     魏
5     于禁    魏     曹丕     魏
6     关羽    蜀     刘备     蜀
7     关羽    蜀     刘禅     蜀
8    太史慈   吴     孙权     吴
9    太史慈   吴     孙皓     吴
10    周泰    吴     孙权     吴
11    周泰    吴     孙皓     吴
```

该表格中，表明了武将的阵营归属，还标注了每一位武将所属势力的首代皇帝与末代皇帝。上述两个表格中，前者里有三个魏，后者里有两个魏，笛卡儿积就是有六个与魏相关的条目。依此类推，蜀是两条，吴是四条。

这三种合并方法都有取交并集的功能，因此交并功能放在这里讲解，也就是在最后一个合并方法里讲述，前面的方法读者可以自行验证，代码如下。

```
[In  81]:
D9 = DataFrame({'阵营' : ['魏', '魏', '蜀', '吴', '吴', '魏', '其他', '其他'],
                '武将' : ['徐晃', '张辽','关羽', '太史慈', '周泰', '于禁', '吕布',
'袁术']})
D10 = DataFrame({'国家' : ['魏', '魏', '蜀', '蜀', '吴', '吴'],
          '君主' : ['曹丕', '曹奂', '刘备', '刘禅', '孙权', '孙皓']})
pd.merge(D9, D10, left_on='阵营', right_on='国家', how='outer')
[Out 81]:
      武将    阵营    君主    国家
0     徐晃    魏     曹丕     魏
1     徐晃    魏     曹奂     魏
2     张辽    魏     曹丕     魏
3     张辽    魏     曹奂     魏
4     于禁    魏     曹丕     魏
5     于禁    魏     曹奂     魏
6     关羽    蜀     刘备     蜀
7     关羽    蜀     刘禅     蜀
8    太史慈   吴     孙权     吴
9    太史慈   吴     孙皓     吴
10    周泰    吴     孙权     吴
11    周泰    吴     孙皓     吴
12    吕布   其他    NaN     NaN
13    袁术   其他    NaN     NaN
```

how 这个参数决定了是取并还是取交，当等于 outer 时，取并；等于 inner 时，取交。前两种合并方法也有该参数，同样也是通过该参数来决定是取交或取并。

4.3.3 读写文件中的编码问题

给大家科普一下在读写文件中经常遇到的编码问题。编码格式有 UTF-8、GB2312、

Unicode 等很多，使用不当容易造成这样那样的乱码问题，是新手的一大苦恼。

计算机中存储的数据其实都是 0/1 串，输入的英文字母、中文字符、标点符号，最后在计算机中都是以 0/1 串的形式存储起来，读取的时候也是把这些 0/1 串转化为对应的符号。

这里涉及字符编码的两个基本概念：

字符集（Character Set）：指系统支持的所有字符的集合。字符包括涉及的所有文字和符号，如各个国家的语言文字、标点符号和图形符号等。

字符编码（Character Encoding）：指把字符集中的字符映射成二进制 0/1 串的规则，如用多少个字节存储，每个字节存什么信息等。

另外，相关组织在制订编码标准的时候，“字符的集合”和“编码方式”有时是同时制订的，比如平常所说的“字符集”如 ASCII、GBK、GB2312 等，除了有“字符集”这层含义外，同时也包含了“字符编码”的含义。但一些编码标准在规定了一个字符的编码之后，并没有规定这个编码在计算机中是如何存储的，这就涉及具体的编码方式的问题。这也是经常出现乱码问题的关键所在。

起初美国人发明计算机时，只把 26 个英文大小写字母、标点符号、数字等进行了编码，这就是大家在 C 语言入门时都知道的 ASCII 码。后来计算机普及，中国人为了能让汉字可以在计算机中使用，就改动了 ASCII 码，并加入了常用汉字数千个，这就是 GB2312。

再后来，一些不常用的汉字（后来发现必须加，因为很多名人的名字都是不常用的汉字等情况）也加入了进去，GB2312 就发展成为 GB18030。

信息时代来临后，各国都抓住机遇，大力发展互联网，因此各国对自己文字的编码便应运而生，但也造成在编程中各国语言转换非常烦琐。于是一个国际组织就把全世界所有已知的字符符号全部包括放进一种编码，这就是 Unicode，如图 4.17 所示。

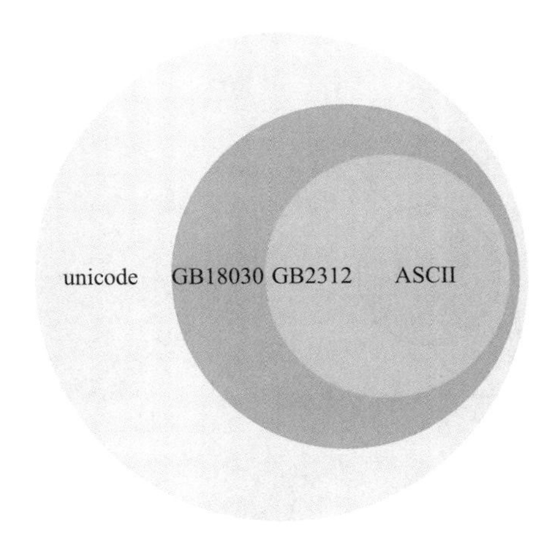

图 4.17　字符集之间的关系

以上这些从通信角度说都是信源编码，也就是刚刚给出的定义——字符集。而 UTF-8 和 UTF-8bm4 都是信道编码，即字符编码。它们包含了一些压缩编码的规则，以便在传输中最大限度地降低空间占用率。

在 4.3.2 节刚开始列举的例子中，最后一句程序中写有 encoding 参数，之所以加这一句，是因为开发环境默认是 UTF-8 编码，而存储 csv 格式文件的 excel 默认是 gbk 编码。如果不加那一句程序，写入 Excel 表格中的内容就是乱码。

4.3.4 删除与替换数据

介绍完前面的内容后，现在进入处理表格数据阶段。删除替换数据，是数据分析中经常遇到的问题。异常数据、脏数据、重复数据、缺省值等都存在删除替换的可能。

```
[In  82]:
S1 = Series([57, 35, 6, 8, 8], index=['努尔哈赤', '皇太极', '福临', '玄烨', '弘历'])
S1
[Out 82]:
努尔哈赤    57
皇太极     35
福临       6
玄烨       8
弘历       8
dtype: int64
```

这里存储了清朝五位皇帝的姓名以及继位年龄，但是第五行明显是错误的，因为乾隆帝 25 岁才继位。这时候就需要删掉这个数据。

```
[In  83]:
S1.drop('弘历')
[Out 83]:
努尔哈赤    57
皇太极     35
福临       6
玄烨       8
dtype: int64
```

对于 DataFrame，其还可以删掉一整行、一整列。继续以之前三国武将的例子来说明，代码如下。

```
[In  84]:
D = pd.merge(D3, D4, on='阵营')
D
[Out 84]:
     武将    阵营    君主
0    徐晃    魏     曹操
1    张辽    魏     曹操
2    于禁    魏     曹操
3    关羽    蜀     刘备
4   太史慈   吴     孙权
6    周泰    吴     孙权
[In  85]:
D.drop('君主', axis=1)
[Out 85]:
```

```
       武将    阵营
0      徐晃    魏
1      张辽    魏
2      于禁    魏
3      关羽    蜀
4     太史慈   吴
7      周泰    吴
[In  86]:
D.drop(0)
[Out 86]:
       武将    阵营    君主
1      张辽    魏     曹操
2      于禁    魏     曹操
3      关羽    蜀     刘备
4     太史慈   吴     孙权
5      周泰    吴     孙权
```

有两点需要注意：

（1）当你想删除某一列时必须要加上 axis=1，因为这个函数默认删除行。

（2）使用这个函数后，表格 D 本身是没有改变的，表格 D 还是原来的数据，这行代码是让表格 D 进行删除操作，然后创建了一个新表格。如果想让表格 D 自身改变需要增加对一个参数设置，代码如下。

```
[In  87]:
D.drop(0)
D
[Out 87]:
       武将      阵营      君主
0      徐晃      魏       曹操
1      张辽      魏       曹操
2      于禁      魏       曹操
3      关羽      蜀       刘备
4     太史慈     吴       孙权
5      周泰      吴       孙权
[In  88]:
D.drop(0, inplace=True)
D
[Out 88]:
       武将      阵营      君主
1      张辽      魏       曹操
2      于禁      魏       曹操
3      关羽      蜀       刘备
4     太史慈     吴       孙权
5      周泰      吴       孙权
```

需要提醒的是，drop 无法删除精确到某一行某一列的某个值。而且 drop 还有一个缺陷就是它删除某一行或某一列后，会破坏原有的索引。比如上面就使得索引 0 被彻底删除了。数据量较小也许看不出来问题，可当数据量较大时，删删减减后索引与真实数目不一致会带来很大麻烦，就需要重新定义索引功能，代码如下。

```
[In  89]:
D.reset_index(drop=True, inplace=True)
D
[Out 89]:
       武将      阵营      君主
0      张辽      魏       曹操
1      于禁      魏       曹操
```

```
    2      关羽      蜀      刘备
    3      太史慈    吴      孙权
    4      周泰      吴      孙权
```

接下来专门介绍如何处理缺失数据。数据在存储、传输、接收的过程中，会出现缺失的情况，这时候常常使用滤除、插值的方法来解决。

在 pandas 中，使用 NaN 来表示缺失数据，NaN 是 not a number 的缩写，它的类型是浮点型，只是一个便于被检测出来的标记，代码如下。

```
    [In  90]:
    data = DataFrame([[76, 94, 100],[100, 25, np.nan], [25, 100, 98], [70, 98, 97],
[np.nan, np.nan, np.nan]],
    columns=['武力', '智力', '魅力'], index=['曹操', '吕布', '诸葛亮', '司马懿', '
徐庶'])
    data
    [Out 90]:
              武力      智力      魅力
    曹操      76.0      94.0      100.0
    吕布      100.0     25.0      NaN
    诸葛亮    25.0      100.0     98.0
    司马懿    70.0      98.0      97.0
    徐庶      NaN       NaN       NaN
```

可以看到，“吕布”的魅力值是缺失值，并且“徐庶”整整一行都是缺失值。对于滤除缺失值，可以选择只要有缺失值就删掉该行或者是仅当该行全是缺失值时才删掉该行，代码如下。

```
    [In  91]: data.dropna()
    [Out 91]:
              武力      智力      魅力
    曹操      76.0      94.0      100.0
    诸葛亮    25.0      100.0     98.0
    司马懿    70.0      98.0      97.0
```

当 dropna 函数里不显示指定任何参数时，其默认删掉任何包含缺失值的行。注意是对行进行操作，如果想对列进行操作，需要加一个参数 axis=1，代码如下。

```
    [In  92]: data.dropna(how='all')
    [Out 92]:
              武力      智力      魅力
    曹操      76.0      94.0      100.0
    吕布      100.0     25.0      NaN
    诸葛亮    25.0      100.0     98.0
    司马懿    70.0      98.0      97.0
```

当加入了参数 how=‘all’时，其只删除全为 NaN 值的行或列。还需要提及一点的是，dropna 与 drop 一样，其操作是重新产生了一个表格，要想让原始表格更新，就地修改，需要加入“inplace=‘True’”。

有时候虽然该行的某个数据缺失了，但是该行的其他数据还有重要作用，但是在科学计算当中，空值是无法介入计算的，这时候往往会选择将缺失值置零。即一方面不利用该值参与计算，一方面又不会浪费其他数据，代码如下。

```
[In  93]: data.fillna(0)
[Out 93]:
          武力      智力      魅力
曹操      76.0      94.0      100.0
吕布      100.0     25.0      0.0
诸葛亮    25.0      100.0     98.0
司马懿    70.0      98.0      97.0
徐庶      0.0       0.0       0.0
```

fillna 是默认将所有缺失值置 0。当然，也可以通过字典格式实现对不同列赋不同的值，代码如下。

```
[In  94]: data.fillna({'武力':50, '智力':50, '魅力':50})
[Out 94]:
          武力      智力      魅力
曹操      76.0      94.0      100.0
吕布      100.0     25.0      50.0
诸葛亮    25.0      100.0     98.0
司马懿    70.0      98.0      97.0
徐庶      50.0      50.0      50.0
```

字典的键就是列名，值就是要把缺失值更改成的结果。以上都是一些暴力替换，对于数据之间有关系的表格，可以采用插值法。比如，司马懿和徐庶的身份都是谋士，因此属性应该差不多，可以使用前向插值。method 参数决定采用哪一种插值方法，limit 参数决定插值的空间范围，是涉及一行还是两行等，代码如下。

```
[In  95]: data.loc['司马懿':'徐庶',:].fillna(method='ffill', limit=1)
[Out 95]:
          武力      智力      魅力
司马懿    70.0      98.0      97.0
徐庶      70.0      98.0      97.0
```

用 fillna 来填充值，可以看作替换的一种。不过用正规的 replace 函数来替换则更加地灵活和强大，代码如下。

```
[In  96]:
data1 = Series([100, 98, 97, 95], index=['吕布', '张飞', '关羽', '华雄'])
data1
[Out 96]:
吕布        100
张飞         98
关羽         97
华雄         95
dtype: int64
```

replace 可以根据字典键值对，用不同的值替换不同的原始数据，代码如下。

```
[In  97]: data1.replace({100 : np.nan, 95 : 59})
[Out 97]:
吕布        NaN
张飞        98.0
关羽        97.0
华雄        59.0
dtype: float64
```

4.3.5 表格整体性分析

一个表格摆在你面前，首先最想要做的就是对表格做整体性分析，以便对整个表格的数据有整体性的把握。比如有一个全国工资水平表，你可能急切想知道的是最大值、最小值、平均值；你也可能想把表格按工资多少从小到大排个序。如图 4.18 所示为整体性分析函数汇总。

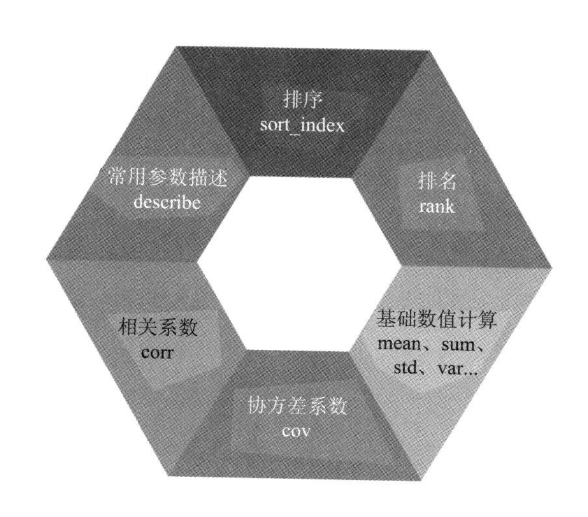

图 4.18 整体性分析函数汇总

仍以上节的表格做例子。如果想按照表格中武力值来排序应该怎么做呢？(喜欢玩游戏三国志的朋友都清楚)，代码如下。

```
[In  98]: data.sort_index(by='武力')
[Out 98]:
          武力      智力     魅力
诸葛亮    25.0     100.0     98.0
司马懿    70.0      98.0     97.0
曹操      76.0      94.0    100.0
吕布     100.0      25.0      NaN
徐庶      NaN       NaN       NaN
```

如果想倒序排列，只要加上一个参数就可以，代码如下。

```
[In  99]: data.sort_index(by='武力', ascending=False)
[Out 99]:
          武力      智力     魅力
吕布     100.0      25.0      NaN
曹操      76.0      94.0    100.0
司马懿    70.0      98.0     97.0
诸葛亮    25.0     100.0     98.0
徐庶      NaN       NaN       NaN
```

可以看到，无论是从小到大排列，还是从大到小排列，缺失值永远排在最后面。如果想根据多个列进行排序，传入由多个列名组成的列表即可。

排名与排序很相似，其会设置一个排名值，最小数的排名值为 1 然后依次递增，代码如下。

```
[In  100]: data.rank()
[Out 100]:
          武      智力      魅力
曹操      3.0     2.0      3.0
吕布      4.0     1.0      NaN
诸葛亮    1.0     4.0      2.0
司马懿    2.0     3.0      1.0
徐庶      NaN     NaN      NaN
```

排名与排序有点像成绩点和学分成绩的关系。排名也是可以按照大小顺序排序的，与排序参数一致，这里不再赘述。

除了排名与排序，还有一些其他的分析可以帮助我们更快地初步了解数据分布与结构，代码如下。

```
[In  101]: data.sum()
[Out 101]:
武力      341.0
智力      415.0
魅力      392.0
dtype: float64
```

记录了表格中所有武将的武力、智力、魅力总和，代码如下。

```
[In  102]: data.mean()
[Out 102]:
武力      68.2
智力      83.0
魅力      98.0
dtype: float64
```

求得的是所有武将武力、智力、魅力的平均值，代码如下。

```
[In  103]: data.median()
[Out 103]:
武力      70.0
智力      98.0
魅力      97.5
dtype: float64
```

求得的是所有武将武力、智力、魅力的中位数。诸如此类的数据统计描述函数还有很多不一一列举，下面为一些重要的描述统计函数，见表 4.2。

表 4.2　描述统计函数一览

函数	功能描述
sum	求和
mean	求平均值
median	求中位数
count	求非空值的个数
min	最小值
max	最大值
var	方差
std	标准差

还有一个函数，可以输出众多重要的统计数据，很好地展现数据分布，代码如下。

```
[In  104]: data.describe()
[Out 104]:
              武力          智力          魅力
count     4.000000     4.000000     3.000000
mean     67.750000    79.250000    98.333333
std      31.308944    36.252586     1.527525
min      25.000000    25.000000    97.000000
25%      58.750000    76.750000    97.500000
50%      73.000000    96.000000    98.000000
75%      82.000000    98.500000    99.000000
max     100.000000   100.000000   100.000000
```

从这个函数的功能说 Python 是为数据分析而生的一点也不为过。

还有两个可以很好地反映变量之间关系的函数，一个是求协方差矩阵，一个是求相关系数，代码如下。

```
[In  105]:
grade = DataFrame({'分数' : [100, 90, 80, 60],
                   '学习时间' : [10, 8, 6, 4],
                    '认真程度' : [8, 6, 4, 1],
                      '娱乐时间' : [4, 4, 6, 10]},index=['zyh', 'yrz', 'zdp',
'yxp'])
grade
[Out 105]:
      分数    娱乐时间    学习时间    认真程度
zyh   100       4          10          8
yrz    90       4           8          6
zdp    80       6           6          4
yxp    60      10           4          1
[In  106]: grade.corr()
[Out 106]:
              分数         娱乐时间       学习时间       认真程度
分数        1.000000    -0.966092     0.982708     0.996791
娱乐时间   -0.966092     1.000000    -0.912871    -0.947204
学习时间    0.982708    -0.912871     1.000000     0.994377
认真程度    0.996791    -0.947204     0.994377     1.000000
[In  107]: grade.cov()
[Out 107]:
              分数          娱乐时间       学习时间      认真程度
分数       291.666667   -46.666667    43.333333    50.833333
娱乐时间   -46.666667     8.000000    -6.666667    -8.000000
学习时间    43.333333    -6.666667     6.666667     7.666667
认真程度    50.833333    -8.000000     7.666667     8.916667
```

这两个参数都是展现变量之间相关程度大小的指标，数值为正且越来越大说明正相关程度越强，数值为负且绝对值越大说明负相关程度越大。绝对值越小，说明相关程度越小。

4.3.6 GroupBy 分组运算

为什么要进行分组运算呢？前面介绍过合并。如果有把多个表格数据集合到一个表格的需求，那么相对应的就有把表格拆分开的需求。当然，GroupBy 并不是真的把表格拆分成了很多小表格，而是将表格按照某行某列进行分组，然后进行某些运算，再合并在一起，如图 4.19 所示。

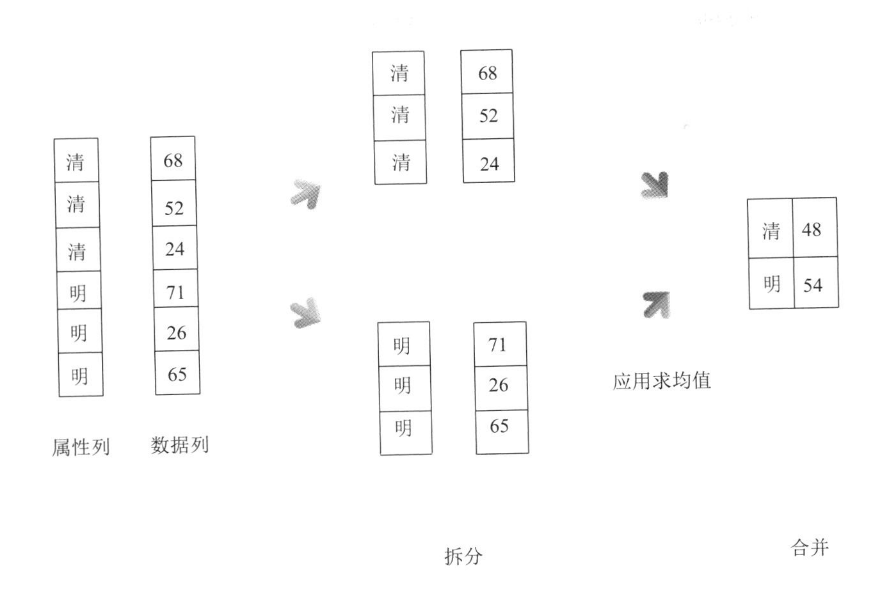

图 4.19　groupby 工作原理

来看一个小例子，代码如下。

```
[In  108]:
mingqing = DataFrame({'在位时长':[11, 17, 24, 61, 13, 60, 31, 5, 23, 1, 11, 15],
                      '寿命':[68, 52, 24, 69, 58, 89, 71, 26 ,65, 48 ,38 ,38],
                       '姓名': ['努尔哈赤', '皇太极', '福临', '玄烨', '胤禛', '
弘历',
                             '朱元璋', '朱允炆', '朱棣', '朱高炽', '朱瞻基', '朱
祁镇'],
                      '所属': ['清','清','清','清','清','清','明','明','明','
明','明','明',],
                      '属性': ['武', '武', '文', '文武', '文', '文武', '文武',
'文', '文武', '文', '文', '武',]})
 mingqing
 [Out 108]:
    在位时长    姓名     寿命    属性    所属
 0     11    努尔哈赤    68     武      清
 1     17     皇太极     52     武      清
 2     24      福临      24     文      清
 3     61      玄烨      69    文武     清
 4     13      胤禛      58     文      清
 5     60      弘历      89    文武     清
 6     31     朱元璋     71    文武     明
 7      5     朱允炆     26     文      明
 8     23      朱棣      65    文武     明
 9      1     朱高炽     48     文      明
 10    11     朱瞻基     38     文      明
 11    15     朱祁镇     38     武      明
```

这个表格分别记录了明清前六位皇帝的年龄、姓名、在位时长、寿命、属性。现在，如果想分别计算明清前六位皇帝的年龄总和，应该怎么办？代码如下。

```
[In  109]:
lifetime = mingqing['寿命'].groupby(mingqing ['所属'])
lifetime.sum()
[Out 109]:
```

```
所属
明      286
清      360
Name: 寿命 , dtype: int64
```

是不是很方便？lifetime 是已经分好组的对象，可以对它进行求和，求平均等各种数值运算。它不仅仅可以按照某列，还可以按照多个列的组合来操作，代码如下。

```
[In  110]:
lifetime1 = mingqing ['寿命'].groupby([mingqing ['所属'], mingqing ['属性']])
lifetime1.sum()
[Out 110]:
所属  属性
明     文      112
      文武     136
       武      38
清     文       82
      文武     158
       武     120
Name: 寿命 , dtype: int64
```

即根据朝代不同和属性不同组成六个组合，分别进行计算。需要注意多列组合需要用列表框起来，因为这个分组操作的依据参数本来就是以列表形式传入，当组合的列的个数大于 1 时，就必须要加上“[]”。

如果表格里列的属性对数据分析不够透彻，也可以自行设置属性，并进行数据统计，代码如下。

```
[In  111]:
character = {0:'圣明',1:'贤明',2:'中庸',3:'圣明',4:'贤明',5:'贤明',
             6:'圣明',7:'中庸',8:'圣明',9:'贤明',10:'贤明',11:'中庸',}
character1 = mingqing['在位时长'].groupby(character).mean()
character1
[Out 111]:
中庸     14.666667
圣明     31.500000
贤明     20.400000
Name: 在位时长 , dtype: float64
```

可能稍微难以理解一些，解释一下。这里将是手动构建了一个字典，字典的键来自表格自动生成的索引，即 0—11。字典的值来自对数据的理解而产生的属性。产生一一对应关系，再传入 groupby 进行分类。

当然，前面也说过了，groupby 是有一个将表格拆分过程的，只不过没有表现出来，如果真的想拆分表格，用 groupby 也是可以做到的，代码如下。

```
[In  112]:
ming_qing = dict(list(mingqing.groupby(mingqing['所属'])))
ming = ming_qing['明']
ming
[Out 112]:
     在位时长     姓名     寿命     属性     所属
6      31      朱元璋     71     文武      明
7       5      朱允炆     26      文       明
8      23      朱棣       65     文武      明
9       1      朱高炽     48      文       明
10     11      朱瞻基     38      文       明
```

```
    11    15         朱祁镇        38           武          明
```

这样原始表格中属于明朝皇帝的数据就被独立提取出来了。这是如何做到的呢？首先 groupby 所返回的对象是一个元组，元组是不可更改的，需要用 list 列表化。这时候，列表里的内容是字典形式的，然后再把它字典化，再根据字典里的键值对中的键——“明”，把数据提取出来。

之前都是进行一次运算，就是求平均值、求标准差等，如果这些想要一次算出来，应该怎么做呢？代码如下。

```
[In  113]: mingqing.groupby((mingqing['所属'])).agg(['mean', 'std'])
[Out 113]:
在位时长                          寿命
          mean          std         mean          std
所属
明    14.333333    11.219031    47.666667    17.328204
清    31.000000    23.280893    60.000000    21.679483
```

调用 agg 函数，并给该函数传入一个数值计算函数组成的列表即可。可以发现，列名也自动变成了应用在表格上的函数名，这样其实是很合理的。如果实在不想让列名显示函数名，也可以自定义，代码如下。

```
[In  114]: mingqing.groupby((mingqing['所属'])).agg([('平均数', 'mean'),('标准差', 'std')])
[Out 114]:
在位时长                          寿命
          平均数        标准差        平均数        标准差
所属
明    14.333333    11.219031    47.666667    17.328204
清    31.000000    23.280893    60.000000    21.679483
```

如果想让不同列应用不同的函数，也是可以做到的，代码如下。

```
[In  115]: mingqing.groupby((mingqing['所属'])).agg({'在位时长': 'mean', '寿命': 'sum'})
[Out 115]:
在位时长    寿命
所属
明    14.333333   286
清    31.000000   360
```

以上应用的函数都是 Python 内置的函数，自定义函数同样可以应用于表格。在上面，应用内置函数的时候，使用了 agg。应用自定义函数时，通常使用 apply，但是 agg 也可以，两者在一定程度上是可以通用的。为了解释为何通常使用 apply，先来解释一下 agg 和 apply 的区别，代码如下。

```
[In  116]: mingqing.groupby(mingqing['所属']).agg(lambda x : x.max() - x.min())
[Out 116]:
在位时长    寿命
所属
明        30   45
清        50   65
```

理解的关键在于，这个 x 所代表的是什么？在这里很明显 x 是指整个表格里的每一列。

并且自动排除了麻烦列，所谓麻烦列就是指列内容为字符串，无法进行数值运算的列。如果同样格式用 apply 就会报错。apply 要想得到和 agg 类似的结果，如下代码所示。

```
[In  117]: mingqing.groupby(mingqing['所属']).apply(lambda x : x['寿命'].max() - x['寿命'].min())
[Out 117]:
所属
明    45
清    65
dtype: int64
```

在这里 x 指代的是整个表格，然后自定义函数，再具体到某一列。而如果是 agg，采用和以上 apply 一样编程格式的话，很奇怪的结果就出现了，代码如下。

```
[In  118]: mingqing.groupby(mingqing['所属']).agg(lambda x : x['寿命'].max() - x['寿命'].min())
[Out 118]:
在位时长  姓名  寿命  属性
所属
明     45  45  45  45
清     65  65  65  65
```

很奇怪吧，得到的结果是对的，“明”是 45，“清”是 65，可是表格其他列也被赋予了这个值。说明尽管指定了寿命列，程序运行了计算结果后，还是将结果赋值给了每一列。

举这三个例子就说明，尽管 agg 会更通用，功能更全面，但是 apply 更有针对性，也更加灵活，而自定义函数要求的就是灵活。如果仅仅想对某列进行运算时，agg 就不可取了，因为它总是对每一列进行遍历操作，具有整体性。

apply 结合 lambda 函数，可以发挥非常强大的作用，比如如下代码。

```
[In  119]: f = lambda x : x.describe()
mingqing.groupby(mingqing['所属']).apply(f)
[Out 119]:
在位时长         寿命
所属
明   count   6.000000    6.000000
     mean   14.333333   47.666667
     std    11.219031   17.328204
     min     1.000000   26.000000
     25%     6.500000   38.000000
     50%    13.000000   43.000000
     75%    21.000000   60.750000
     max    31.000000   71.000000
清   count   6.000000    6.000000
     mean   31.000000   60.000000
     std    23.280893   21.679483
     min    11.000000   24.000000
     25%    14.000000   53.500000
     50%    20.500000   63.000000
     75%    51.000000   68.750000
     max    61.000000   89.000000
```

甚至可以进行元素级别的操作。何谓元素级别的操作？之前上面进行的，都是列与列之间的运算，列与列之间的关系。元素级别操作，就是以元素为单位进行操作。

拿之前的三国数据来举例子，因为元素都是数字，避免了过滤、筛选等不必要操作，代码如下。

```
[In  120]:
f = lambda x: '%.2f'%x
sanguo = DataFrame([[76, 94, 100],
                    [100, 25, 87],
                    [25, 100, 98],
                    [70, 98, 97]],
columns=['武力', '智力', '魅力'], index=['曹操', '吕布', '诸葛亮', '司马懿'])
sanguo.applymap(f)
[Out 120]:
         武力       智力      魅力
曹操     76.00     94.00    100.00
吕布    100.00     25.00     87.00
诸葛亮   25.00    100.00     98.00
司马懿   70.00     98.00     97.00
```

如上，每个元素的格式都发生了变化。

4.3.7　综合练习

以上即本书中关于 pandas 的全部内容。本书并不力求将 pandas 官方手册中所涉及的函数一一讲解，而是希望读者在阅读完成后，掌握合并表格、索引数据、探索性数据分析等基础知识以及主要的技能。以此为地基，日后可以不断地在自己关于数据分析领域的知识大厦上逐渐添砖加瓦。

为了可以更好地巩固读者对本章的学习，下面设置了一个练习。先给出问题，紧接着给出答案，希望读者先试着解决问题，最后再阅读答案。数据集可以从我的 github 上下载。

问题是这样的，我有一个数据集，是我四五十天里的体重变化情况。因为我有两个秤，所以我每次称重时都会称两次，两次数字都不一样（两个秤的精确度不一样）。心血来潮我就想探究一下两个秤读数之差是一个什么分布。数据集保存在名为 scales_error.csv 的文件中，如图 4.12 所示。

exercise	exercise time before dinner	supper	weight moring 1	weight morning 2	breakfast	lunch	after lunch 1	after lunch 2	after exercise 1
0		1	77.3		1	11			
0		2	77.2		1	0			
1	1	1			0	13			
0		1	77.9	77.83	1	13	77.8	77.83	
0		2	78.1	78.09	1	13	78.2	77.92	
1	0	1	78.5	78.65	0	11	79	79.56	
0		1	77.5	77.52	0	13.7	77.5	77.52	
0		1			0				
0		0			0				
1	0	1			0	61	77.7	77.79	77.7
0		1	77.7	77.62	0	21.3	78.1	78.05	
1	0	1	77.9	78.06	1	8.1	78.2		77.7
1	0	0	77.4	77.52	1	5.6	77.7	77.79	77.1
1	0	0	77.1	77.18	1	15	77.8	77.84	

图 4.20　保存数据集

我只截取了一部分，可以告诉大家，每一天都称重四次，早、午、锻炼后、晚，一次用两个秤称重出两个数据，当然有时候会忘记称重，产生缺失值。而且表格里还有不需要的列。

上面是问题描述，下面来公布答案。完全代码如下，再逐行分析。

```
[In  121]:
#!/usr/bin/env Python
# -*- coding:utf-8 -*-
# Author:zyh, 2018.8.22, 22:30
import pandas as pd
from Matplotlib import pyplot as plt
data = pd.read_csv('scales_error.csv', encoding='gbk')
morning1 = data['weight morning 1']
morning2 = data['weight morning 2']
afternoon1 = data['after lunch 1']
afternoon2 = data['after lunch 2']
after_exercise1 = data['after exercise 1']
after_exercise2 = data['after exercise 2']
sleep1 = data['before sleep1']
sleep2 = data['before sleep2']
morning = [morning1, morning2]
afternoon = [afternoon1, afternoon2]
after_exercise = [after_exercise1, after_exercise2]
sleep = [sleep1, sleep2]
scales_error1 = pd.concat(morning, axis=1)
scales_error1.columns = ['weight1', 'weight2']
scales_error2 = pd.concat(afternoon, axis=1)
scales_error2.columns = ['weight1', 'weight2']
scales_error3 = pd.concat(after_exercise, axis=1)
scales_error3.columns = ['weight1', 'weight2']
scales_error4 = pd.concat(sleep, axis=1)
scales_error4.columns = ['weight1', 'weight2']
frame = [scales_error1, scales_error2, scales_error3, scales_error4]
scales_error = pd.concat(frame,ignore_index=True)
scales_error.dropna(inplace=True)
scales_error.reset_index(drop=True,inplace=True)
error = scales_error['weight1'] - scales_error['weight2']
print(error)
error.plot(kind='kde')
plt.show()
error.plot()
plt.show()
error.plot(kind='bar')
plt.show()
[Out 121]:
```

如图 4.21 所示，最后的输出是三张图片，分别是折线图、条形图、密度图。折线图很好地反映了误差围绕在零值左右上下波动，条形图很好地反映了第二个秤的示数比第一个偏重，但是两个秤都可以正常工作并且示数相差不大，最大相差只有 0.6kg。密度图很直观地表现了误差是服从正态分布的，符合我们的常识。

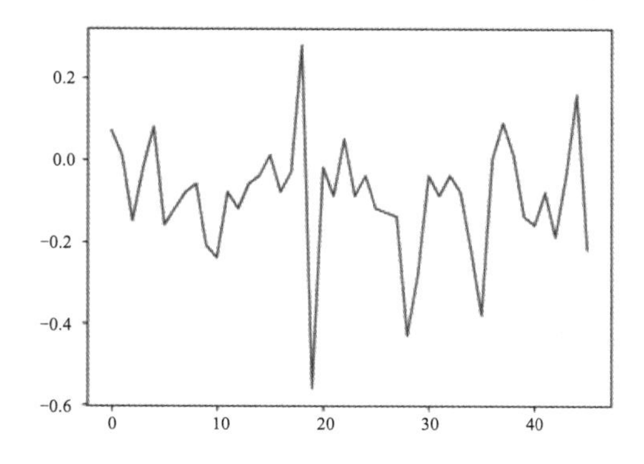

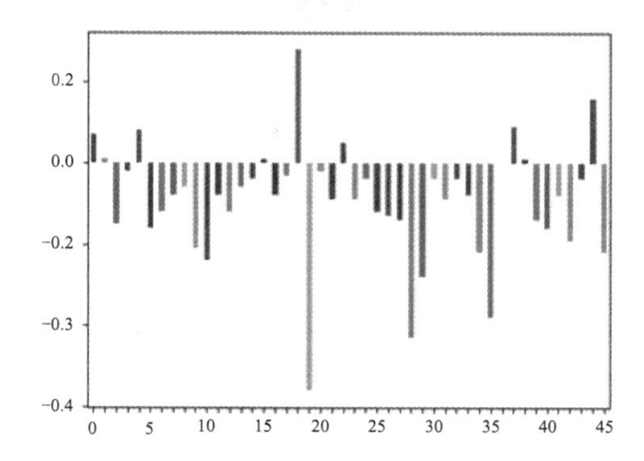

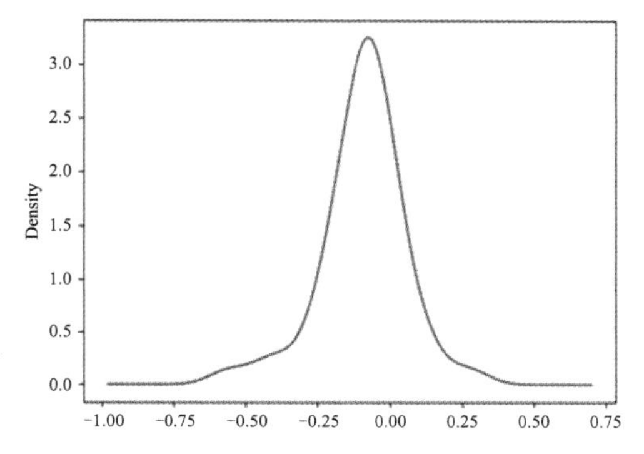

图 4.21　代码输出结果

这个例子虽然简单，但是却包含了很多小知识点。比如文件读入、索引、表格合并、清除缺失值、更改行列名、绘图、数值计算等。也有一些易错点，比如文件编码格式、行列名更改方式等。下面解释一下代码。

首先引入使用的第三方库，然后读入数据集。因为所使用的数据仅仅是数据集的一部分，所以先用索引的方式将想要的列提取出来。因为最终是想得到两列数据，每列都包含了一个秤所称出的所有数据，所以需要用到合并，先横轴合并、再纵轴合并。为了排除不必要的麻烦，将列名统一更改为 weight1、weight2。最后两列做个减法，然后直接用 pandas 绘图即可。

在不看答案的情况下，你们是如何做的呢？

第 5 章

SciPy 入门与进阶

通过对 NumPy、pandas 的学习，学会了如何将非结构化数据处理为结构化数据，并对结构化数据进行各种预处理。但是从数据资源中挖掘关系模式，进而为决策提供导向与理论支持，还需要最关键的一步——建模。

SciPy 在 NumPy 的基础上增添了很多科学计算、工程计算的模块，比如线性代数、常微分方程、稀疏矩阵、曲线拟合等。可以说，SciPy 是为科学家、工程师量身定做的第三方库。通过这章的学习你可以利用 Python 做一些常见的科研、工程工作，比如模型构建、数值分析、曲线拟合等，是高阶数据分析师的必备技能。

许多数据分析高手能够利用 Excel 熟练运算函数，但是 Python 可以更加完整、更加灵活、更加全面地构造函数，建立模型。

在书写代码时，默认已经运行以下代码。

```
import scipy as sp
import numpy as np
```

5.1 SciPy 中的常数与函数

因为 SciPy 面向科研、工程计算，所以其中内置了许多常用常数与函数。上一章介绍过 NumPy 内置的函数，SciPy 内置的函数范围更广，种类更多，包含了 NumPy 中所有函数，并有一些 NumPy 没有的特殊函数。

5.1.1 SciPy 中的常数

SciPy 有一个 constants 模块，里面有大量常见数学常数与物理常数。

```
[In  1]:
from scipy import constants as constant
constant.pi
[Out 1]:
```

```
3.141592653589793
[In  2]: constant.golden
[Out 2]: 1.618033988749895
```

上面两个是数学常量，分别为圆周率和黄金分割比例。

```
[In  3]: constant.c
[Out 3]: 299792458.0
[In  4]: constant.g
[Out 4]: 9.80665
[In  5]: constant.speed_of_sound
[Out 5]: 340.5
```

上面三个是物理常量，分别为光速、重力加速度、声速。

```
[In  6]: constant.mile
[Out 6]: 1609.3439999999998
[In  7]: constant.gram
[Out 7]: 0.001
[In  8]: constant.pound
[Out 8]: 0.45359236999999997
```

上面三个是单位的换算，一英里等于多少米，一克等于多少千克，一磅等于多少千克。换算成的单位为物理界统一的七个国际标准单位。

5.1.2　SciPy 中的 special 模块

SciPy 中的 special 是一个非常完整的函数库，其不仅仅有 NumPy 中所有的函数，可以说其囊括了目前数学界所有的函数。

在这里对其进行简单介绍。其函数主要包括亚里函数、圆锥曲线函数、贝塞尔函数、流量函数、原始统计函数、信息论函数、伽马函数以及相关函数、误差函数与菲涅尔积分、勒让德函数、正交多项式、超几何函数、抛物柱面函数、马缇厄函数、球状波函数、开尔文函数等。在数据分析中，最常应用的就是原始统计函数。这里简单介绍这一大类下的一个多项式分布函数。

$\mathrm{bdtr}(k,n,p)=\sum_{j=0}^{k} p^{j}(1-p)^{n-j}$ 是一个二项式分布概率函数，是高中时期经常打交道的一个函数。在 special 中可以很方便地计算该二项式的值，代码如下。

```
[In  9]:
from scipy import special
special.bdtr(4,10,0.4)
[Out 9]: 0.6331032575999997
```

special 模块中的某些函数并不是数学意义上的特殊函数，例如 log1p 函数其是计算 $\log(1+x)$ 的值，这是一个特殊应用函数。都知道浮点数的精度有限，无法精确地表示接近 1 的实数，因此利用普通函数计算 $\log(1+x)$ 基本都是等于 0。而用 log1p 就避免了这种情况，代码如下。

```
[In  10]:
```

```
a = 1+1e-30
a
[Out 10]: 1.0
[In  11]: np.log(a)
[Out 11]: 0.0
[In  12]: special.log1p(a)
[Out 12]:  0.6931471805599453
```

可以看到 log1p 的精度非常高。

5.2 SciPy 中的科学计算工具

本节将介绍在数据分析涉及的诸多领域中可能会使用的一些数学工具的 Python 实现方法，这些方法在第三方库 SciPy 中已经被封装好。如果大家对 Python 的学习足够深入，也许听说过一个 SymPy 符号计算库，它可以以手写习惯编码数学表达式，是专门为数学运算、公式推导开发的第三方库。不过它与数据分析交集不多，适合专门从事科研领域人员建模使用，感兴趣的读者可以自行学习。

5.2.1 求解多元方程组

对多元方程组的求解学习，伴随着我们的高中、大学甚至研究生生涯，并不单单因为容易考察，也是因为在实际生活中的应用非常广泛。

关于方程组的求解，NumPy 里也有相应的库文件，连名字都和 SciPy 一样，之所以不介绍是因为不推荐使用。一方面 SciPy 是科学计算专用库，凡是涉及科学计算的都用 SciPy 显得更有条理；另一方面 SciPy 里的功能也更加强大与完善。

先从最简单的线性方程组说起。因为线性方程组的本质其实是矩阵的相乘，所以需要用到 SciPy 中的线性代数包。假设要求如下一个线性方程组：

$$3x_1 + x_2 - 2x_3 = 5$$
$$x_1 - x_2 + 4x_3 = -2$$
$$2x_1 + 3x_3 = 2.5$$

```
[In  13]:
from scipy.linalg import solve
a = np.array([[3, 1, -2], [1, -1, 4], [2, 0, 3]])
b = np.array([5, -2, 2.5])
x = solve(a, b)
x
[Out 13]: [0.5 4.5 0.5]
```

该非齐次线性方程组可以用矩阵形式表示为 $A \times X = B$，将矩阵 A 的系数传入数组 a 中，将矩阵 B 的系数传入数组 b 中，然后利用 solve 函数得到的就是矩阵 X。

以上是最简单的多元方程组，用 solve 就可以解决，lstsq 比其更加一般化，即它不要求方程组系数，也就是方程 $A \times X=B$ 中的 A 的系数矩阵必须是 $N \times N$ 的，更专业些来讲，其可以求解当方程个数小于未知数个数情况下的近似解。

```
[In  14]:
from scipy.linalg import lstsq
a = np.array([[3, 1, -2, 1], [1, -1, 4, 2], [2, 0, 3, 3]])
b = np.array([5, -2, 2.5])
x = lstsq(a, b)
x
[Out 14]:
array([-0.20434783,  1.9173913 , -0.90869565,  1.87826087])
```

在该方程组中，共有四个未知数，但只有三个方程组，得到的是近似解。

如果遇到的是非线性方程组，即方程中的次幂不止一次，或者其混入了三角函数、指数函数等的情况下，就无法利用 SciPy 中的 linalg 线性代数模块来解决，需要利用另外一个模块 optimize。

对非齐次线性方程组的求解，得到的都是近似解，其利用的都是一些数值分析，拟合优化的算法，而 optimize 就是一个数值分析、拟合优化的模块。假如要求解如下方程。

$$
\begin{aligned}
&2x_1^2+3x_2-3x_2^3=7\\
&x_1+4x_2^2+8x_3=10\\
&x_1-2x_2^3-2x_3^2=-1
\end{aligned}
$$

```
[In  15]:
from scipy.optimize import root,fsolve
def f(x):
    return np.array([2*x[0]**2+3*x[1]-3*x[2]**3-7,
                     x[0]+4*x[1]**2+8*x[2]-10,
                     x[0]-2*x[1]**3-2*x[2]**2+1])
sol3_root = root(f,[0,0,0])
sol3_fsolve = fsolve(f,[0,0,0])
sol3_fsolve
[Out 15]:
array([ 1.52964909,  0.973546  ,  0.58489796])
```

首先引入需要使用的模块，然后自定义一个函数，函数内容为想要求的非线性方程组的形式。然后传入 fsolve 函数中，就会得到方程的近似解。[0,0,0] 是方程的初解值，有时候面对特别复杂的方程组，初值的设置对方程组解算速度和结果近似程度至关重要。

还可以通过传入雅可比矩阵，来提高非齐次线性方程组的运算速度。所谓雅可比矩阵就是方程组对各未知数求偏导后的方程组，上述方程组的雅可比矩阵为：

$$
\begin{aligned}
&4x_1+3-9x_3=0\\
&1+8x_2+8=0\\
&1-6x_2-6x_3=0
\end{aligned}
$$

```
[In  16]:
def j(x):
    return [[4*x[0],3,9*x[2]],
            [1, 8*x[1], 8],
```

```
                [1, 6*x[1], 6*x[2]]]
result = fsolve(f, [0,0,0], fprime=j)
result
[Out 16]: array([ 1.52964909,  0.973546  ,  0.58489796])
```

传入雅可比矩阵无法使解更加精确，只能使运算时间变少。自定义好雅可比矩阵后，传入 fsolve 函数中的 fprime 参数即可。需要注意的是，自定义函数中的形式一定是以矩阵形式存在，而不再是方程组。

5.2.2 拟合方程

拟合可以说是数据分析中最重要的数学工具了，没有之一。根据现有数据发掘关系模式，或者验证现有结论，是数据分析不可绕开的重要组成部分。

还记得在本书第一章中有关孕妇年龄和新生儿体重的讨论吗？首先画了一个散点图，又因为存在点覆盖问题设置了透明度。可视化完成后发现似乎呈线性关系，于是又手写了一个最小二乘法求二元一次方程的程序。

其实在 SciPy 中有专门的拟合函数，而不需要自己写，现在就介绍一下 SciPy 中的拟合工具。还以第一章中有关孕妇年龄和新生儿体重关系的例子中的数据来讲解。

```
[In  17]:
import numpy as np
import pandas.as pd
from matplotlib import pyplot as plt
from scipy.optimize import curve_fit
def cal_R_square(Y, yvals):                                # 手写计算拟合优度函数
    cal1 = Y - yvals
    qua1 = cal1**2
    SSE = sum(qua1)
    Y_mean = np.mean(Y)
    cal2 = Y - Y_mean
    qua2 = cal2**2
    SST = sum(qua2)
    R_square = 1 - SSE/SST
    print('方程拟合优度为' + str(R_square))
data = pd.read_csv('EDA2002.csv')
data1 = data[data['birthord'] == 1]                        # 选出生育成功的样本
new_data = data1[data1['prglength']>=30]                   # 选出妊娠周期大于 30 周期的样本
new_weight = new_data['birthwgt_lb']+new_data['birthwgt_oz']/16
age_weight = pd.concat([new_data['agepreg'], new_weight], axis=1)
age_weight.columns = ['agepreg', 'weight']
age_weight.dropna(inplace=True)                            # 清除缺省值
X = age_weight['agepreg']
Y = age_weight['weight']
X = np.array(X)
Y = np.array(Y)                                            # 将数组变为 np.array 数组，方便处理
def f(x, a, b):
    return a*x+b
popt, pcov = curve_fit(f, X, Y, maxfev=2000)
a=popt[0]
print('参数 a 的值是' + str(a))
b=popt[1]
print('参数 b 的值是' + str(b))
yvals = f(X, a, b)                                         # 根据拟合函数得到的值 y
```

```
    cal_R_square(Y, yvals)
    plot1=plt.plot(X,  Y,  '*',label='original  values',alpha=0.1,color='blue',
linewidth=2)
    plot2=plt.plot(X, yvals, 'r',label='curve_fit values')
    plt.xlabel('x axis')
    plt.ylabel('y axis')
    plt.legend(loc=4)
    plt.title('curve_fit')
    plt.show()
    [Out 17]:
    参数 a 的值是 0.0178448497352
    参数 b 的值是 6.85056285863
    方程拟合优度为 0.0051501668294
```

现在来解释一下代码。其实如果第一章那些代码看懂了，这里也很好懂。

首先引入该引入的包，然后手写一个计算方差拟合优度的函数，至于拟合优度是什么下面再介绍。接着像之前一样去除不合理的数据，将提取出来的 *X*、*Y* 数组化。然后自定义一个函数 *f*，在这个函数里写入想拟合的函数表达式形式，然后使用 curve_fit 函数，将自定义的函数、你所拥有的数组 *X*、*Y* 传入其中。maxfev 参数指的是最大迭代次数，有时候方程过于复杂，迭代次数过少，就需要提高这个参数值。拟合得到的参数值在数组 popt 当中。接下来就是画图了，不过多解释，在后面章节会详细解释画图原理。

最后得到的图和第一章差不多，直线的斜率和截距值也差不多，不过可以发现，用 curve_fit 方法得到的参数精确度更高。

curve_fit 的强大不仅仅体现在精确度上，事实上，只要你给的点足够多，并且在自定义函数中写出了你想要拟合的函数形式，其都能完成任务。

接下来，介绍一下在数据拟合中经常遇到的一个专有名词——拟合优度。拟合优度，英文名 Goodness of fit, 简称 GOF。

假设有两组样本，*X* 表示自变量样本，*Y* 表示因变量样本，Y_mean 是样本 *Y* 的平均值。然后利用拟合工具拟合出了一个方程，由自变量样本 *X* 带入拟合方程得到的理想因变量样本为 *y*。如何判断其因果关系的影响程度呢？就由 GOF，也叫 R-square 决定系数来判断。其计算公式如下：

$$\mathrm{R-square}=1-\frac{\sum_{i=1}^{n}(Y_i-y_i)^2}{\sum_{i=1}^{n}(Y_i-\mathrm{Y\_mean})^2}$$

其之所以叫作 *R* 方，是因为其和另外一个专有名词——皮尔森相关系数有形式上的关系，皮尔森相关系数的平方等于拟合优度。但其实拟合优度和相关系数并没有什么物理意义上的联系。

拟合优度度量的是整个模型的解释程度，比如 *X* 为努力程度，*Y* 为考试分数，由该组数据拟合出来的模型的拟合优度为 0.9 就意味着，努力程度影响着 90% 的考试分数。拟合优度取值范围为 0 到 1。

而相关系数是针对两个变量而言的，所表示的是两个变量之间的相关程度大小。其取值范围为 -1 到 1。其计算公式如下：

$$R = \frac{\sum_{i=1}^{n}(X_i - \bar{X})(Y_i - \bar{Y})}{\sqrt{\sum_{i=1}^{n}(X_i - \bar{X})^2}\sqrt{\sum_{i=1}^{n}(Y_i - \bar{Y})^2}}$$

该概念在第一章中有所提及，当时把它和协方差系数放在一起讲解，而且强调了相关与因果的不同，即高度相关并不蕴含因果关系。唯一有效的结论是两个变量之间可能存在一些线性趋势。

接下来介绍另外一种拟合工具，是 NumPy 中的 polyfit 函数。其功能没有 curve_fit 强大，只能拟合多项式函数。但是当你已知自己所要拟合的方程是多项式函数时，就不必要使用 curve_fit 函数来浪费运行内存，毕竟杀鸡焉用牛刀。

```
[In  18]:
import numpy as np
from matplotlib import pyplot as plt
def f(x):
    return x ** 3 + 1
def f_fit(x, y_fit):
    a, b, c, d= y_fit.tolist()
    return a*x**3 + b*x**2 + c * x + d
x = np.linspace(-5, 5)
y = f(x) + np.random.randn(len(x))                         # 加入噪音
y_fit = np.polyfit(x, y, 3)                                # 二次多项式拟合
y_show = np.poly1d(y_fit)
print(y_show)  # 打印
y1 = f_fit(x, y_fit)
plt.plot(x, f(x), 'r', label='original')
plt.scatter(x, y, c='g', label='before_fitting')           # 散点图
plt.plot(x, y1, 'b--', label='fitting')
plt.title('polyfitting')
plt.xlabel('x')
plt.ylabel('y')
plt.legend()                                               # 显示标签
plt.show()
[Out 18]:
3          2
1.006 x + 0.001423 x - 0.03921 x + 0.9708
```

拟合可视化结果如图 5.1 所示。

看到结果，二次项和一次项前的系数几乎为 0，拟合得还可以。解释一下这部分代码：

（1）引入该引入的包。

（2）自定义函数 *f*，该函数是最终函数形式（由它来产生原始数据）。

（3）再自定义一个函数 f_fit, 该函数为要拟合的函数形式（每一项前的具体系数不

知道）。

（4）产生数据，利用 linspace 产生横坐标，自定义函数 f 加上噪声产生纵坐标（就是随机数，高斯白噪声）。

（5）拟合，将数据以及拟合函数的最高次数传入 polyfit 函数中。接下来就是画图的问题了。

这种方式拟合有一个需要注意的地方，假如你拟合的方程最高次幂为 4，那么在自定义 f_fit 函数中，要写出所有的次幂项，哪怕它实际拟合出来系数为 0。例如，最高次幂为四次幂就必须写成如下这样的标准形式：$a\times x^4+b\times x^3+c\times x^2+d\times x+e$。

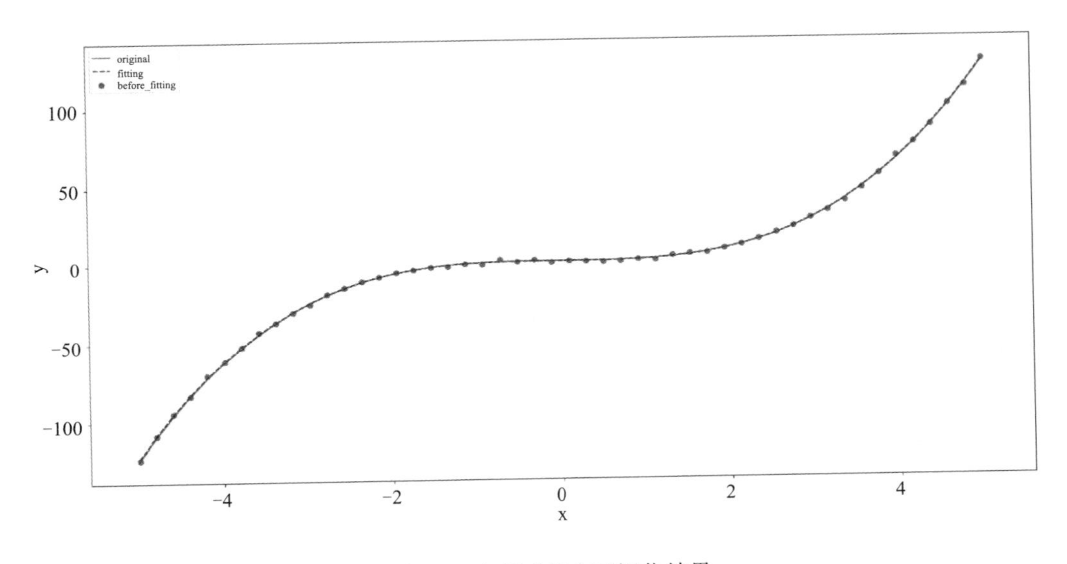

图 5.1　多项式拟合可视化结果

5.2.3　最优化算法

当一个方程拟合出来，有时候是观察数据趋势，做出决策；有时候是寻找最优解，将利益最大化。最优解领域有两大类问题，一是计算函数局域最小值，二是计算函数全域最小值。

首先来介绍计算局域最小值的算法。算法有很多，如 Nelder-Mead、Powell、Newton-CG 等。以计算如下 Rosenbrock 函数为例，来学习对算法的使用。该函数表达式为：

$$f(x,y)=(1-x)^2+100(y-x^2)^2$$

根据表达式不难看出此函数的最小值为 0，在 (1,1) 处取得。但是其有着特殊的分布特性。画一个 3D 图，就可以清晰地看出函数的空间分布，如图 5.2 所示。该函数经过某阈值后会急速下降，然后就会进入一个极为平坦的山谷区域。收敛到此山谷区域较为容易，但是在该平坦山谷中找到最小值却比较棘手。所以该函数经常用来测试最小化算法的收敛速度与水平。

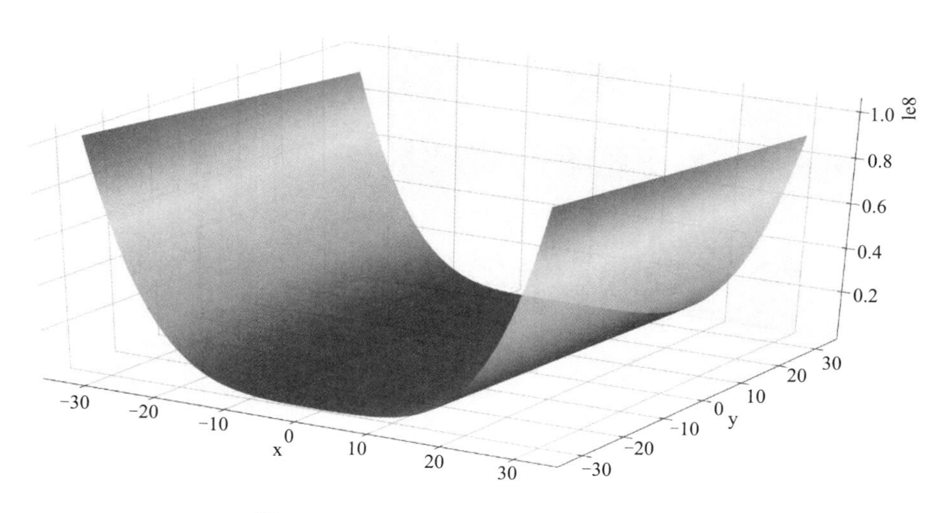

图 5.2　Rosenbrock 函数空间分布

上述图片可由如下代码绘出。

```
[In  19]:
import numpy as np
import matplotlib.pyplot as plt
from mpl_toolkits.mplot3d import  Axes3D

fig = plt.figure()
ax = Axes3D(fig)
x = np.arange(-10 * np.pi, 10 * np.pi, 0.1)
y = np.arange(-10 * np.pi, 10 * np.pi, 0.1)
X, Y = np.meshgrid(x, y)                                # 网格的创建，这个是关键
Z = (1-X)**2 + 100*(Y-X**2)**2
plt.xlabel('x')
plt.ylabel('y')
ax.plot_surface(X,Y,Z,rstride=1,cstride=1,cmap='rainbow')
plt.show()
```

该代码片段主要涉及 3D 图的可视化，会在可视化一章里详细讲解。

然后利用 SciPy 中的最小化算法来求该函数的局域最小值。

```
[In  20]:
from scipy.optimize import minimize          # 引入最小化算法库文件
def rosenbrock(x,y):                         # 定义目标函数表达式
    return (1-x)**2 + 100*(y-x**2)**2
class Function(object):
    def __init__(self):                      # 初始化函数，初始化函数、函数导数、梅森矩阵
        self.f_point = []                    # 列表
        self.fprime_points=[]
        self.fhess_points=[]
    def func(self,p):                        # 计算目标函数
        x,y = p.tolist()
        z=rosenbrock(x,y)
        self.f_point.append((x,y))
        return z
    def fprime(self, p):                     # 计算导数公式
        x,y=p.tolist()
        self.fprime_points.append((x,y))
        dx=-2+2*x-400*x*(y-x**2)
        dy=200*y-200*x**2
```

```
        return np.array([dx,dy])
    def fhess(self,p):                      # 计算梅森矩阵
        x,y=p.tolist()
        self.fhess_points.append([x,y])
        return np.array([[2*(600*x**2 -200*y+1), -400*x],
                         [-400*x, 200]])
def demo(method):                           # 批量使用算法最小化函数
    fun = Function()
    init_point = (-1,-1)
     res = minimize(fun.func, init_point, method=method, jac=fun.fprime,
hess=fun.fhess)# 算法主体
    return res
methods = {'Nelder-Mead', 'Powell', 'CG', 'BFGS', 'Newton-CG', 'L-BFGS-B'}
# 算法集合
for method in methods:
    res = demo(method)
    print(res)
[Out 20]:
fun: 6.521501346206669e-15
fun: 9.630564886818593e-21
fun: 5.3093439186371615e-10
fun: 5.226662794557626e-10
fun: array(0.0)
fun: 1.8499217223747175e-16
```

大致的注释已经写在了代码右侧，这里再具体介绍下。

定义完目标函数后，定义一个类 Function，这个类里包含了计算目标函数值、目标函数导数值、以及函数对应的梅森矩阵值的函数（后两者的参数传入有助于加速部分算法的运行速度）。

demo 函数是使用算法的主体，实例化函数类，定义函数初始值（求这类复杂函数的最优值都需要传入函数的一个初始值），然后利用 minimize 函数，也就是最优化算法函数。

该函数是本程序的关键函数，其有五个主要参数，依次是目标函数、初始值、算法名称、目标函数对应导数、目标函数，对应梅森矩阵。

最后观察结果，六个算法运行出来的值中，只有第五个算法得到了函数真正的最小值，其他五个算法虽然局部收敛，但是也基本接近于真实最小值（当然部分原因归因于浮点值计算规则）。

这里介绍一个全局优化算法，由 basinhopping 函数实现。优化的目标函数还是与上文相同的 rosenbrock 函数。

```
[In  21]:
from scipy.optimize import basinhopping

def rosenbrock(x):                                        # 定义目标函数表达式
    f = (1 - x[0]) ** 2 + 100 * (x[1] - x[0] ** 2) ** 2
    df = np.zeros(2)
    df[0] = -2+2*x[0]-400*x[0]*(x[1]-x[0]**2)             # 定义导数以加速运算速率
    df[1] = 200*x[1]-200*x[0]**2
    return f, df
minimizer_kwargs = {"method":"L-BFGS-B", "jac":True}     # 参数设定
x0 = [-1.0, -1.0]                                         # 初始值
result = basinhopping(rosenbrock, x0, minimizer_kwargs=minimizer_kwargs,
niter=200)
```

```
    print("global minimum: x = [%.4f, %.4f], f(x0) = %.4f" % (result.x[0],result.
x[1], result.fun))
    [Out 21]:
    global minimum: x = [1.0000, 1.0000], f(x0) = 0.0000
```

上面讲解局部最优化算法的时候定义了一个函数类，之所以这么做只是为了批量使用算法，提高编程效率。现在讲解的全局算法只有一个，没有必要创建类。直接自定义目标函数 rosenbrock 函数的表达式、自定义目标函数对应的导数表达式、进行算法函数的基本参数设定等，过程和局部最优化算法大同小异。

不过需要注意的是，其实 basinhopping 内部需要调用局部最优化函数，minimizer_kwargs 中一个参数中就包含了传入的局部最优化函数名称，另一个参数 jac 的值决定是否传入导数表达式来加速计算。

最后可以看到，尽管该函数全局收敛很难，还是精准求得了全局最小值 0。

5.2.4 统计分布

利用公式抽象概括现实世界进而方便计算概率、分析趋势等也是数据分析经常要做的工作之一。SciPy 中的 stats 库文件内置了正态分布、伽马分布、泊松分布等等在现实生活中应用广泛的场景，本小节就介绍库文件 stats 的使用。

首先来介绍最常见的正态分布。正态分布又叫常数分布、高斯分布、钟形曲线等，是日常生活中普遍应用到的一种分布。从统计学的角度说，人类的身高、寿命、血压、智商等分布规律都属于正态分布。

作为一个有志于长期从事数据分析的技术人员来说，有必要了解一些理论知识，比如正态分布背后隐藏的数学原理。

从常识上说，会思维固化地认为正态分布之所以常见可以这么解释——极好的与极坏的都是极少的，差不多的都是常见的。这么解释有一定道理，但是不够本质。

从数学角度上说，应该从中心极限定理的角度出发。多个独立统计量的和，符合正态分布。进一步解释，如果一个事物受到多种因素的影响，并且这些因素之间相关性很小，最好是独立分布的，那么这些因素加入后，该事物呈现正态分布。

举个反例，世界上的财富分布就不是正态分布。大富豪也许会比平均水平高出上千万倍，而最穷的人最多也就是平均水平的百分之一到十分之一，也就是说该分布在中心右侧有一个长长的摆尾。

这是为何呢？统计学家发现，对财富的影响因素虽然有很多，但是它们之间相互影响，几乎以相乘的方式出现。通俗一点说呈现出来的效果为 1+1>2。事实上，财富分布是对数的正态分布。

利用 stats 可以很轻松地构造一个正态分布。

```
[In  22]:
from scipy import stats
guassian = stats.norm(loc=1, scale=2)
guassian.stats()
[Out 22]:
(array(1.0), array(4.0))
```

norm 会生成一个正态分布对象，其通过指定 loc、scale 两个参数来设置均值与标准差。生成的正态分布对象还可以利用 rvs 函数来随机取得该分布下的值，通过如下代码得到如图 5.3 所示的结果。

```
[In  23]:
from matplotlib import pyplot as plt
from pandas import Series,DataFrame
gua = guassian.rvs(size=1000)
gua = Series(gua)
gua.plot(kind='kde')
plt.show()
[Out 23]:
```

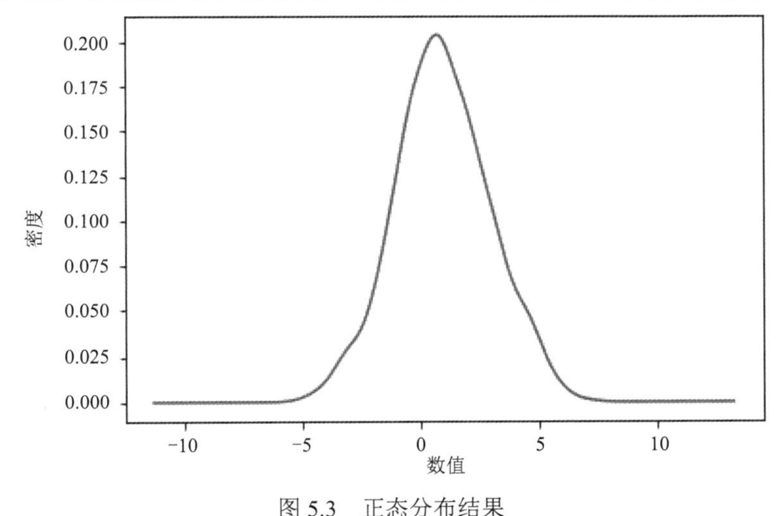

图 5.3　正态分布结果

再举个伽马分布的例子。伽马分布用于描述等待 K 个独立随机事件发生所需要的时间。该随机分布除了均值与标准差外，还多了一个形状参数的设定。因此，与伽马分布对应的一些函数都会额外增加参数来接受形状参数的设定，结果如图 5.4 所示。

```
[In  24]:
gamma = stats.gamma.rvs(2, scale=2, size=1000)
gamma = Series(gamma)
gamma.plot(kind='kde')
plt.show()
[Out 24]:
```

下面介绍两个在分布中经常使用的函数 pdf、cdf。它们分别计算对应分布的概率密度函数和累计分布函数。它们也会根据对应分布的不同，来增加额外参数。

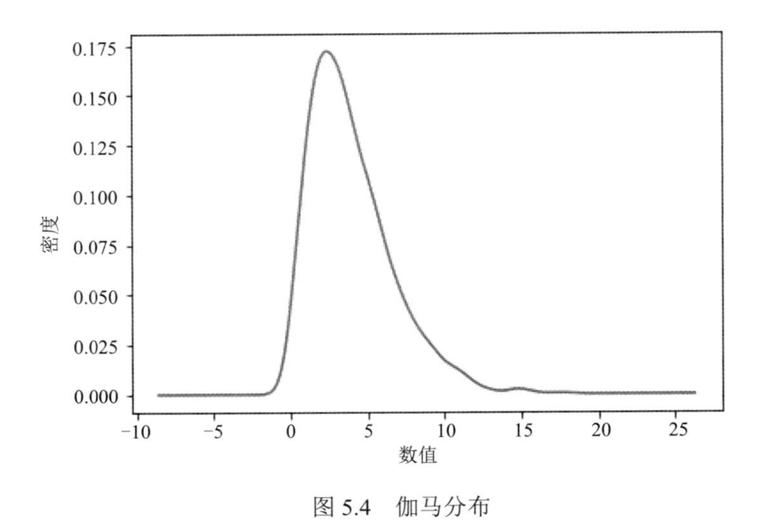

图 5.4　伽马分布

如下代码计算的是该伽马分布取 1 000 个数值后对应的概率密度函数，结果如图 5.5 所示。

```
[In  25]:
gamma_pdf = stats.gamma.pdf(gamma, 2, scale=2)
gamma_pdf = Series(gamma_pdf)
gamma_pdf.plot(kind='kde')
plt.show()
[Out 25]:
```

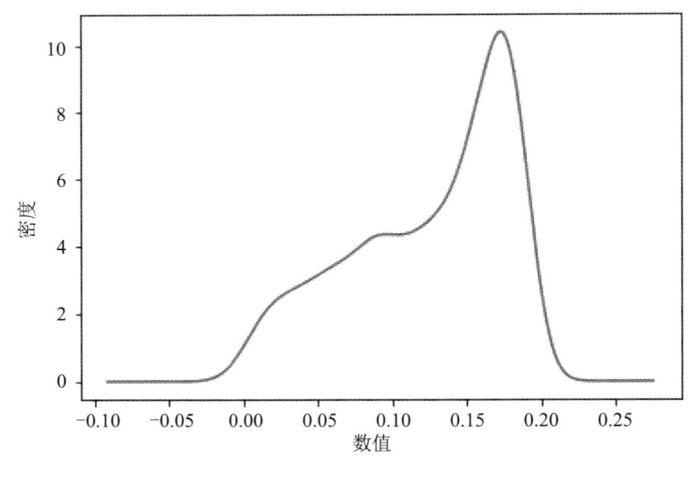

图 5.5　伽马分布概率密度函数

如下代码计算的是该伽马分布取 1 000 个数值后对应的累积分布函数，结果如图 5.6 所示。

```
[In  26]:
gamma_pdf = stats.gamma.cdf(gamma, 2, scale=2)
gamma_pdf = Series(gamma_pdf)
gamma_pdf.plot(kind='kde')
plt.show()
[Out 26]:
```

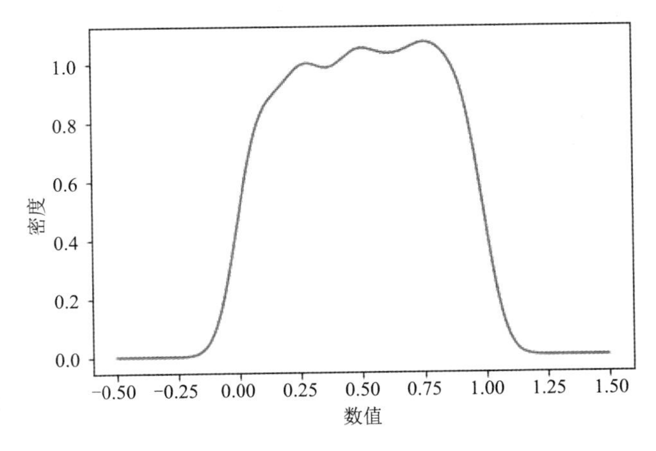

图 5.6　伽马分布累积分布函数

还有很多比较重要的概率分布，其构造方法与功能函数大同小异就不一一介绍了。

下面介绍几个实例，进行一些关于分布的实验，来加深读者对于 stats 库文件的理解。

比如高中经常遇到这种数学题，掷硬币，投掷 10 次，问其中 9 次出现反面的概率是多少，这种题目在 Python 中只需要一行代码就可以解决。

```
[In  27]: stats.binom.pmf(9, 10, 1/2)
[Out 27]: 0.009765625000000104
```

9 代表期望的事件出现的次数，10 代表总的事件发生次数，1/2 代表每种事情发生的可能性。最后计算出概率约为 0.977%。

再来看一种场景。你在一个公交站等车，该公交站有两班去往目的地的公交车，一辆叫 H58、一辆叫 H64，它们平均 15 分钟、10 分钟一班。假设你到公交车站的时间是随机的，两班公交到站的具体时间无法确定（当然现在这种情况越来越少了，很多地方可以直接上网查询时刻表），问你平均要等多久。

```
[In  28]:
T = 10000.0
H58 = int(T/15)
H64 = int(T/10)
H58_time = np.random.uniform(0,T,H58)
H64_time = np.random.uniform(0,T,H64)
bus_time = np.append(H58_time, H64_time)
bus_time.sort()
N = 20000
passenger_time = np.random.uniform(bus_time[0], bus_time[-1], N)
sub = np.searchsorted(bus_time,passenger_time)
np.mean(bus_time[sub]-passenger_time)*60
[Out 28]:
361.64999227490262
```

代码的逻辑是这样的：

（1）假设第一班车与最后一班车的时间间隔为 10 000 分钟，所以将总时间除以发车时间间隔就得到了在这段时间内会发车的总数量。

（2）利用均匀分布随机设置两辆班车的时刻表。

（3）将两个数组合并，并按照时间先后排序。

（4）假设这段时间客流量有两万人，其到该车站的时间也是均匀分布的。最后，利用二分查找，找到每位旅客到达后第一辆班车到达车站的时刻，两个时间相减，将两万个旅客的等待时间平均，可以得到你的平均等待时间。

值得注意的是，最后得出的结果似乎偏离常识，平均等待时间竟然长于两类班车的时间间隔。其实，这种效应会随着同类班车发车时间间隔的增大而更加明显（两类班车之间的时间间隔不变）。有兴趣的读者可以利用概率论的知识计算一下出现这种情况的原因。

学好了概率论，你会发现，很多常识都是错误的。

stats 模块功能比较基础，主要围绕随机变量提供数值方法，比如随机变量的分位数、cdf、构造分布、分布对象模型之类的简单应用。此外，其还有一些检验方法，如 ks 检验、t 检验、正态性检验、卡方检验等。还有一些不成体系的估计方法（随机变量自己当然也有估计方法），如核密度估计等。这一点有点像 NumPy 在围绕着数组向量基础上提供一些不成体系的（常用）方法的感觉。

然而 stats 却缺了最重要的统计方法体系：回归。这个完全由 StatsModels 提供，主要围绕着回归模型提供操作方法，如数据访问方式、拟合、绘图、报告诊断等。

因此，对统计回归有兴趣的读者在阅读本小节后，可以深入了解 StatsModels 模块。本章所介绍的一些统计知识、数据挖掘手段已经足够数据分析师使用。

5.2.5 积分

本部分内容在金融、生活领域也许应用不广，可在物理学领域有着很强的实用性。SciPy 的 integrate 库文件提供了几种数值积分算法。先来看一种最简单的积分，代码如下。

```
[In  29]:
from scipy import integrate
def half_circle(x):
    return (1-x**2)**0.5
halfcircle , err = integrate.quad(half_circle, -1,  1)
halfcircle
[Out 29]:
1.5707963267948986
```

该程序计算的是一个半圆的面积，该半圆方程为：

$$y=\sqrt{(1-x^2)}$$

输入参数为方程的表达式以及横坐标范围。

同理，integrate 模块中还提供二重积分、三重积分。二重积分可以计算体积，三重积分可以计算物体质量。比如有一个半球体，其方程表达式为：

$$z=\sqrt{(1-x^2-y^2)}$$

可以通过如下代码来求得该球体的体积。

```
[In  30]:
def half_globe(x,y):
    return (1-x**2-y**2)**0.5
volume, err = integrate.dblquad(half_globe, -1,1,lambda x:-half_circle(x),lambda x:half_circle(x))
volume
[Out 30]:
2.094395102393199
```

大同小异，只不过在给函数输入参数的时候多了一个 y 轴的范围。

5.2.6　插值

所谓插值就是根据前后数据从而推断出当下因某种原因缺失、离群的数据，在数据预处理中经常用到。插值似乎与拟合有些像，它们都可以求出未知数据，但是它们有着本质的区别。拟合是根据数据集拟合出数据趋势，而插值是根据上下结构推断当前数据的值。一个偏重整体，一个偏重局部。因此用到的思想完全不同。

SciPy 的 interpolate 模块提供了插值函数。下面这段代码就是实现利用 interp1d 实现一维插值，结果如图 5.7 所示。

```
[In  31]:
from scipy import interpolate

x=np.linspace(0,10,11)
y=np.sin(x)
x_interpolate=np.linspace(0,10,101)
plt.plot(x,y,'ro')
kinds = {'nearest', 'slinear', 'quadratic'}
for kind in kinds:
    f = interpolate.interp1d(x,y,kind=kind)
    y_interpolate = f(x_interpolate)
    plt.plot(x_interpolate,y_interpolate,label=str(kind))
plt.legend(loc='lower right')
plt.show()
[Out 31]:
```

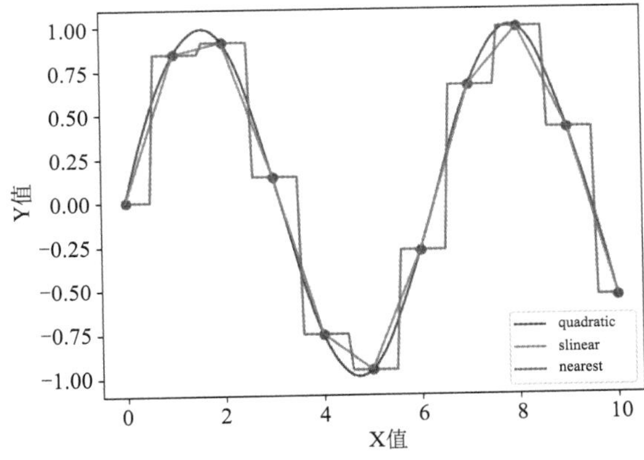

图 5.7　插值结果图

（1）生成均匀分布的十个横坐标，将其代入 sin*x* 表达式中得到十个纵坐标，结合起来就是将要被插值的点。

（2）生成一百个均匀分布的点，它们是将要插值的点的横坐标。

（3）画出被插值的十个点。

（4）这里因为使用了 interpolate 函数的三种阶数的插值（阶数越高插值越精准），为了加强对比，使用了循环。

可以发现，当 kind=‘quadratic’的时候，即三阶的时候，插值已经相当精确了。当然还有更高阶数的插值，阶数越高运算所需要的时间就越久。从这个例子中也可以发现插值与拟合的不同。

当需要插值的数据特别多的时候，这种方法下的高阶插值会变得很慢，就需要转而使用下面这种方法，其主体函数为 UnivariateSpline，代码结果如图 5.8 所示。

```
[In  32]:
from pylab import mpl
mpl.rcParams['font.sans-serif'] = ['SimHei']
x = np.linspace(0,10,11)
y = np.sin(x)
x_interpolate = np.linspace(0,10,101)
y_interpolate = interpolate.UnivariateSpline(x,y,s=0,k=3)(x_interpolate)
plt.figure()
plt.plot(x,y,'.', label='被插值点')
plt.plot(x_interpolate,y_interpolate, label='插值点')
plt.legend()
plt.show()
[Out 32]:
```

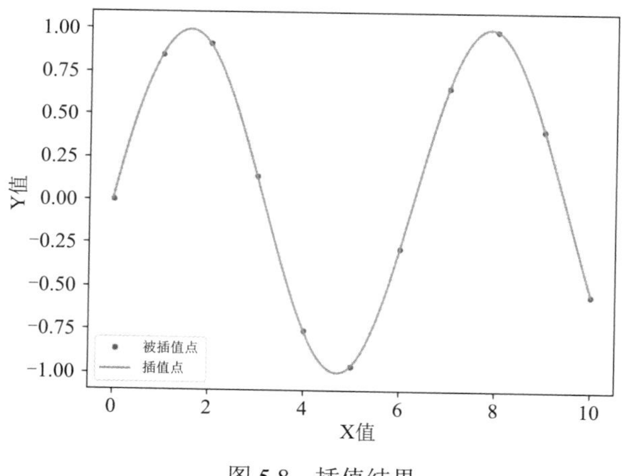

图 5.8　插值结果

最前面两行代码是为了解决中文字符在画图中无法显示的问题。上面的代码片段与之前的几乎没有不同，只有关键一行换了方法。主要参数依次为被插值的横纵坐标、平滑系数 s、插值阶数 k。当 s=0 的时候，曲线会通过所有的数据点。

但是可以发现，上面这些插值都是在横坐标递增的基础上进行的，如果想插值的曲线是一个环形的呢？比如很出名的心形曲线。就需要用到参数插值的方法。下面这段代码的结果如图 5.9 所示。

```
[In  33]:
a = 1
t = np.arange(-2 * np.pi, 2 * np.pi, 0.1)
x = a * (2*np.cos(t)-np.cos(2*t))
y = a * (2*np.sin(t)-np.sin(2*t))
plt.plot(x,y,'.',label=' 被插值点 ')
xck, xt = interpolate.splprep([x,y], s=0)
x_interpolate,y_interpolate = interpolate.splev(np.linspace(xt[0], xt[-1],
200), xck)
plt.plot(x_interpolate, y_interpolate,lw=2,label=' 插值点 ')
plt.show()
[Out 33]:
```

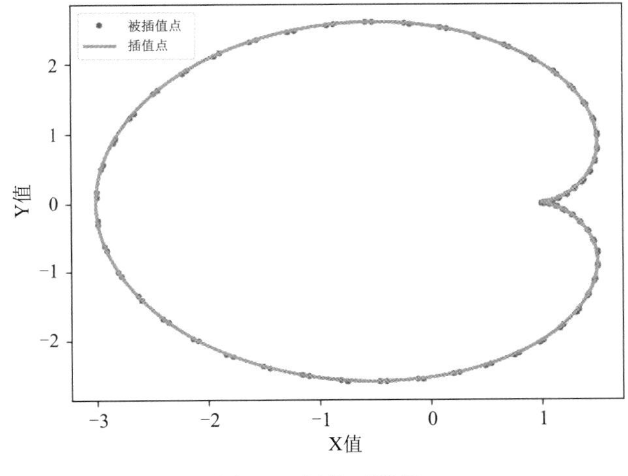

图 5.9　插值后结果

（1）建立一个参数方程，用来生成心形曲线的纵横坐标。

（2）其利用 splprep 函数返回了两个对象，这两个对象是最后生成插值数据的中间变量。

（3）进行插值，即可完成。

第 6 章

可视化

俗话说得好，一图胜千言。通过前面五章的学习，可以说基本掌握了处理数据的技能。但是仅仅会处理数据是不够的，这就像一个人空有一身本领，但是不会将自己的能力展现在大家面前一样，好的可视化可以将你通过数据分析得到的结论更震撼地展现给客户。

本章将介绍包括 matplotlib 在内的一些 Python 可视化的、成熟的第三方库。在书写代码时，默认已经运行如下代码。

```
from matplotlib import pyplot as plt
import numpy as np
from pandas import Dataframe,Series
import pandas as pd
```

6.1 可视化的魅力

有的人也许会觉得所谓可视化，不过是画画条形图、柱状图，这些基本的技能在小学的时候用铅笔就可以做到，现在只不过是学习如何使用计算机技能来重新实现这个目的了。其实，如今可视化已经发展成为一门学科，有着深刻的理论基础做支撑。比如，从生物学角度解析人眼对图像的敏感点，从信息编码的角度思考如何尽可能最大限度地传递信息，等等。总而言之，可视化并不仅仅是条形图、饼图、散点图等的图形简单地组合。

6.1.1 别出心裁的可视化

如图 6.1 所示，其是克里米亚战争期间（特指 19 世纪的那次克里米亚战争），英国一名护士南丁格尔所绘。

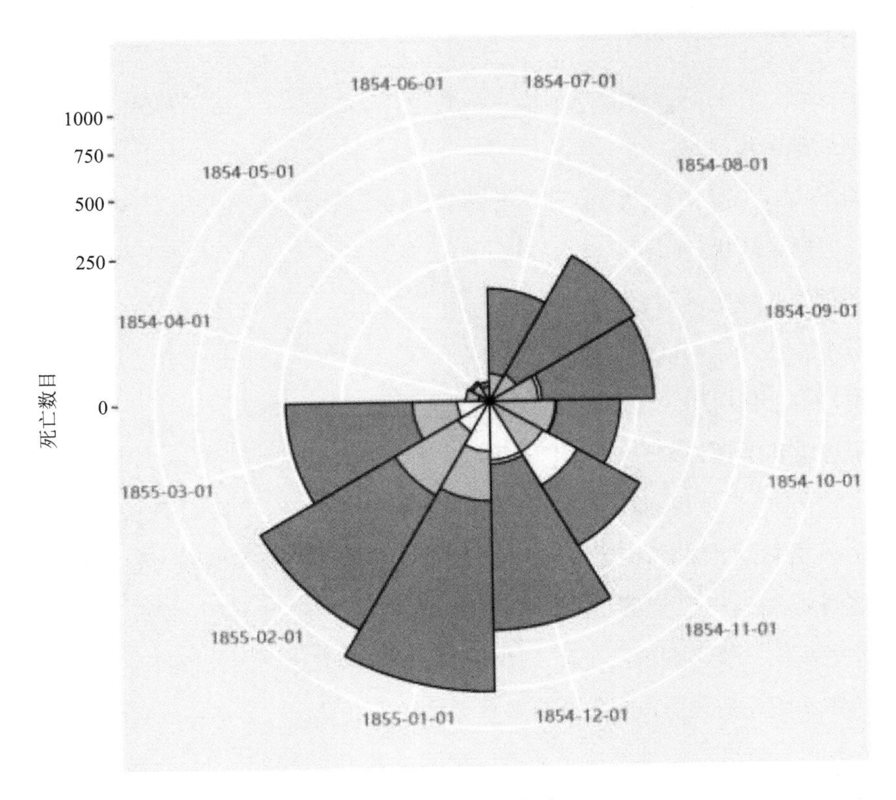

图 6.1　南丁格尔玫瑰

图 6.1 记录 1854 年 4 月至 1855 年 3 月为期 12 个月的英军死亡人数与原因。每个扇形由三部分组成，最内层表示因战斗而死亡的英军人数；第二层表示由其他原因而死亡的英军人数；最外层表示因救治不及时或药物短缺等因素，而失去生命的英军人数。这个设计的巧妙之处在于其用扇形面积来表示死亡人数，并把三种原因下的死亡占比做了强烈对比。

南丁格尔用一张图取代了冗长的数据报表，深深地打动了军方高层，甚至是英国女王本人。其中图中有一个最大的蓝色扇形区域，其时间为 1855 年 1 月，在那个寒冬腊月，因救治不利而死亡的人数竟然高达战斗减员的十倍！

医院迅速行动，疏通了下水道，移除水源附近的人畜尸体，又改善了通风情况，卫生状况立即得到了极大改观。政府还聘请了著名工程师布鲁内尔设计了一座预制医院，再由运输船送往达达尼尔海峡，在当地快速搭建使用。南丁格尔指导人们养成勤洗手、勤换衣等卫生习惯，加上对病人们的悉心照料，伤员的死亡率很快从 42% 降低到了 2%。这就是可视化的作用所在。

6.1.2 可视化的基本理论

所谓可视化，就是利用视觉暗示让大脑更快速处理信息，人类的进化使得人本能上可以更加快速地处理图片信息。

视觉暗示由以下组件来传递信息，可以单独使用，可以混合使用。这些组件为位置、长度、角度、方向、形状、面积、体积、饱和度、色调九种。并且我是按照信息传达准确程度，从精确到不精确的顺序排列它们的。

而如何组合使用它们以更加精确、震撼、直观、高信息量地传达，则是所要学习的东西。从理论上说，组合使用的组件越多，所能传递得信息量也就越大。

可以用视觉暗示理论来分析一下南丁格尔玫瑰图为何经典，数一下它用了多少个组件。其使用角度表示时间，使用面积代表英军死亡人数，使用色调区别死亡原因，三个组件。那《俄法战争》用了多少个组件呢？其使用方向、长度、位置描绘行军路线（这不足为奇，地图一般都具备这些要素），使用色调区别攻击与撤退，使用面积来代表法军人数。

可以发现，往往使用超过三个以上的组件，就可以表达很大的信息量。那么最传统的一些条形图、饼状图、折线图都具备几个要素呢？显而易见，几乎都在一到两个。

此外提到过，这九个组件是按照从精确到不精确的顺序排列的，为什么呢？是说其传达信息的准确性。但是这并不是说就尽量使用前面的组件，而且后面的组件视而不见。有时候，用颜色来区分种类会让图表变得很灵活，尽管人类对于饱和度、色调的分辨率不是很高。

如图 6.2 所示，类比了正常人和视觉障碍者的颜色识别差异，图片来自 enchroma 网站。

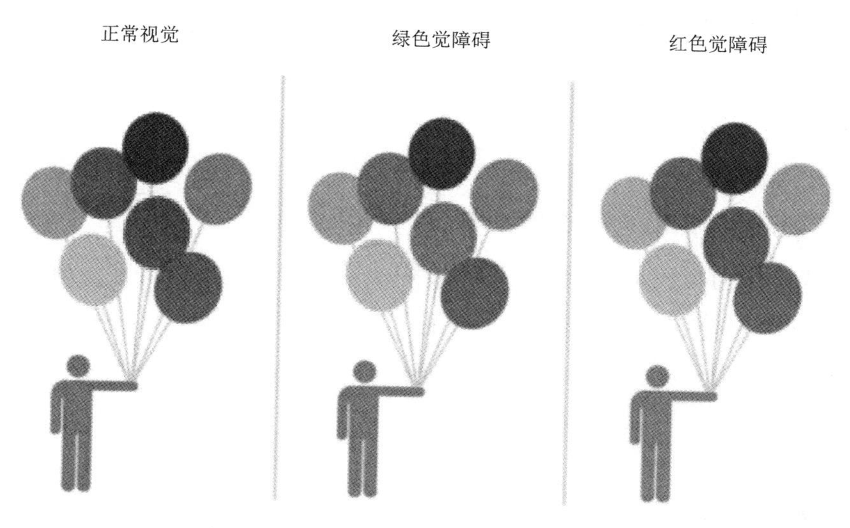

图 6.2　正常人与视觉障碍者的颜色区别

6.1.3　可视化实例

现在，利用上文的理论，通过一个实例一起来制作一个优秀的可视化图表。读者可能听说过这样一个理论，叫作 37% 法则，其广泛应用在挑选候选人的场景中。

比如，如果在美国的一个家庭打算雇用一个保姆，仅凭面试无法判断其专业程度，只能试用一段时间再做选择，不合适就辞退换下一个试用。毫无疑问，试用太多保姆会增加雇用成本，那么如何选择策略使得能最小成本地找到最优秀的保姆呢？

那就是 37% 法则。37% 是怎么来的呢？为常数 e 的倒数的近似值。

37% 法则是：假设一共试用 10 个保姆在你的经济可承受范围之内，那么你先连续招收 4 个保姆（0.37*10）尝试一下，并将她们依次辞退。之后你在试用保姆时，一旦发现一个比前面四个保姆都好的，就定下她，不再尝试其他保姆。

37% 法则同样适用于选礼物（对于选择困难症的人很适用），假如你计划有 10 次选择的机会，那么前 4 次机会对你来说都只是“练习对象”，从第 5 个开始，你一旦发现比前面 4 个都好的，就选择它（这是数学家提出的理论，也许在数学家眼中一切都是数字）。

当然具体定理的证明是由积分通过严格的推导而成的。不用纠结数学原理，可以尝试使用编程模拟试验，编写代码验证一下这个理论正确与否，最终结果如图 6.3 所示。

```
[In  1]:
import numpy as np
from pandas import Series
from matplotlib import pyplot as plt
E = np.e                                            # 常数一般用大写字母来表示
N = 10                                              # 选择谈恋爱的次数
n = round(N/E)                                      # 选择练习的个数
count = {1:0, 2:0, 3:0, 4:0, 5:0, 6:0, 7:0, 8:0, 9:0, 10:0,}
# 通过该算法，找到最佳配偶的人次
for i in range(10000):
    human_sequence = np.random.permutation(range(1,N+1))
# 生成随机数组，模拟现实世界遇到的另一半次序
    optionally = human_sequence[0:n]
    serious = human_sequence[n:N+1]
    optionally_classic = np.max(optionally)
    for j in serious:                               # 循环
        if j>optionally_classic:
            Mr_right = j
            if Mr_right in range(1, N+1):           # 找到对的人
                count[Mr_right] += 1
            break
count = Series(count)                               # 将字典结构化
count.plot(kind='bar')
plt.show()
[Out 1]:
```

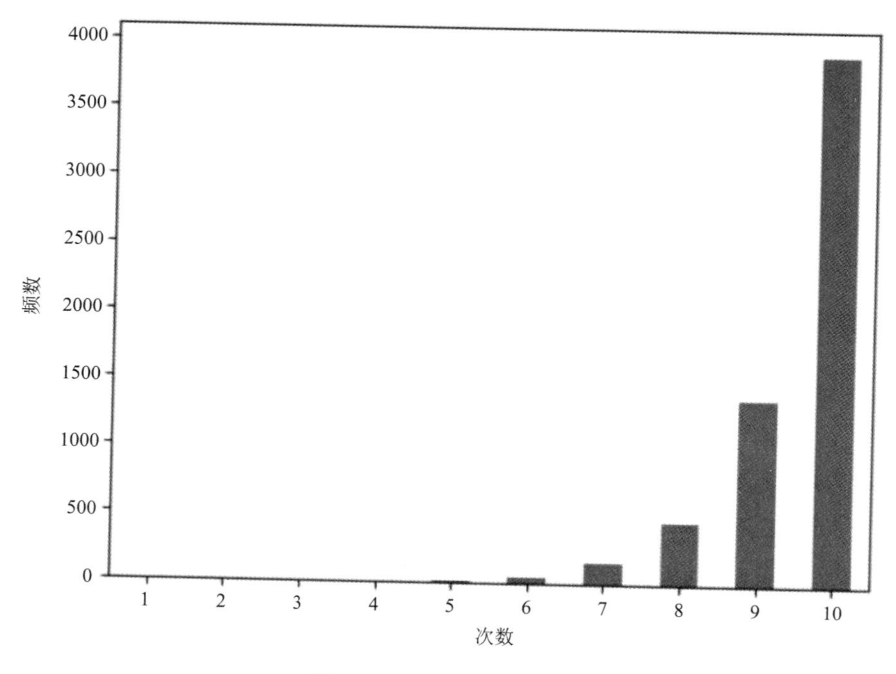

图 6.3　最终伴侣级别统计

先来解释一下这段代码：

（1）引入包。

（2）一共四行代码，设置该实验的一些常参数。常数 e、计划谈恋爱总次数（也可以理解为能够承受的最大次数）、谈恋爱不成功的次数、记录寻找配偶最终结果的字典的初始化。

（3）先构建一个循环，代表实验一万次，实验次数越多结论越正确。然后生成一个随机数组，这个数组由 1 ～ 10 这十个数字构成，顺序是随机的，映射在现实生活中遇到另一半的顺序，数字大小代表优秀程度，数字越大越优秀。

（4）将数组分为两部分，一部分为不成功的，即无论如何都会忽略不会做出最终选择的序列。一部分为成功的，即在该序列中，一旦遇到一个比前面序列中都优秀的就认定不放手。但如果一直没遇到更优秀的就继续找下去，如果十个都用完了还没有找到就视为失败。

（5）结构化字典，然后直接作图。从图中可以看出，采用该策略，成功找到配偶大概占六成，寻找配偶失败大概占四成。在成功的这六成中，有 70% 找到了最优秀的人，占总次数的 40%；有 20% 找到了第二优秀的人，占总次数的 13%。

不得不说确实有一定的参考意义。由数学家公式的推导，知道当总数量为 10 的情况下，4 是个分水岭。如果改变这个分水岭，会对结果造成多大改变呢。分别对代码中的 n 做了加 2、减 1 的操作，也就是 n 等于 3 和 6。再看一下改变方法后，对结果有什么影响呢？结果如图 6.4、图 6.5 所示。

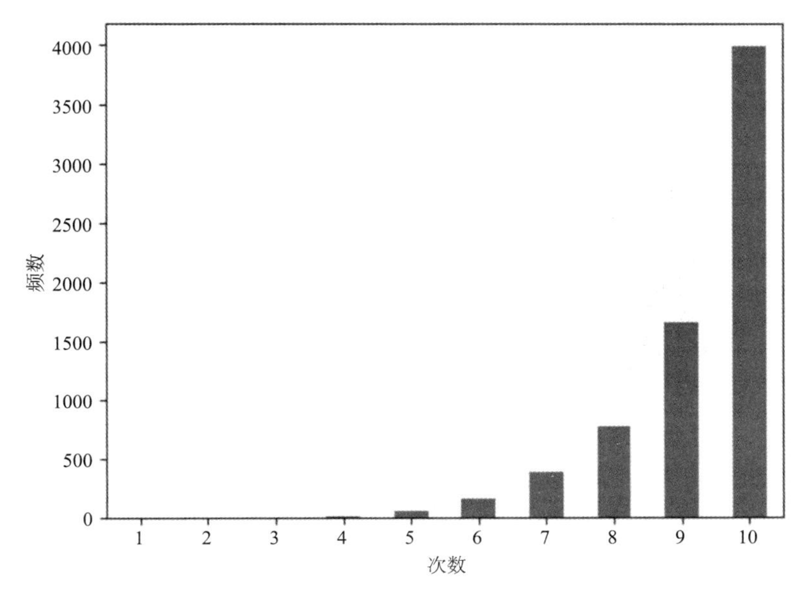

图 6.4　n=3 时实验效果

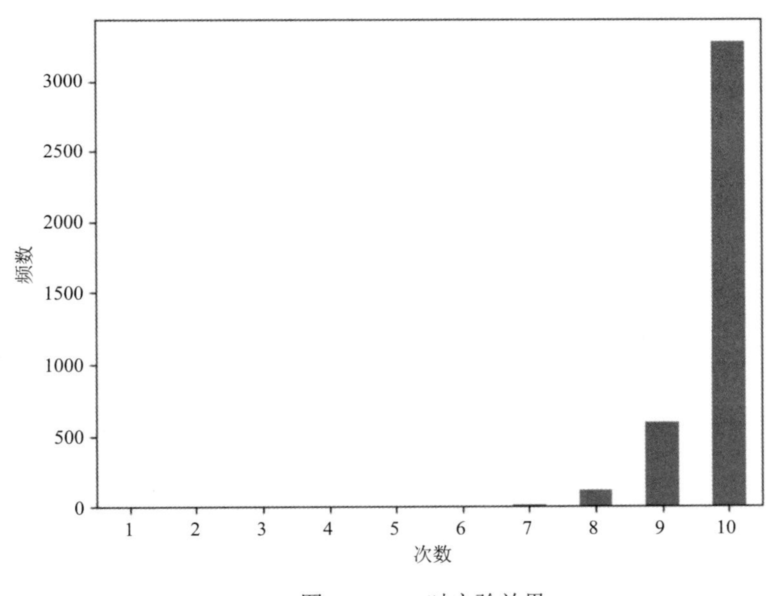

图 6.5　n=6 时实验效果

从条形图中，可以大致感受到效果都没有 n=4 时好，但是感受不够强烈。这时候，就要利用可视化基本理论，来设计一个优秀的可视化图表，呈现想达到的视觉冲击。往往饼状图比较适合做数据的对比，最终设计结果如图 6.6 所示。

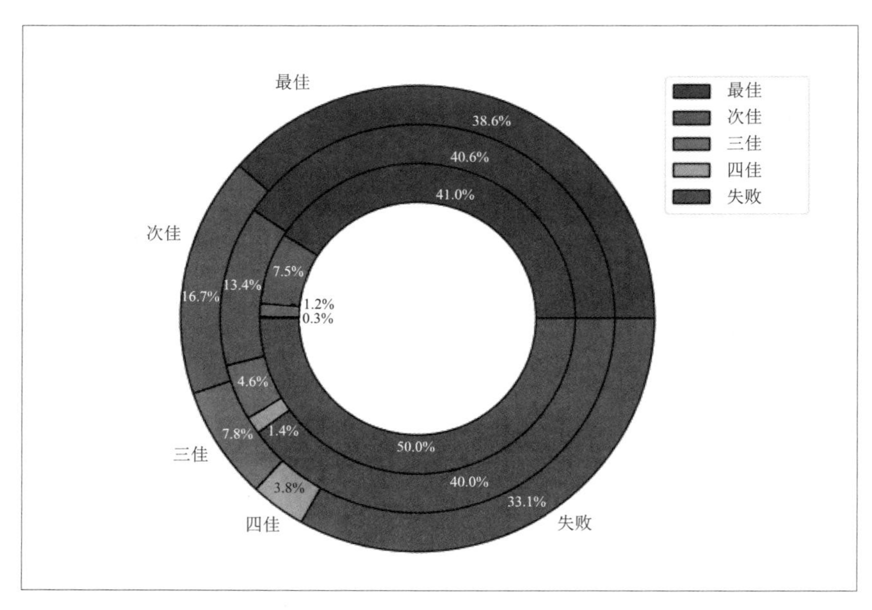

图 6.6　n=3、4、6 时的效果对比

这是我设计的分别当 n=3、4、6 的时候，最终择偶结果对比图。最外环是 n=3 的时候，第二环是 n=4 的时候，最内环是 n=6 的时候，用颜色来区分最终配偶结果，比如上面为最终找的另一半是最优秀的情况，用圆环面积来代表比重。

从这张图中，还可以收获很多条形图表达不出来的信息。比如，n 为 3 或 4 时，虽然找到最佳配偶的比重不相上下，但是 n=3 是配偶成功率更高（定义，如果最后没有找到配偶或者找到的配偶分数在五分以及五分以下为失败的情况）。

还有，尽管当 n 比较大的时候，其找到最佳配偶的概率要略小于前两者，但是可以发现，找到次佳、三佳、四佳配偶的比重都随着 n 的增大而增大。是不是很有趣呢？实现代码如下所示。

```
    [In  2]:
    from matplotlib import pyplot as plt
    from pylab import mpl
    mpl.rcParams['font.sans-serif'] = ['SimHei']
    love1 = [3862, 1665, 782, 381, 3310]
    love2 = [4060, 1337, 463, 145, 3995]
    love3 = [3234, 592, 106, 11, 3943]
    white = [1]
    colors=('b', 'g', 'r', 'c', 'm')
    fig, ax = plt.subplots()
    labels = ['最佳配偶', '次佳配偶', '三佳配偶', '四佳配偶', '配偶失败']
    ax.pie(love1, radius=1.2,autopct='%1.1f%%',pctdistance=0.9, colors=colors,
wedgeprops={'linewidth': 1, 'edgecolor': "black"})
    ax.pie(love2, radius=1,autopct='%1.1f%%',pctdistance=0.85, colors=colors,
wedgeprops={'linewidth': 1, 'edgecolor': "black"})
    ax.pie(love3, radius=0.8,autopct='%1.1f%%',pctdistance=0.81, colors=colors,
wedgeprops={'linewidth': 1, 'edgecolor': "black"})
    ax.pie(white, radius=0.6, colors='w', wedgeprops={'linewidth': 1, 'edgecolor':
"black"})
```

```
ax.set(aspect="equal", title='Pie of love')
plt.legend(labels,bbox_to_anchor=(1, 1), loc='best', borderaxespad=0.)
plt.show()
```

首先声明一点，Python 的 matplotlib 库中并没有集成有关环形图的绘画功能，但是可以通过一些小技巧，来达到相同的视觉效果。

先画一个纯白色的小圆，然后再画三个半径依次等比增大的大圆，采取大圆覆盖小圆的技巧，就实现了 matplotlib 绘制环形图的功能。具体代码如何实现放到下文来讲解。

6.2　matplotlib 第三方库的基本功能

matplotlib 是 Phthon 比较成熟的可视化库，配套的使用文档也十分完整。熟练掌握该库后，对其他第三方库也可以很好地触类旁通。

6.2.1　matplotlib 绘图的基础组件

当一张图是由 matplotlib 绘制出来时，其实它是由 matplotlib 库里的对象组合而成，而每个对象又有各种各样的属性，通过对属性的设置让图片更加细致完善。这里的对象就是指绘图的基础组件，比如面板、画布、标题、注释等，这也体现了 Python 万物皆对象的思想。

接下来画一个最基础的图，然后介绍一些最常见的基础组件，结果如图 6.7 所示，代码如下。

```
[In  3]:
# 第一张绘图
fig = plt.figure()
ax = fig.add_subplot(111)
x = np.arange(-2*np.pi, 2*np.pi, 0.2)
y = np.sin(x)
ax.set_title('My first atplotlib plot')
ax.set_xlabel('x')
ax.set_ylabel('y')
ax.set_xticks([-2*np.pi, -np.pi,  0, np.pi, 2*np.pi])
ax.set_xticklabels(['-2pi', '-pi', 0, 'pi', '2pi'])
plt.plot(x  , y, color='r', linewidth= 1, linestyle= ':', marker= '<',
label='$y=sinx$')
ax.annotate('(0,0)', xy=(0,0),xytext=(0,0.2),arrowprops=dict(facecolor='bla
ck'))
ax.legend(loc='best')
plt.show()
[Out 3]:
```

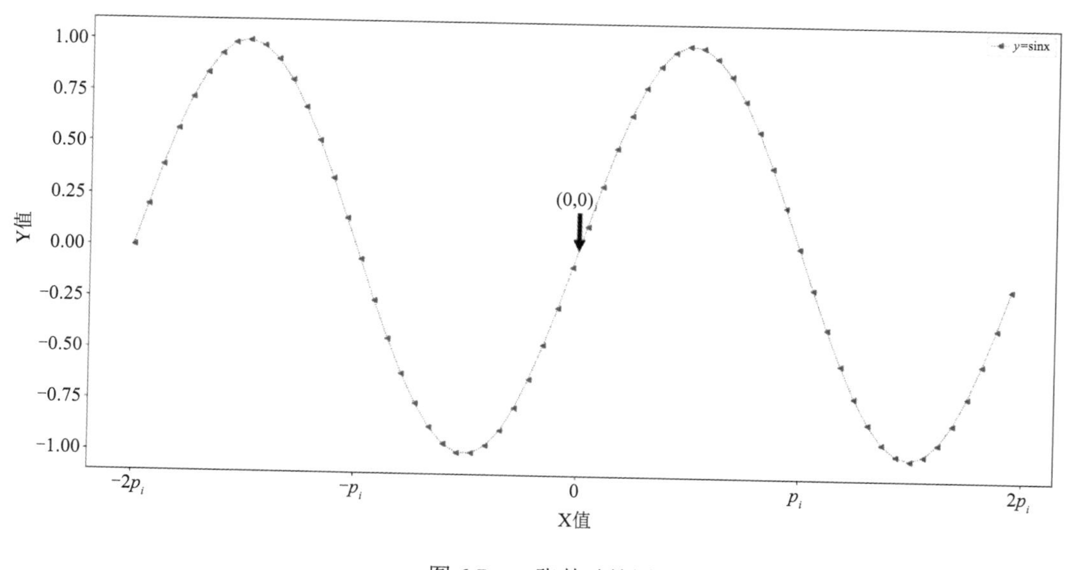

图 6.7　一张基础绘图

（1）创建一个面板，将面板对象赋给 fig，这相当于艺术生绘画的画板。

（2）创建一张画布，将其赋给 ax，其相当于艺术生绘画的白纸，一个画板上可以放很多白纸。

（3）创建所要绘图的 *x*、*y* 坐标。

（4）设置标题以及 *x*，*y* 坐标轴的名称、*x* 轴坐标范围、*x* 轴坐标轴标签。

（5）调用函数绘图，这是最关键的一步。其主要参数有 color、linewidth、linestyle、marker、label 等，分别代表颜色、线条粗细、线条格式、点标记格式、图例。另外需要注意的是，在 label 内容里首尾添加“＄”，可让公式按照 LaTex 格式显示。

（6）添加注释，参数分别为注释文本内容、注释位置坐标、注释文本位置坐标、箭头等。

（7）添加图例，如果没有该步操作，就算在步骤（5）中添加了 label 参数，仍旧无法显示图例。

（8）显示绘图。这样最简单基础的一副绘图就完成了。在绘图中经常遇到一些参数，整理如下，如表 6.1 至表 6.3 所示。

表 6.1　线条格式（linestyle）

参数	说明	参数	说明
—	实线	—·	破折 + 点线
——	破折号线	:	点缀线

表 6.2 点标记格式（marker）

参数	说明	参数	说明
.	点	*	星号
o	圆形	x	x 号
∨、^、<、>	上下左右四个方向的箭头	s	正方形
1-4	三角符号的四个方向	+	加号

表 6.3 颜色（color）

参数	说明	参数	说明
black/k	黑色	yellow	黄色
gray/grey	灰色	blue/b	蓝色
white/w/snow	白色	purple	紫色
red/r	红色	green/g	绿色

上文说过，fig 对象是一个画板，ax 相当于画板上的一张白纸，那么画板上其实可以有很多白纸，如果想在一个画板上展示多幅图例，那么可以使用这个功能，结果如图 6.8 所示。

```
[In  4]:
fig = plt.figure()
ax1 = fig.add_subplot(221)
ax2 = fig.add_subplot(222)
ax3 = fig.add_subplot(223)
ax4 = fig.add_subplot(224)
plt.subplots_adjust(wspace=0.5,hspace=0.5)
plt.show()
[Out 4]:
```

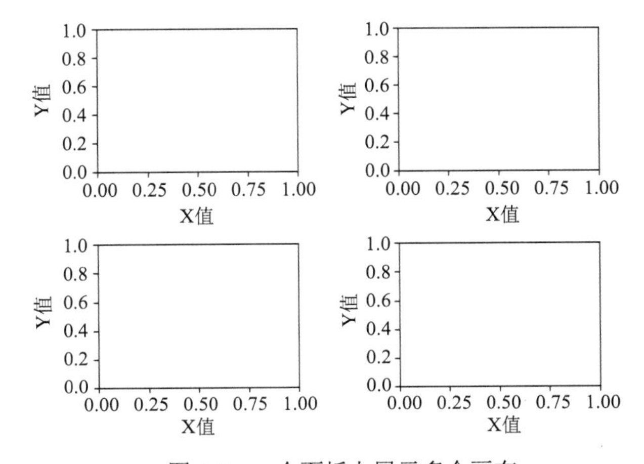

图 6.8 一个面板上展示多个画布

这个功能通过 add_subplot 函数实现，其里面的参数 221 表示这个面板上有四个画布，两行两列，1 表示第一个画布。subplots_adjust 函数是用来调整画布之间的间距的。

```
[In  5]:
fig = plt.figure(figsize=(8,5), facecolor='lavender',dpi=80)
ax1 = fig.add_subplot(221)
```

```
ax2 = fig.add_subplot(222)
ax3 = fig.add_subplot(223)
ax4 = fig.add_subplot(224)
plt.subplots_adjust(wspace=0.5,hspace=0.5)
plt.show()
[Out 5]:
```

上面这段代码主要设置 figure 函数里的一些参数。figsize 决定画板的大小，单位为英寸，facecolor 为画板背景颜色，dpi 为每英寸像素个数。像素个数越多，画面越清晰，但是同时付出的代价就是占用空间更大。结果如图 6.9 所示。此外如果想要保存图像，也很简单，只需要输入以下一行代码。

```
[In 6]: plt.savefig('文件名.文件格式', dpi=400, bbox_inches='tight')
```

其中参数 bbox_inches 表示图片保存的方式，如果参数值为 tight，则会去除图表周围的空白部分。

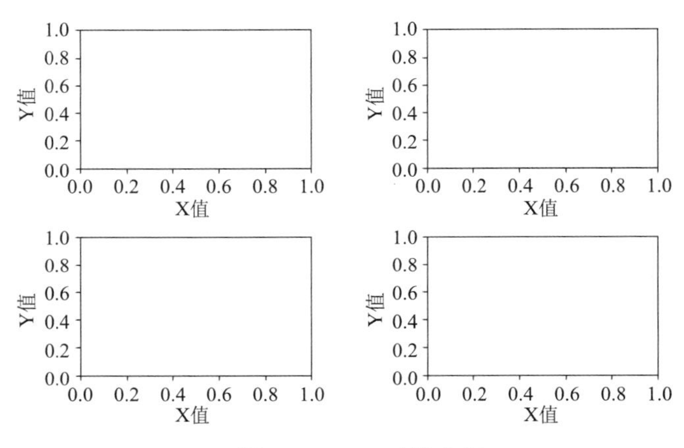

图 6.9 figure 函数介绍

最后要总结一点的是，想必读者之前也看到过很多代码，跟所写的并不一致，但也可以画出图来。但是建议初学者还是按照这样的顺序先构造画板，再在画板上设置画布进行绘图的层次来编程。这样，代码的可读性更强，也可以帮助初学者更好地理解 matplotlib 的绘图思路。

6.2.2 饼图

饼图适合展现各项大小在总项中所占比例。饼图是用 pie 函数来绘制的。先来画一个最简单的的饼图，这样有利于突出绘图中的关键代码，帮助初学者更好地了解绘图核心，代码结果如图 6.10 所示。

```
[In 7]:
fig = plt.figure()
ax = fig.add_subplot(111)
labels = ['best', 'second', 'third', 'fourth', 'defeat']
love2 = [4060, 1337, 463, 145, 3995]
explode = [0.1, 0, 0, 0, 0]                # 0.1 凸出这部分，
```

```
plt.axes(aspect=1)                          # 将图像设置为圆形，否则就是椭圆
plt.pie(x=love2, labels=labels, explode=explode, autopct='%3.1f %%',
        shadow=True, labeldistance=1.1, startangle=90, pctdistance=0.6)
plt.show()
[Out 7]:
```

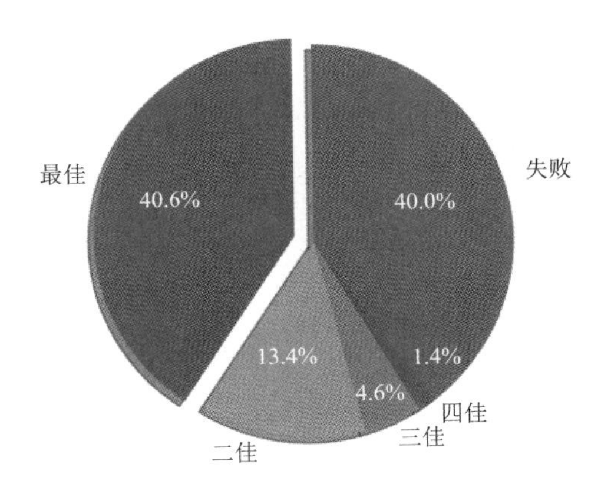

图 6.10　简单饼图

所用数据仍然是从前面章节 37% 法则例子中的数据。下面详细解释一下饼图的常规参数。

Labeldistance：表示 labels 中文本的位置离圆心有多远，1.1 指 1.1 倍半径的位置。

Autopct：百分比的文本格式，%3.1f%% 表示精确度保留到小数点后一位。

Shadow：饼图是否有阴影。

Startangle：代表起始角度，等于 0，表示从 0 度开始逆时针转，为第一块。

Pctdistance 表示百分比的 text 离圆心的距离，0.6 表示为半径的 0.6 倍。

可是这种简单的饼图，有时候并不能满足可视化的需求，接下来介绍一些有些难度的饼图。比如上个饼图反映了一万个人中寻找配偶的情况，其中有近 40% 的人失败了，那么想进一步了解失败人群中的年龄比例，并且展现在一张图上，这时候就需要一些更加复杂的操作了，代码如下，效果如图 6.11 所示。

```
[In  8]:
from matplotlib.patches import ConnectionPatch
# 画第一个饼图
fig = plt.figure(figsize=(9,5))
ax1 = fig.add_subplot(121)
ax2 = fig.add_subplot(122)
fig.subplots_adjust(wspace=0)
love2 = [4060, 1337, 463, 145, 3995]
labels = ['best', 'second', 'third', 'fourth', 'defeat']
explode = [0, 0, 0, 0, 0.1]
angle = 90
ax1.pie(love2, autopct='%1.1f%%', startangle=angle,labels=labels,
explode=explode)
# 设置第二个条形图的参数
xpos = 0
bottom = 0
ratios = [.33, .54, .07, .06]
```

```
    width = .2
    colors = [[.1, .3, .3], [.1, .3, .5], [.1, .3, .7], [.1, .3, .9]]
    for j in range(len(ratios)):
        height = ratios[j]
        ax2.bar(xpos, height, width, bottom=bottom, color=colors[j])
        ypos = bottom + ax2.patches[j].get_height() / 2
        bottom += height
          ax2.text(xpos, ypos, "%d%%" % (ax2.patches[j].get_height() *
100),ha='center')
    #设置第二个条形图的基本组件
    ax2.set_title('Age of approvers')
    ax2.legend(('50-65', 'Over 65', '35-49', 'Under 35'))
    ax2.axis('off')
    ax2.set_xlim(- 2.5 * width, 2.5 * width)
    #画两个子图之间的连线
    theta1, theta2 = ax1.patches[4].theta1, ax1.patches[4].theta2
    center, r = ax1.patches[4].center, ax1.patches[4].r
    bar_height = sum([item.get_height() for item in ax2.patches])
    #上面那条线
    x = r * np.cos(np.pi / 180 * theta2) + center[0]
    y = np.sin(np.pi / 180 * theta2) + center[1]
    con = ConnectionPatch(xyA=(- width / 2, bar_height), xyB=(x, y),coordsA="data",
coordsB="data", axesA=ax2, axesB=ax1)
    con.set_color([0, 0, 0])
    con.set_linewidth(4)
    ax2.add_artist(con)
    #下面那条线
    x = r * np.cos(np.pi / 180 * theta1) + center[0]
    y = np.sin(np.pi / 180 * theta1) + center[1]
    con = ConnectionPatch(xyA=(- width / 2, 0), xyB=(x, y),
coordsA="data",coordsB="data", axesA=ax2, axesB=ax1)
    con.set_color([0, 0, 0])
    con.set_linewidth(4)
    ax2.add_artist(con)
    plt.show()
    [Out 8]:
```

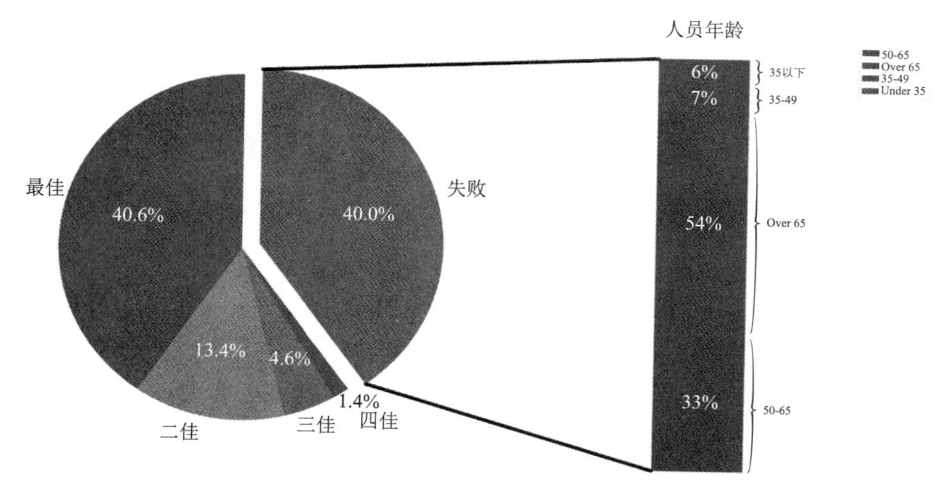

图 6.11　饼图和条形图的结合使用

这里需要先介绍一下代码中出现的 patch。

（1）在一个画板中设置两个画布，并将其之间的距离设为 0，并在两个画布上依次画上简单的饼图与条形图。这一步很简单，不用多说。

（2）比较关键，如何画出连接两个图形之间的黑线呢？如何实现黑线与要进一步解释的扇形进行完美连接？

这时候就用到了 patch。利用它获取这两个画布的一些数据，对于扇形它而可以获取将要进一步解释的起始角度、结束角度、距离圆心距离等，对于条形图可以获取它的宽度、高度等等，利用这些数据通过一些计算，这时候再利用 ConnectionPatch 函数将计算出来的起始坐标与结束坐标连接起来就大功告成了。

还记得本章中前面所提到的环形图的例子吗？现在深入了解一下环形图是如何绘制的。

```
[In  9]:
fig, ax = plt.subplots()
size = 0.3
love2 = [4060, 1337, 463, 145, 3995]
love3 = [3234, 592, 106, 3943]
colors = ['black', 'dimgrey', 'darkgray', 'lightgray']
ax.pie(love2, radius=1, colors=colors,wedgeprops=dict(width=size, edgecolor='w'),autopct='%1.1f%%',pctdistance=0.9)
ax.pie(love3, radius=0.7, colors=colors,wedgeprops=dict(width=size, edgecolor='w'),autopct='%1.1f%%',pctdistance=0.8)
ax.set(aspect="equal", title='love of pie')
plt.show()
[Out 9]:
```

代码如上所示，效果如图 6.12 所示。这里主要解释一下 pie 函数里的几个参数：

radius 代表圆的半径，通过圆的半径大小不同实现覆盖进而达到环形图的效果；

wedgeprops 代表每个圆的边界粗细；

autopct 指定显示百分比的精确度。

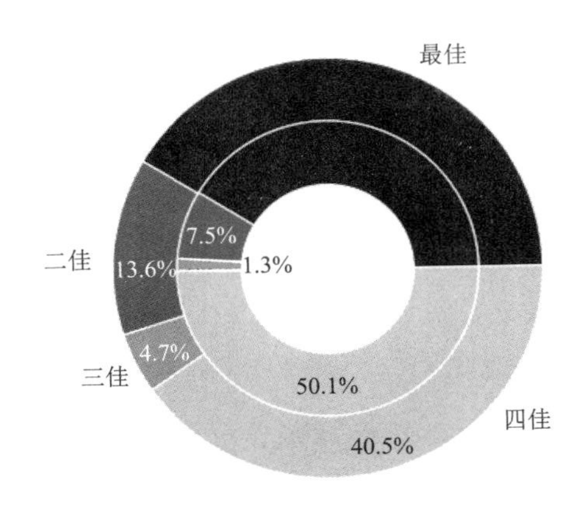

图 6.12　环形图

如果想给饼图添加美观的注释，具体操作如下。

```
[In 10]:
fig, ax = plt.subplots(figsize=(6, 3), subplot_kw=dict(aspect="equal"))
recipe = ["225 g flour",
          "90 g sugar",
          "1 egg",
          "60 g butter",
          "100 ml milk",
          "1/2 package of yeast"]
data = [225, 90, 50, 60, 100, 5]
wedges, texts = ax.pie(data, wedgeprops=dict(width=0.5), startangle=-40)
bbox_props = dict(boxstyle="square,pad=0.3", fc="w", ec="k", lw=0.72)
kw = dict(xycoords='data', textcoords='data', arrowprops=dict(arrowstyle="-
"),bbox=bbox_props, zorder=0, va="center")
for i, p in enumerate(wedges):
    ang = (p.theta2 - p.theta1)/2. + p.theta1
    y = np.sin(np.deg2rad(ang))
    x = np.cos(np.deg2rad(ang))
    horizontalalignment = {-1: "right", 1: "left"}[int(np.sign(x))]
    connectionstyle = "angle,angleA=0,angleB={}".format(ang)
    kw["arrowprops"].update({"connectionstyle": connectionstyle})
    ax.annotate(recipe[i], xy=(x, y), xytext=(1.35*np.sign(x), 1.4*y),horizonta
lalignment=horizontalalignment, **kw)
ax.set_title("Matplotlib bakery: A donut")
plt.show()
[Out 10]:
```

代码如上所示，效果如图 6.13 所示。

前面的一些参数设置不再介绍，主要来介绍一下它对注释位置的计算。enumerate 函数用于将一个可遍历的数据对象（如列表、元组或字符串）组合为一个索引序列，同时列出数据和数据下标，一般用在 for 循环当中。通过该函数获取到角度等信息后，起始角度与结束角度的平均值再加上起始角度就是注释的大致角度方向，deg2rad 函数的功能是将角度转化为弧度。

horizontalalignment 参数关系到标签是放在左边还是右边。它的设定是非常巧妙的。sign 函数是当 x>0 时 y=1，x<0 时 y=-1，这样就可以通过角度的不同，将标签分别放置在饼图的两侧，这样非常美观；然后用 annotate 函数来设置注释。

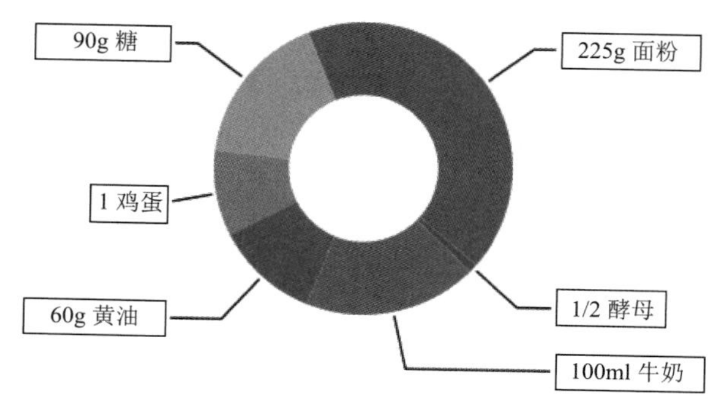

图 6.13　美观注释

6.2.3　条形图

条形图是最传统的一个可视化图表，也是应用最广泛的一种图形。条形图是用 bar 函数来绘制的，现在先来画一个最简单的条形图。

```
[In  11]:
love2 = [4060, 1337, 463, 145, 3995]
n = np.arange(6,11, 1)
fig = plt.figure()
ax1 = fig.add_subplot(111)
width = 0.35
ax1.bar(n, love2, width)
plt.xticks(n, ('10', '9', '8', '7', 'defeat'))
plt.show()
[Out 11]:
```

代码如上所示，效果如图 6.14 所示。上述代码所利用的数据仍旧是 37% 法则择偶的结果统计图。

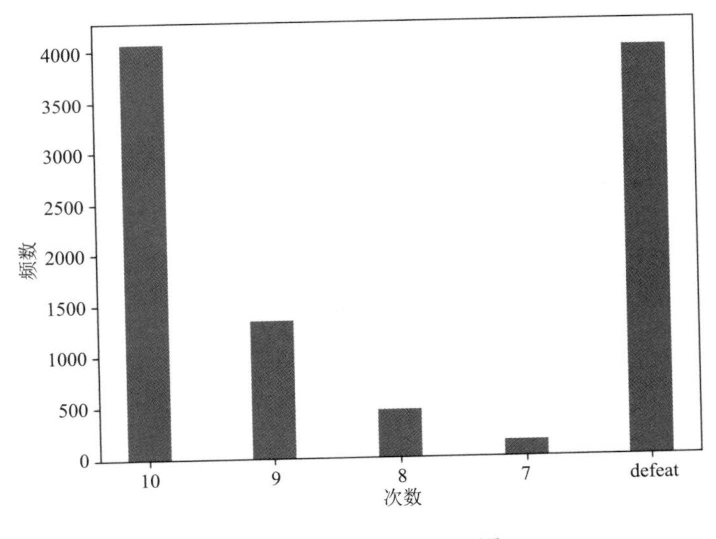

图 6.14　简单条形图

紧接着画一个稍微复杂点的条形图，介绍一下条形图的基础设置。代码如下，效果如图 6.15 所示。

```
[In  12]:
Titeam = [[23,21,22,23,21],
          [21,22,25,21,20],
          [25,21,22,24,23],
          [24,24,24,26,25],
          [27,16,25,23,22],
          [18,24,18,19,17]]
Steam = [[19,16,22,22,22],
         [21,24,20,21,23],
         [18,19,17,19,22],
         [21,20,17,19,20],
         [24,22,19,19,19],
         [21,18,20,20,20]]
Ti = (22, 21.8, 23, 24.6, 22.6, 19.2)
```

```
S = (20.2, 21.8, 19, 19.4, 20.4, 19.8)
Tistd = np.std(Titeam,axis=1)
Std = np.std(Steam,axis=1)
ind = np.arange(6)
width = 0.35
fig = plt.figure()
ax = fig.add_subplot(111)
ax.bar(ind - width/2, Ti, width, yerr=Tistd, color='SkyBlue', label='Ti')
ax.bar(ind + width/2, S, width, yerr=Std, color='IndianRed', label='S')
ax.set_ylabel('age')
ax.set_title('Compare ti and s age')
ax.set_yticks(np.arange(0, 31, 10))
plt.xticks(ind, ('2011', '2012', '2013', '2014', '2015', '2016'))
plt.legend()
plt.show()
[Out 12]:
```

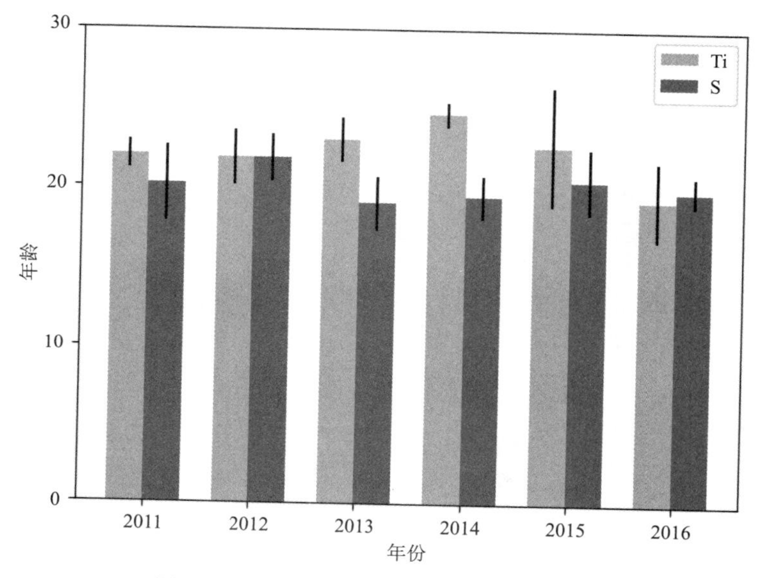

图 6.15 Ti 赛事与 S 赛事冠军队平均年龄比较

本图数据来源是 Ti 与 S 系列赛事，2011—2016 年一共六年冠军队伍的队员年龄，左边表示 Ti 决赛冠军队伍的平均年龄，右边代表 S 决赛冠军队伍的平均年龄，黑色竖杠代表该年队伍内部年龄标准差。

bar 函数第一个参数代表矩形图在坐标轴上的位置；width 代表矩形宽度；yerr 代表标准差参数。

xticks、yticks 函数分别用来指定坐标轴的显示内容。

下面再来看一个更复杂、更有创意的条形图。代码如下，效果如图 6.16 所示。

```
[In  13]:
# 设置初始参数
data = [[ 66386, 174296,  75131, 577908,  32015],          # 初始数据
        [ 58230, 381139,  78045,  99308, 160454],
        [ 89135,  80552, 152558, 497981, 603535],
        [ 78415,  81858, 150656, 193263,  69638],
```

```
            [139361, 331509, 343164, 781380,  52269]]
    columns = ('Freeze', 'Wind', 'Flood', 'Quake', 'Hail')  # 列名
    rows = ['%d year' % x for x in (100, 50, 20, 10, 5)]     # 行名
    values = np.arange(0, 2500, 500)                         # 条形图纵坐标显示内容
    value_increment = 1000
    colors = plt.cm.BuPu(np.linspace(0, 0.5, len(rows)))     # 选择颜色
    n_rows = len(data)
    index = np.arange(len(columns)) + 0.3                    # 设置条形图的位置
    bar_width = 0.4
    y_offset = np.zeros(len(columns))                        # 初始化条形图底部坐标
    cell_text = []
    for row in range(n_rows):
        plt.bar(index, data[row], bar_width, bottom=y_offset, color=colors[row])
        y_offset = y_offset + data[row]                      # 条形图底部坐标累加操作
        cell_text.append(['%1.1f' % (x / 1000.0) for x in y_offset])
    colors = colors[::-1]
    cell_text.reverse()
    the_table = plt.table(cellText=cell_text,rowLabels=rows,rowColours=colors,colLa
bels=columns)                                                # 绘制表格
    # 图表组件设置
    plt.subplots_adjust(left=0.2, bottom=0.2)
    plt.ylabel("Loss in ${0}'s".format(value_increment))
    plt.yticks(values * value_increment, ['%d' % val for val in values])
    plt.xticks([])
    plt.title('Loss by Disaster')
    plt.show()
    [Out 13]:
```

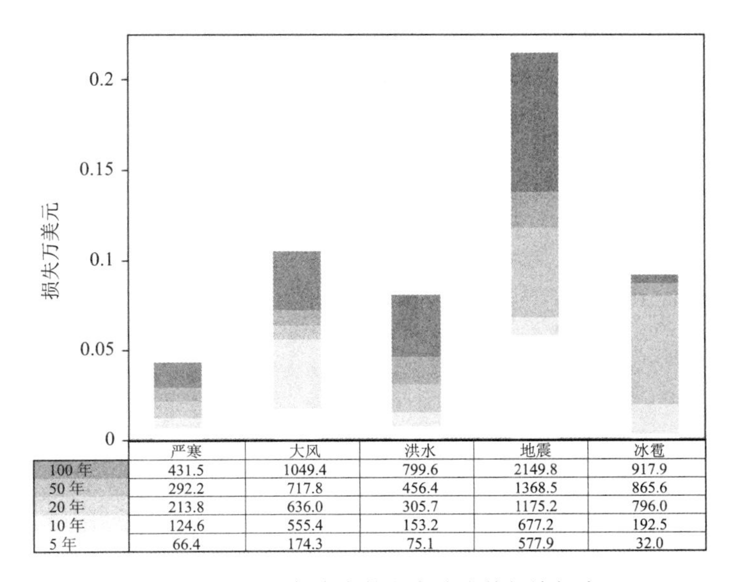

	严寒	大风	洪水	地震	冰雹
100 年	431.5	1049.4	799.6	2149.8	917.9
50 年	292.2	717.8	456.4	1368.5	865.6
20 年	213.8	636.0	305.7	1175.2	796.0
10 年	124.6	555.4	153.2	677.2	192.5
5 年	66.4	174.3	75.1	577.9	32.0

图 6.16　100 年来自然灾害造成的经济损失

这个图所描绘的内容是一百年来五种自然灾害带来的经济损失，其巧妙之处在于对数据进行了累加并表现在一张图上。

代码中前面数据、参数设置与后面的组件设置都没有什么新意。中间的那个循环部分是关键，其每循环一次，就将 y_offset 数组里的数据更新一次，下一次条形图中矩形的底部就是上一次条形图中矩形的顶部。

还有一点就是颜色的选择，其利用 BuPu 函数，使得矩形图颜色越来越深，带来了很好的视觉效果。

从这段代码也可以看到表格的绘制过程，利用 table 函数，其主要参数为内容、行名、颜色、列名。

6.2.4 散点图

散点图用来表现双变量之间的关系有很大作用，散点是用 scatter 函数绘制的，按照惯例，先来绘制一个最简单的散点图，如图 6.17 所示。

```
[In 14]:
fig = plt.figure()
ax = fig.add_subplot(111)
x = np.arange(1,10,1)
y = x + 1
ax.scatter(x,y)
plt.show()
[Out 14]:
```

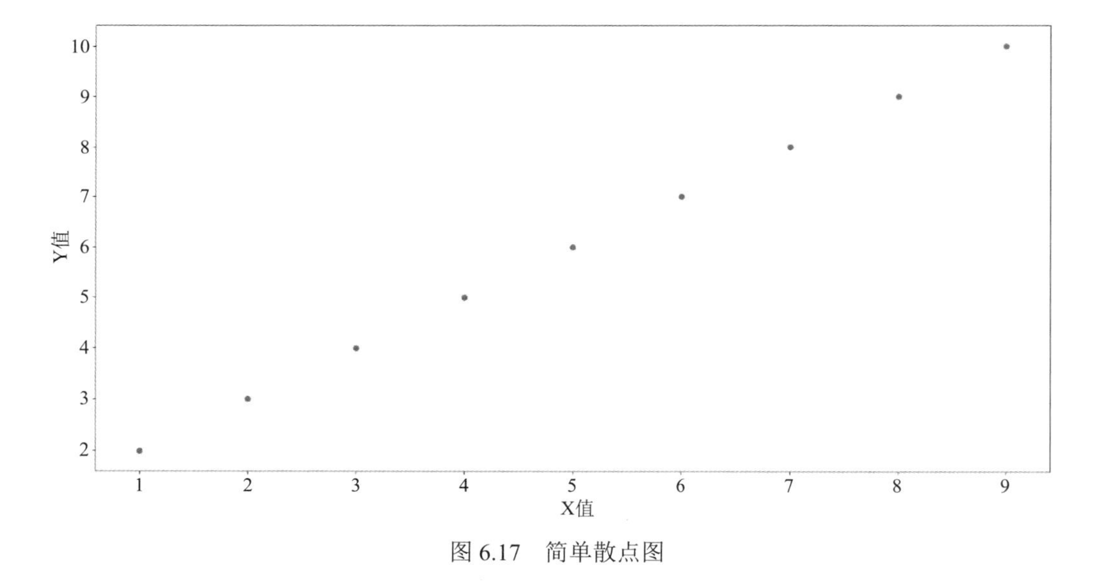

图 6.17 简单散点图

再来画一个稍微复杂的散点图。该散点图的上方、右方还附带直方图来描绘其 x、y 坐标的分布，代码如下，效果如图 6.18 所示。

```
[In 15]:
from matplotlib.ticker import NullFormatter
np.random.seed(19680801)
x = np.random.randn(1000)
y = np.random.randn(1000)                              #生成x、y坐标
nullfmt = NullFormatter()
left, width = 0.1, 0.65
bottom, height = 0.1, 0.65
bottom_h = left_h = left + width + 0.02
rect_scatter = [left, bottom, width, height]
rect_histx = [left, bottom_h, width, 0.2]
```

```
rect_histy = [left_h, bottom, 0.2, height]                # 以上皆为设置画布位置
plt.figure(1, figsize=(8, 8))                             # 设置画板大小
axScatter = plt.axes(rect_scatter)
axHistx = plt.axes(rect_histx)
axHisty = plt.axes(rect_histy)                            # 在画板上放置三幅图的具体位置
axHistx.xaxis.set_major_formatter(nullfmt)
axHisty.yaxis.set_major_formatter(nullfmt)                # 格式化坐标轴
axScatter.scatter(x, y)
binwidth = 0.25
xymax = max(np.max(np.abs(x)), np.max(np.abs(y)))
lim = (int(xymax/binwidth) + 1) * binwidth
axScatter.set_xlim((-lim, lim))
axScatter.set_ylim((-lim, lim))                           # 设置散点图的 x、y 坐标
bins = np.arange(-lim, lim + binwidth, binwidth) # 设置直方图区间个数
axHistx.hist(x, bins=bins)                                # 绘制 x 坐标的直方图
axHisty.hist(y, bins=bins, orientation='horizontal')      # 绘制 y 坐标的直方图
axHistx.set_xlim(axScatter.get_xlim())                    # 设置 x 坐标直方图的坐标范围
axHisty.set_ylim(axScatter.get_ylim())                    # 设置 y 坐标直方图的坐标范围
plt.show()
[Out 15]:
```

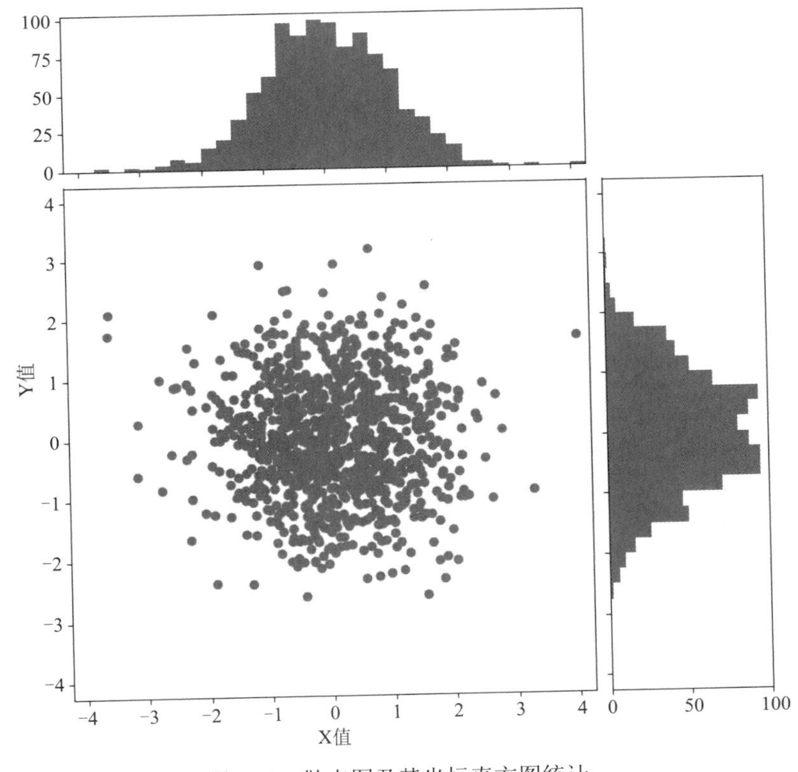

图 6.18　散点图及其坐标直方图统计

这段代码的大部分语句都已经注释了，不过还是想解释一下它比较有趣的地方，即设置图片具体位置的语句。

代码在开头就设置了四个常数：left、width、bottom、height，这四个常数决定了图片位置，它们分别代表一个图片距离画板左边界的距离、图片宽度、距离画板底部的距离、图片高度。

再来画一个散点图，可以达到气泡图的效果，代码如下，效果如图 6.19 所示。

```
[In 16]:
from pylab import mpl
mpl.rcParams['font.sans-serif']=['SimHei']          # 解决汉字在图片中显示为方框的问题
raw_data = pd.read_csv('Chinese_GDP.csv')           # 读取 csv 格式文件
raw_data.dropna(inplace=True)                       # 清除缺省值
fig = plt.figure()                                  # 构造画板、画布
ax = fig.add_subplot(111)
label = []
for i in range(len(raw_data.loc[:, '地区'])):
    label.append(raw_data.loc[i,'地区'])
y_2016_GDP = np.array(raw_data['2016 年'])          # 将读取到的数据数组化，方便后续计算
y_2016_GDP_color = y_2016_GDP/5                     # 防止气泡过大，将数据整体缩小五倍
x_2016_provice = np.array(raw_data['地区'])
x = np.arange(0,len(x_2016_provice))
ax.scatter(x,y_2016_GDP,s=y_2016_GDP_color,c=y_2016_GDP,alpha=0.3)
ax.set_xlabel('省份',fontsize=15)                    # 设置图表基础组件
ax.set_ylabel('GDP(单位/亿)',fontsize=15)
ax.set_title('中国 2016 年各省份 GDP',fontsize=15)
plt.xticks(x,label,rotation=45)
ax.grid(True)                                       # 设置网格
plt.legend()
plt.show()
[Out 16]:
```

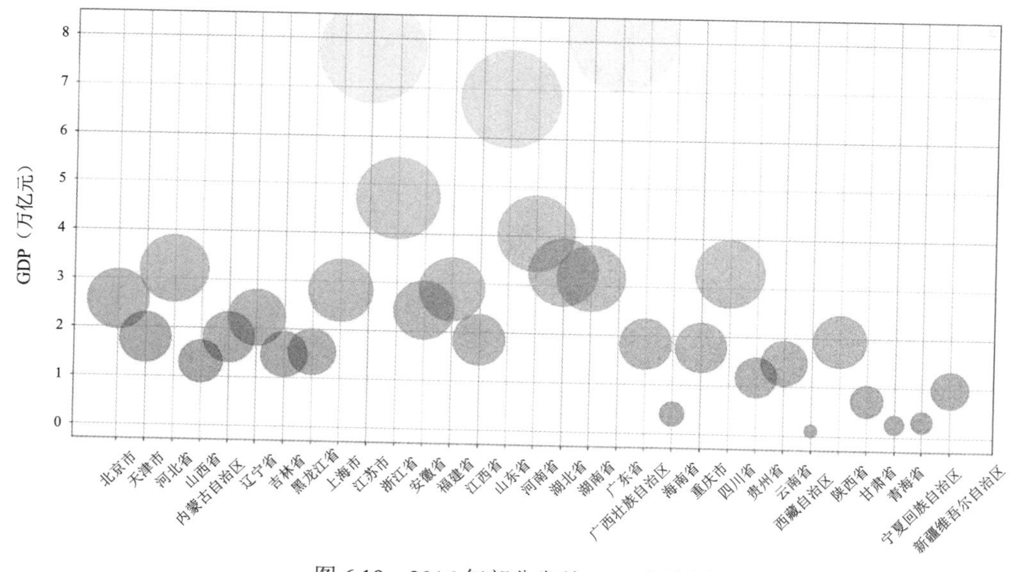

图 6.19　2016 年部分省份 GDP 气泡图

图中比较了 2016 年部分省份的 GDP 总量，并且根据面积大小来直观感受各省之间的经济差异。而且辅以心理暗示，经济总量越大，颜色越鲜艳明亮，越小越深沉阴暗。

大部分代码都已经注释，这里强调几点。

（1）颜色的渐变是如何实现的呢？它并不是显示指定的，其实像 bar、scatter、pie 等这类画图函数的参数 color（可以写为 c）控制着颜色的设定。它既可以通过 c=‘blue’、c=‘#FFFFFF’、c=（0，0，0）等方式指定特定颜色，还可以将一个数组传入给 c。色带会与数组的元素之间按照元素大小形成一一映射关系。像上图例子中，最小值对应的就是相对

在下面位置，最大值对应的就是相对在上面的位置。

（2）字体的倾斜是通过 xticks 函数中，设置参数 rotation= 旋转角度来实现的。

（3）通过代码 ax.grid(True) 可以给图表增添网格，图表读取信息更准确。

6.2.5　折线图

折线图适合反映数据的变化规律，其是用 plot 函数绘制的，按照习惯，先画一个最简单的折线图。

```
[In  17]:
import matplotlib.pyplot as plt
import numpy as np

x = np.arange(1,10,1)
y = x + 1
fig = plt.figure()
ax = fig.add_subplot(111)
ax.plot(x,y)
plt.show()
[Out 17]:
```

代码如上，效果如图 6.20 所示。代码没有需要特别讲解的部分，只是为了让大家着重了解一下绘制折线图的核心代码。

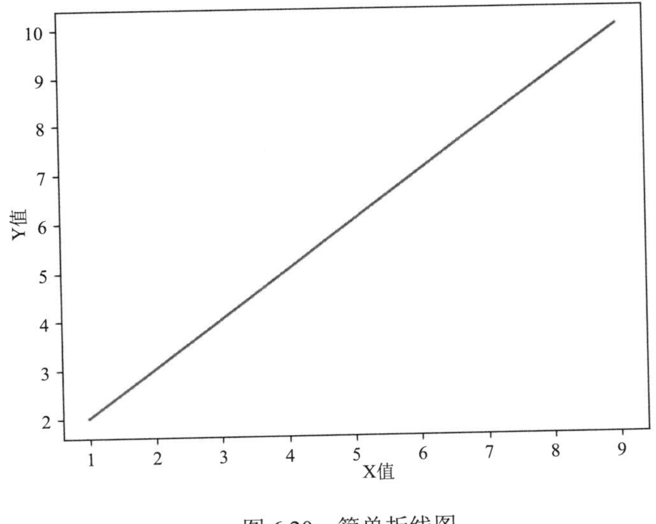

图 6.20　简单折线图

接下来，看一个稍微复杂点的折线图。继续使用之前那份我国各省区市 GDP 数据集，用折线图体现变化，代码如下，效果如图 6.21 所示，横坐标为年份，纵坐标为 GDP（单位：万亿元）。

```
[In  18]:
from pylab import mpl
mpl.rcParams['font.sans-serif']=['SimHei']          # 解决中文字符无法显示的问题
raw_data = pd.read_csv('Chinese_GDP.csv')           # 读取数据
```

```
    raw_data.dropna(inplace=True)                              # 清除缺省值
    x_time = np.arange(1997, 2017, 1)
    y_GDP = []
    fig = plt.figure()
    ax = fig.add_subplot(111)
    label = []
    for i in range(len(raw_data.loc[:, '地区'])):
        label.append(raw_data.loc[i,'地区'])                    # 获取省份名称，以后做标签用
        y_GDP.append(list(reversed(raw_data.loc[i,:][1:]))) # 获取各省 GDP 历年发展数据
    y_GDP = np.array(y_GDP)
    for i in range(len(raw_data.loc[:, '地区'])):   # 循环绘图，每次在画布上画一条曲线
        ax.plot(x_time, y_GDP[i],label=label[i])
    plt.legend(loc='center left', bbox_to_anchor=(1, 0.5))  # 将标签布局在画布之外，防止
遮盖
    plt.show()
    [Out 18]:
```

如果说气泡图可以很直观地感受到不同省区市 GDP 之间的体量差异，那么折线图可以更好地反映各省区市这 20 年经济的发展状况。

从图中可以看出，在 21 世纪以前，各省份之间的 GDP 其实相差无几。但自从进入 21 世纪后，特别是 2007 年以后，各省份之间的差异逐渐拉大。有五个省经济发展相当迅速，还有五个省这 20 年经济发展不是很快，其余各省发展速度较快。这里需要注意的是：

（1）之所以使用 reversed 函数，是因为在 csv 表格中其数据是按照 1997—2016 年的顺序排列的，所以需要使用该函数将数组倒置。

（2）将省份存在 label 数组中，最后绘图时是一个个取出来画在画布上的。

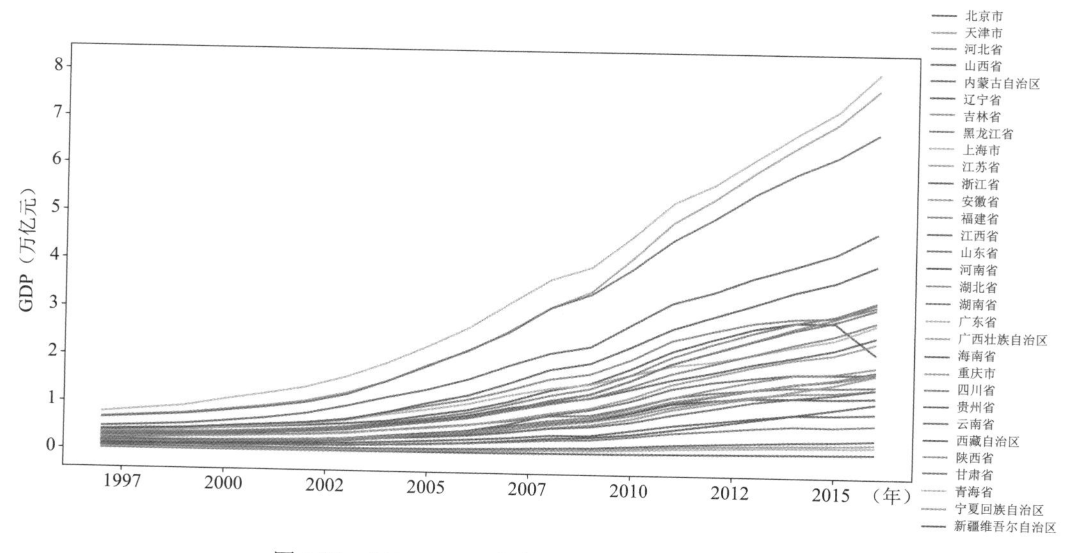

图 6.21　1997—2016 年各省区市 GDP 发展状况

6.2.6　箱线图

箱线图可以很好地展示数据的分布特性，比如最大值、最小值、波动方差等。

先画一个简单的箱线图，该图使用的数据是 Ti（魔兽）、S（英雄联盟）2011—2016 年的队员年龄分布，代码如下，效果如图 6.22 所示。

```
[In  19]:
Titeam = [[23,21,22,23,21],                          # 所要可视化的数据
          [21,22,25,21,20],
          [25,21,22,24,23],
          [24,24,24,26,25],
          [27,16,25,23,22],
          [18,24,18,19,17]]
Steam = [[19,16,22,22,22],
         [21,24,20,21,23],
         [18,19,17,19,22],
         [21,20,17,19,20],
         [24,22,19,19,19],
         [21,18,20,20,20]]
fig = plt.figure(figsize=(9,4))                      # 构造画板并显式指定大小
ax_Ti = fig.add_subplot(121)
ax_S = fig.add_subplot(122)                          # 构造两个画布，一行两列
ax_Ti.boxplot(Titeam)                                # 画箱线图的关键代码
ax_Ti.set_title('Ti Box plot')
ax_S.boxplot(Steam)                                  # 画箱线图的关键代码
ax_S.set_title('S Box plot')
ax_Ti.yaxis.grid(True)                               # 设置网格、纵横坐标等，重复两次。因为
ax_Ti.set_xticks([y + 1 for y in range(len(Titeam))])    # 要画两个箱线图
ax_Ti.set_xlabel('six year age distribution')
ax_Ti.set_ylabel('team age')
ax_S.yaxis.grid(True)
ax_S.set_xticks([y + 1 for y in range(len(Steam))])
ax_S.set_xlabel('six year age distribution')
ax_S.set_ylabel('team age')
plt.setp(ax_Ti, xticks=[y + 1 for y in range(len(Titeam))],xticklabels=['2011',
'2012', '2013', '2014', '2015', '2016'])
plt.setp(ax_S, xticks=[y + 1 for y in range(len(Steam))],xticklabels=['2011',
'2012', '2013', '2014', '2015', '2016'])
plt.show()
[Out 19]:
```

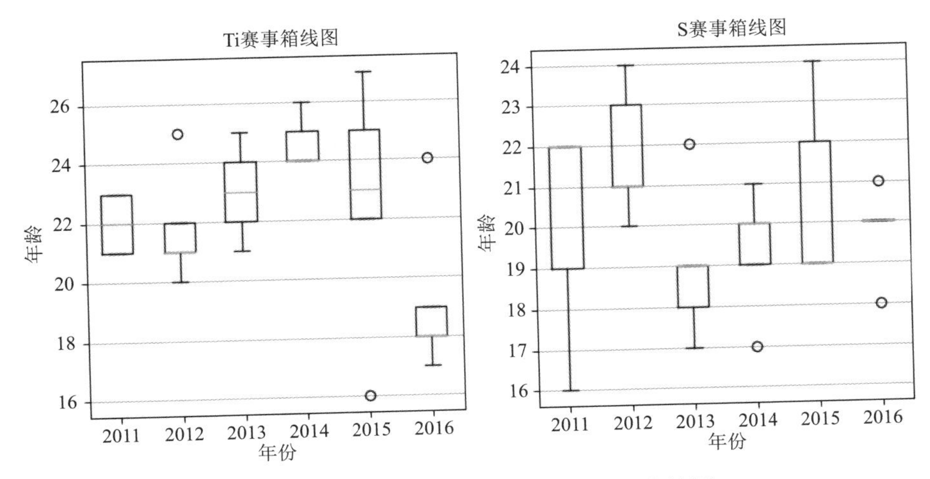

图 6.22　Ti、S 六年来队员年龄分布箱线图

代码逻辑很简单，这里要提及的一点是，当你要绘制的画布过多时，比如不止两幅图，可以四幅甚至八幅。每次都要重新设置一般纵横坐标、标题等是很烦琐的，代码看着也不

简洁，可以考虑使用循环，依次设置。

使用循环优化后的代码如下（数据部分没有重复书写，只写了代码优化部分）。

```
[In  20]:
all_data = []
all_data.append(Titeam)
all_data.append(Steam)
title = ['Ti Box plot', 'S Box plot']
fig, axes = plt.subplots(nrows=1, ncols=2, figsize=(9, 4))
for i in range(len(axes)):
    axes[i].boxplot(all_data[i])
    axes[i].set_title(title[i])
    axes[i].yaxis.grid(True)
    axes[i].set_xticks([y + 1 for y in range(len(Titeam))])
    axes[i].set_xlabel('six year age distribution')
    axes[i].set_ylabel('team age')
     plt.setp(axes[i], xticks=[y + 1 for y in range(len(Titeam))],xticklabe
ls=['2011', '2012', '2013', '2014', '2015', '2016'])
plt.show()
```

效果图是一样的。上图中之所以有的最大值和四分位值重合了，是因为数值取整的原因，这也说明这个队伍的年龄分布比较集中。两个图进行比较，可以看出 S 系列赛冠军队队员年龄波动更大。

箱线图作为统计学领域常用的可视化工具，可能部分读者并不了解，下面介绍一下箱线图的表达意义，各部件的意义如图 6.23 所示。

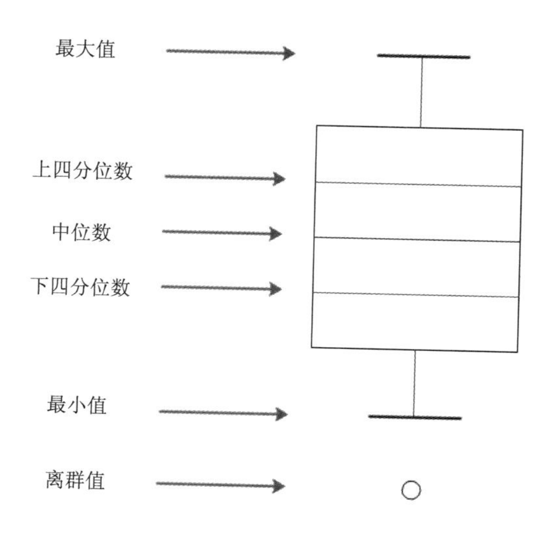

图 6.23　箱线图

6.2.7　小提琴图

小提琴图可以说是箱线图的加强版。箱线图可以很好地展现分位数的位置，而小提琴可以展现任意位置的密度，可以说它是箱线图和核密度图的结合。

仍旧利用 Ti 系列赛和 S 系列赛的冠军队伍队员年龄分布数据来做例子，代码如下，效果如图 6.24 所示。

```
[In  21]:
Titeam = [[23,21,22,23,21],                          # 导入数据
          [21,22,25,21,20],
          [25,21,22,24,23],
          [24,24,24,26,25],
          [27,16,25,23,22],
          [18,24,18,19,17]]
Steam = [[19,16,22,22,22],
         [21,24,20,21,23],
         [18,19,17,19,22],
         [21,20,17,19,20],
         [24,22,19,19,19],
         [21,18,20,20,20]]
all_data = []
all_data.append(Titeam)
all_data.append(Steam)                               # 将两类数据拼凑在一起
title = ['Ti violin plot', 'S violin plot']          # 储存图表标题的数组
fig, axes = plt.subplots(nrows=1, ncols=2, figsize=(9, 4))    # 构造两个画布的画板
for i in range(len(axes)):                           # 循环，为两个画布设置基础组件
    axes[i].violinplot(all_data[i])                  # 绘制小提琴图的关键代码
    axes[i].set_title(title[i])
    axes[i].yaxis.grid(True)
    axes[i].set_xticks([y + 1 for y in range(len(Titeam))])
    axes[i].set_xlabel('six year age distribution')
    axes[i].set_ylabel('team age')
     plt.setp(axes[i], xticks=[y + 1 for y in range(len(Titeam))],xticklabe
ls=['2011', '2012', '2013', '2014', '2015', '2016'])
plt.show()
[Out 21]:
```

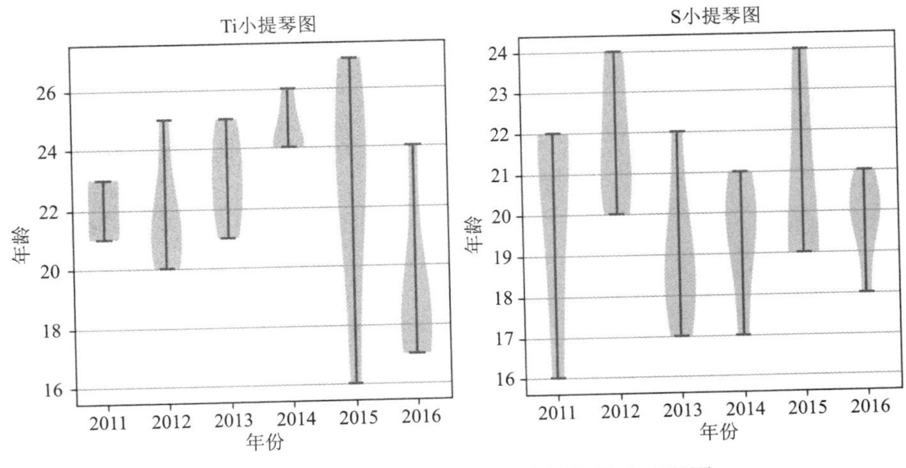

图 6.24　Ti、S 系列赛冠军队员年龄小提琴图

小提琴图与箱线图的代码大同小异，具体代码注释已经大致讲解。小提琴图的可视化十分形象。比较臃肿的地方自然是数据分布密集的区间，比较细长的地方就是数据分布稀疏的区间。但是在感受数据波动这一方面，箱线图仍然优于小提琴图。

6.2.8 Basemap 简单介绍

以上六小节是针对数据本身的可视化，并没有加入其他元素。而可视化不仅仅局限于数据本身，还有数据结合空间地理的可视化。其中，结合数据绘制地图就是很重要的一部分。

Basemap 是 matplotlib 下的一个库文件，专门应用于绘制地图。这一节就来详细讲解该文件的使用。首先来绘制一个最简单的地图，代码如下。

```
[In  22]:
from mpl_toolkits.basemap import Basemap
map = Basemap()                                  # 实例化一个对象
map.drawcoastlines()                             # map 调用函数，该函数内置世界地图海岸线
plt.savefig('image_name',bbox_inches='tight')       # 去掉图片边缘空白区域
plt.show()
[Out 22]:
```

如果觉得这样的地图过于单调，还可以给地图涂色，代码如下。

```
[In  23]:
from mpl_toolkits.basemap import Basemap
map = Basemap()
map.drawmapboundary(fill_color = 'aqua')              # 将整个地图涂上蓝色的一层
map.fillcontinents(color = 'coral')                   # 将大陆部分涂上黄色
map.drawcoastlines()
plt.savefig('image_name',bbox_inches='tight')
plt.show()
[Out 23]:
```

如果觉得这样的世界地图有些变形，这是因为投影方式的不同，Basemap 内置了 24 种投影方式，感兴趣的读者可以浏览 Basemap 手册仔细了解。

当不显示指定投影方式时，Basemap 会默认上图的投影方式，这也是绘制世界地图普遍采用的投影方式。其特点就是越接近赤道的地区越真实，纬度越高的地区越失真，看起来比真实情况要小。

如果并不想绘制世界地图时，可以根据显式指定上下纬度以及左右经度确定具体区域，代码如下。

```
    [In  24]:
    map  =  Basemap(llcrnrlon=73,  llcrnrlat=18,  urcrnrlon=135,  urcrnrlat=55,
resolution='i',
              projection='merc', lat_0=42.5, lon_0=120)    # 通过经纬度确定中国区域
   map.drawmapboundary(fill_color='aqua')
   map.fillcontinents(color='coral')
   map.drawcoastlines()
   map.drawcountries()                                     # 画出国家边界
   plt.savefig('image_name', bbox_inches='tight')
   plt.show()
   [Out 24]:
```

如果想进一步完成绘制地图的工作，添加上各省份的边界，这时候需要下载特定的数据文件。因为 Basemap 是外国人开发的库，因此并没有内置中国各省份的边界数据。

```
    [In  25]:
   map  =  Basemap(llcrnrlon=73,  llcrnrlat=18,  urcrnrlon=135,  urcrnrlat=55,
resolution='i',
```

```
            projection='merc', lat_0=42.5, lon_0=120)
map.drawmapboundary(fill_color='aqua')
map.fillcontinents(color='coral')
map.drawcoastlines()
map.drawcountries()
map.readshapefile('gadm36_CHN_1', 'states', drawbounds=True)    # 读取各省边界数据
plt.savefig('image_name', bbox_inches='tight')
plt.show()
[Out 25]:
```

有了以上的基础，还可利用之前的各省份 GDP 的数据文件，结合 Basemap 画一幅 GDP 热力图。

6.3　交互式绘图

前面所讲的绘图，都是以静态的方式展现在读者面前。而交互式绘图允许读者对绘图进行操作或者说以动态的形式展现在读者面前，比如缩放、高亮、动态展示等，提高了可视化的信息量与视觉效。

6.3.1　matplotlib 的简单交互式绘图

matplotlib 库中也有交互式绘图的功能，较为简单，但种类广泛。在这里挑出来几个比较常用的功能介绍给大家。

很多热爱英雄联盟的读者可能都有过这种体验，玩过一局游戏后喜欢浏览游戏数据，有时候线条太多，想看清楚有关自己数据的那条线就需要关闭其他线条的显示。这就是最简单的可视化交互设计。简单举个例子，看一下在 Python 中如何实现该功能，代码如下。

```
[In  27]:
def onpick(event):                                        # 事件触发函数
    legline = event.artist
    origline = lined[legline]
    vis = not origline.get_visible()
    origline.set_visible(vis)
    fig.canvas.draw()
t = np.arange(0.0, 2, 0.1)                                # 构造数据
y1 = 2*t
y2 = 4*t
fig, ax = plt.subplots()                                  # 绘制图片
ax.set_title('Click on legend line to toggle line on/off')
line1, = ax.plot(t, y1, lw=2, color='red', label='1 HZ')
line2, = ax.plot(t, y2, lw=2, color='blue', label='2 HZ')
leg = ax.legend(loc='upper left', fancybox=True, shadow=True) # 获得两个线条图例对象
lines = [line1, line2]                                    # 获得两个线条对象
lined = dict()                                            # 初始化一个字典
for legline, origline in zip(leg.get_lines(), lines):
    legline.set_picker(5)
    lined[legline] = origline                             # 构造线条与线条图例的对应映射
fig.canvas.mpl_connect('pick_event', onpick)              # 界面中的事件绑定
plt.show()
```

（1）先自定义一个事件触发函数，它实现的功能是当鼠标点击图例时，对应线条消失，

再次点击时线条又出现。构造数据、绘制图片这些都是很简单的操作。

（2）分别从绘图对象中获得图例对象和线条对象。

（3）在循环中利用字典，形成线条和图例的映射关系。

（4）启动事件触发函数。效果如图 6.25、图 6.26 所示。

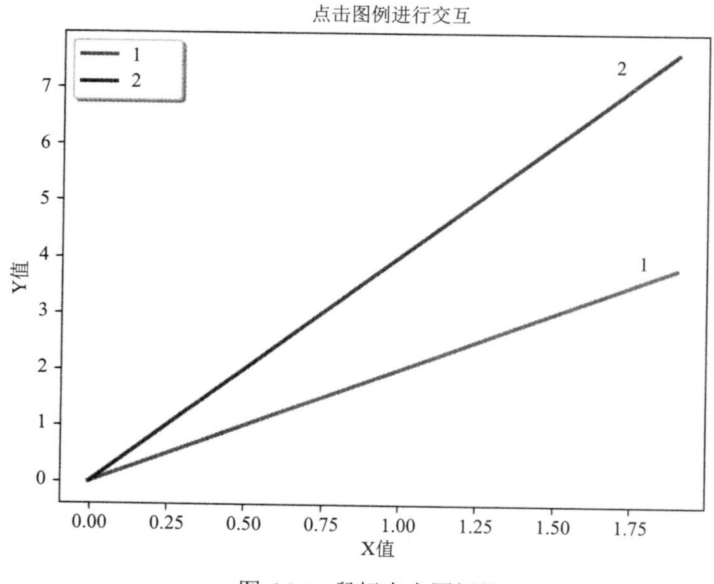

图 6.25　鼠标点击图例前

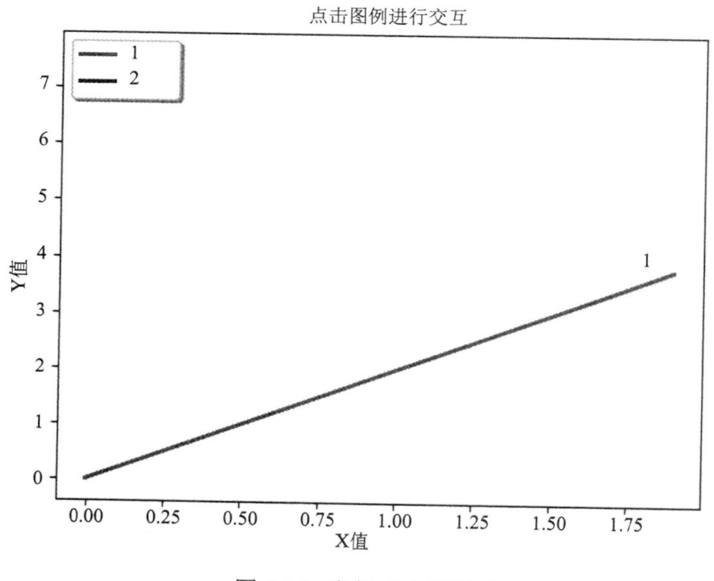

图 6.26　鼠标点击图例后

界面中的事件绑定都是通过 Figure.canvas.mpl_connect 来实现的。它第一个参数是事件名，第二个参数是响应函数。当指定事件发生时就会调用对应的响应函数。常用的内置事件名及其含义如表 6.4 所示。

表 6.4　事件名及其含义

事件名	含义
button_press_event	按下鼠标
pick_event	鼠标点击绘图对象
scroll_event	鼠标滚轴
close_event	关闭图表

还有一种大家比较常见的交互功能，就是缩放。比如一幅散点图，有的地方点分布比较密集看不清楚位置，需要放大该区域才能看清楚，代码如下。

```
    [In  28]:
    def onpress(event):                                    # 事件触发函数
        x, y = event.xdata, event.ydata                    # 获得鼠标点击位置
        axzoom.set_xlim(x - 0.1, x + 0.1)                  # 设定放大后的区域大小
        axzoom.set_ylim(y - 0.1, y + 0.1)
        figzoom.canvas.draw()                              # 在其中一个画板上显示放大后的区域
    figsrc, axsrc = plt.subplots()                         # 构造两个画板
    figzoom, axzoom = plt.subplots()
    axsrc.set(xlim=(0, 1), ylim=(0, 1), autoscale_on=False,title='Click to zoom')
#设置坐标范围等参数
    axzoom.set(xlim=(0.45, 0.55), ylim=(0.4, 0.6), autoscale_on=False,title='Zoom
window')
    x, y, s, c = np.random.rand(4, 200)                    # 通过随机函数生成点坐标及其大小、颜色
    s *= 200
    axsrc.scatter(x, y, s, c)                              #s 指大小, c 指颜色
    axzoom.scatter(x, y, s, c)
    figsrc.canvas.mpl_connect('button_press_event', onpress)
    plt.show()
```

该程序逻辑非常简单。效果如图 6.27、图 6.28 所示。

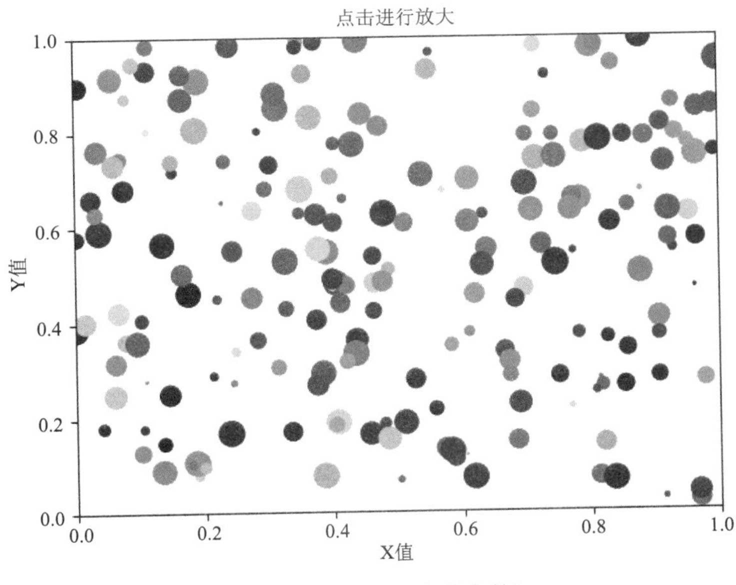

图 6.27　原图（未放大前）

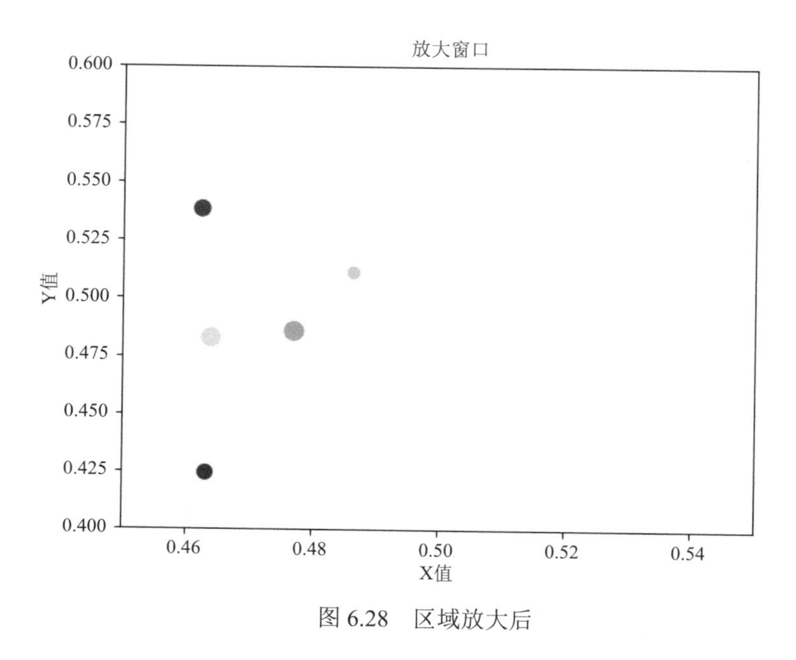

图 6.28　区域放大后

以上是 matplotlib 根据响应事件绘制交互式可视化图片的两个典型代表。读者还可以根据不同的响应事件编写不同的可视化案例，如果深入了解可以查阅 matplotlib 官方手册。

6.3.2　pyecharts 可视化库

Echart 全称为 Enterprise Charts，中文翻译为商业级数据图表，由百度前端数据可视化团队开发完成。其是一个拥有高度扩展性，简单易用，提供了可视化事件处理和动画展示支持的图表。

如何通过 Python 使用 Echart 这款流行的 JS 交互式绘图，就是本节的主要内容。

与 matplotlib 不同的是，pyechart 实现的所有可视化实例都是交互式的，包含了点击高亮、显示信息、手动设置坐标轴范围等基本交互功能，有的还可以实现动画效果。又因为其是专业团队开发，较为贴合一般人的使用习惯，同时避免了很多字符问题，所以相比于 Seaborn、Boken 等交互式可视化库，pyechart 是一款很适合一般人的交互式可视化 Python 库。

现在，介绍第一个可视化案例。假设你是一个商场的数据分析师，为你提供某商品一年的销售数据。有 7 列分别是周一到周天，有 52 行分别是 52 周，具体到每一个数据就是某一周的某一天的该商品的销售情况。你该如何做分析呢？很明显，用 3D 图，代码如下。

```
[In  29]:
from pyecharts import Style,Bar3D,HeatMap,Pie
data = pd.read_excel('每日销量.xlsx',sheetname=0)  # 读取数据
x_axis = data['week'].tolist()                    # 将数据从表格结构变为列表结构
data['week'] = data['week'].str.replace('week','').map(int)-1   # 将 week 列的内容变
为数字并减 1
data = data.set_index('week')                     # 将 week 列变为索引
y_axis = data.columns.tolist()                    # 将数据从表格结构变为列表结构
```

```
    data.columns = range(0,7)                                    # 更改列名
    data = data.stack().reset_index()                            # 重新设定行索引
    data.columns = ['week','day','amount']                       # 更改列名
    style = Style(                                               # 可视化的格式设定
      title_color="#A52A2A",title_pos="center",width=900,height=1100,background_
color="#ABABAB")
    style_3d = style.add(
      is_visualmap=True, visual_range=[0,120],
      visual_range_color=['#313695', '#4575b4', '#74add1', '#abd9e9', '#e0f3f8',
'#ffffbf',
                        '#fee090', '#fdae61', '#f46d43', '#d73027', '#a50026'],
        grid3d_width=200,grid3d_depth=80,xaxis_label_textcolor='#fff',is_grid3d_
rotate=True,
       legend_pos='right')
    bar3d = Bar3D('全年产量情况',**style.init_style)  # 标题
    bar3d.add('每日产量',x_axis,y_axis,data.values.tolist(),**style_3d)      # 画图
    bar3d.render('全年产量情况 3D 柱状图.html')                  # 渲染成网页形式
```

代码如上所示。具体代码功能已经注释，再解释一下逻辑。

（1）拿到数据后，因为是 3D 图，先获取三个坐标轴的坐标。tolist 函数的功能是将数据从表格结构变为列表结构，方便传入参数。

（2）获取坐标后，就是对表格结构的改造，方便传入 bar3d 函数中。主要代码是使用 stack 函数将数据从堆叠的数据中解放出来。map 函数的功能是将其括号中的函数应用于每一个元素。

（3）设置可视化的参数。

（4）画图。

这里需要提及一下，所有 pyechart 可视化的实例都是以 html 格式文件存储的，如有需要也可以从网页上直接下载存储为 png、svg 等格式文件。效果如图 6.29 所示。

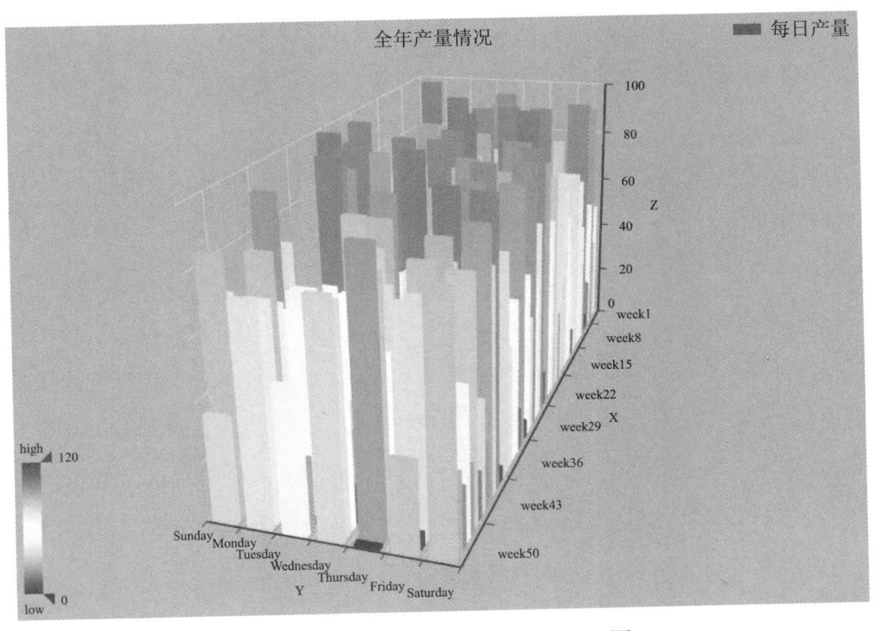

图 6.29　某商品一年销售情况 3D 图

在书本上无法展现其交互功能，下面通过图片大致观察效果，可以给读者描述一下该图对应的动态效果。首先它是不断旋转的，方便大家可以观察到它的全貌，其次每点击一个矩形条都会显示该矩形所代表的具体信息。

pyechart 在处理空间地理大数据的任务时，更能表现出其出色的交互功能。先来看一个简单的空间地理数据可视化案例，展示中国各城市空气质量状况。

```
[In  30]:
from pyecharts import Geo

data = [
    ("海门", 9), ("鄂尔多斯", 12), ("招远", 12), ("舟山", 12), ("齐齐哈尔", 14), ("盐城", 15),
    ("赤峰", 16), ("青岛", 18), ("乳山", 18), ("金昌", 19), ("泉州", 21), ("莱西", 21),
    ("日照", 21), ("胶南", 22), ("南通", 23), ("拉萨", 24), ("云浮", 24), ("梅州", 25),
    ("文登", 25), ("上海", 25), ("攀枝花", 25), ("威海", 25), ("承德", 25), ("厦门", 26),
    ("汕尾", 26), ("潮州", 26), ("丹东", 27), ("太仓", 27), ("曲靖", 27), ("烟台", 28),
    ("福州", 29), ("瓦房店", 30), ("即墨", 30), ("抚顺", 31), ("玉溪", 31), ("张家口", 31),
    ("阳泉", 31), ("莱州", 32), ("湖州", 32), ("汕头", 32), ("昆山", 33), ("宁波", 33),
    ("湛江", 33), ("揭阳", 34), ("荣成", 34), ("连云港", 35), ("葫芦岛", 35), ("常熟", 36),
    ("东莞", 36), ("河源", 36), ("淮安", 36), ("泰州", 36), ("南宁", 37), ("营口", 37),
    ("惠州", 37), ("江阴", 37), ("蓬莱", 37), ("韶关", 38), ("嘉峪关", 38), ("广州", 38),
    ("延安", 38), ("太原", 39), ("清远", 39), ("中山", 39), ("昆明", 39), ("寿光", 40),
    ("盘锦", 40), ("长治", 41), ("深圳", 41), ("珠海", 42), ("宿迁", 43), ("咸阳", 43),
    ("铜川", 44), ("平度", 44), ("佛山", 44), ("海口", 44), ("江门", 45), ("章丘", 45),
    ("肇庆", 46), ("大连", 47), ("临汾", 47), ("吴江", 47), ("石嘴山", 49), ("沈阳", 50),
    ("苏州", 50), ("茂名", 50), ("嘉兴", 51), ("长春", 51), ("胶州", 52), ("银川", 52),
    ("张家港", 52), ("三门峡", 53), ("锦州", 54), ("南昌", 54), ("柳州", 54), ("三亚", 54),
    ("自贡", 56), ("吉林", 56), ("阳江", 57), ("泸州", 57), ("西宁", 57), ("宜宾", 58),
    ("呼和浩特", 58), ("成都", 58), ("大同", 58), ("镇江", 59), ("桂林", 59), ("张家界", 59),
    ("宜兴", 59), ("北海", 60), ("西安", 61), ("金坛", 62), ("东营", 62), ("牡丹江", 63),
    ("遵义", 63), ("绍兴", 63), ("扬州", 64), ("常州", 64), ("潍坊", 65), ("重庆", 66),
    ("台州", 67), ("南京", 67), ("滨州", 70), ("贵阳", 71), ("无锡", 71), ("本溪", 71),
    ("克拉玛依", 72), ("渭南", 72), ("马鞍山", 72), ("宝鸡", 72), ("焦作", 75), ("句容", 75),
    ("北京", 79), ("徐州", 79), ("衡水", 80), ("包头", 80), ("绵阳", 80), ("乌鲁木齐", 84),
    ("枣庄", 84), ("杭州", 84), ("淄博", 85), ("鞍山", 86), ("溧阳", 86), ("库尔勒", 86),
    ("安阳", 90), ("开封", 90), ("济南", 92), ("德阳", 93), ("温州", 95), ("九江", 96),
    ("邯郸", 98), ("临安", 99), ("兰州", 99), ("沧州", 100), ("临沂", 103), ("南充", 104),
    ("天津", 105), ("富阳", 106), ("泰安", 112), ("诸暨", 112), ("郑州", 113), ("哈尔滨", 114),
    ("聊城", 116), ("芜湖", 117), ("唐山", 119), ("平顶山", 119), ("邢台", 119), ("德州", 120),
    ("济宁", 120), ("荆州", 127), ("宜昌", 130), ("义乌", 132), ("丽水", 133), ("洛阳", 134),
    ("秦皇岛", 136), ("株洲", 143), ("石家庄", 147), ("莱芜", 148), ("常德", 152), ("保定", 153),
    ("湘潭", 154), ("金华", 157), ("岳阳", 169), ("长沙", 175), ("衢州", 177), ("廊坊", 193),
    ("菏泽", 194), ("合肥", 229), ("武汉", 273), ("大庆", 279)]
geo = Geo("全国主要城市空气质量", "data from pm2.5", title_color="#fff",
          title_pos="center", width=1000,height=600, background_color='#404a59')
attr, value = geo.cast(data)
geo.add("", attr, value, visual_range=[0, 200], maptype='china', visual_text_
color="#fff",
        symbol_size=10, is_visualmap=True)
geo.render("全国主要城市空气质量.html")
```

data 列表中存储了全国各城市的空气污染指数，然后利用 geo.add 进行画图，该函数里有很多可视化参数，这里不再赘述。这里主要讲解一下 cast 函数的用法。数据的形式是以元组为单位进行存储，每个元组中又有两个元素，一个是城市名称，一个是污染指数。cast 函数将每个元组中的两个元素分开，分别赋值给两个列表：attr、value，方便后续传入 add 函数中进行绘图。

这类图其实也有着丰富的交互功能。首先，点击每个圆点，它会高亮显示该圆点，并显示该点对应的城市信息，比如城市名、经纬度、污染指数等。当你操作左下方的图案时，比如缩小图案范围，原来是 0 ～ 200，当缩小为 0 ～ 100 时，那些污染指数超过 100 的点就会消失。

需要大家注意的是，自从 v0.3.2 开始，为了缩减项目本身的体积以及维持 pyecharts 项目的轻量化运行，pyecharts 将不再自带地图 js 文件。如用户需要用到地图图表，可自行安装对应的地图文件包。

即在命令行执行如下三行代码：

```
pip install echarts-countries-pypkg
pip install echarts-china-provinces-pypkg
pip install echarts-china-cities-pypkg
```

否则地图将无法良好显示。

再来看一个更复杂一点的空间地理可视化案例：中国四大城市资金流向图。

```
[In  31]:
from pyecharts import GeoLines,Style,Page
page = Page()
data_12 = pd.read_excel('中国城市资本流动.xlsx',sheetname=0)      #读取数据
data_12 = data_12[data_12['投资方所在城市'].isin(['北京','上海','广州','深圳'])]
#过滤数据
lines = data_12[['投资方所在城市','融资方所在城市']].values.tolist()
#将数据变为列表格式
style = Style(title_color='#FFD700',title_pos = 'center',width=1500,height=1100,
#可视化格式设置
             background_color='#F8F8FF')
style_geo = style.add(maptype="china",is_label_show=True,line_curve=0.2,line_
opacity=0.8,
        geo_effect_symbol="'arrow",geo_effect_color='#FF7F24',geo_effect_
symbolsize=3,
       label_color=['orange'],label_pos="right",label_formatter="{b}",label_text_
color="black",
      label_text_size=10,geo_normal_color="#FFFFFF",geo_emphasis_color="#F0F8FF")
chart = GeoLines('北上广深投资流向', **style.init_style)
chart.add('',lines,is_legend_show=False,**style_geo)
page.add(chart)
page.render('北上广深投资流向 Geoline.html')
```

逻辑很简单，主要代码也都注释了。这里讲一下 isin 函数，其功能是过滤不在其列表参数中的数据。

具体动画效果请读者运行代码后自行体会。

再来看一种折线图交互实例，其实现了上证指数从 1990—2018 年的变化情况。

```
[In  32]:
from pyecharts import Kline
data_k =pd.read_csv('上证指数历史数据.csv',engine='python')
data_k = data_k.sort_values(by='日期')                  #按日期排序
day = data_k['日期'].tolist()                          #转换数据存储形式
v = data_k[['开盘价','收盘价','最低价','最高价']].values.tolist()          #同上
kline = Kline('上证指数 K 线图', width=1900, height=800)
kline.add('日 K',day, v,mark_point=['max'], is_datazoom_show=True)
kline.render('上证指数 K 线图.html')
```

（1）读取数据，然后将其按日期排序，如果不显示指定，默认按照从现在到过去的时间线排序。

（2）读取可视化所要展现的纵横坐标。

（3）进行可视化的一些参数的设定并画图，效果如图 6.30 所示。

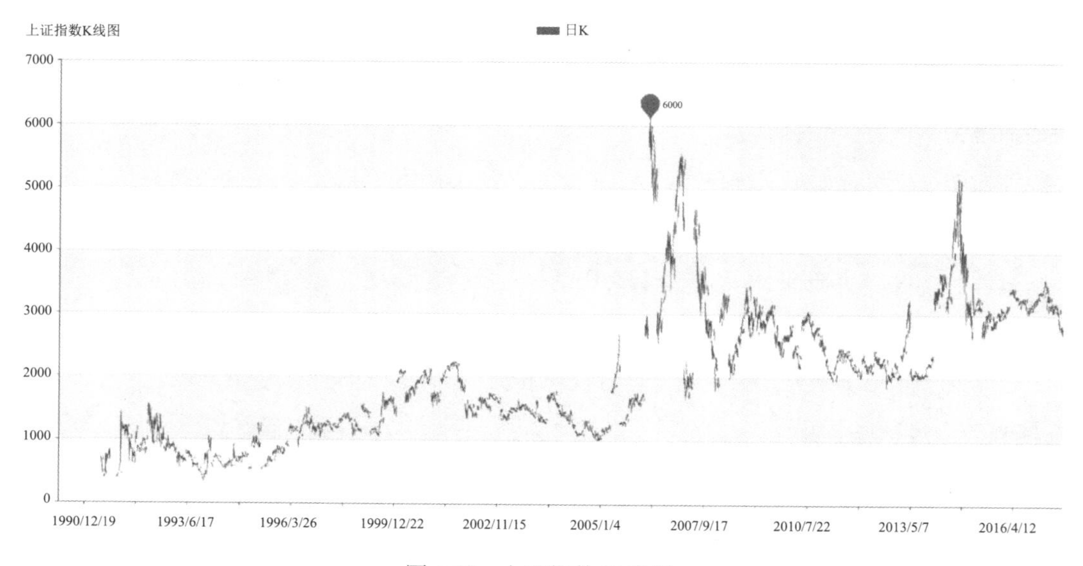

图 6.30　上证指数 K 线图

图片下方有一个时间线选取槽，可以任意放大缩小你想观察的时间区域。如果将时间区域缩小到足够程度，你会发现，该折线图是由一个个箱线图组成的，如图 6.31 所示。

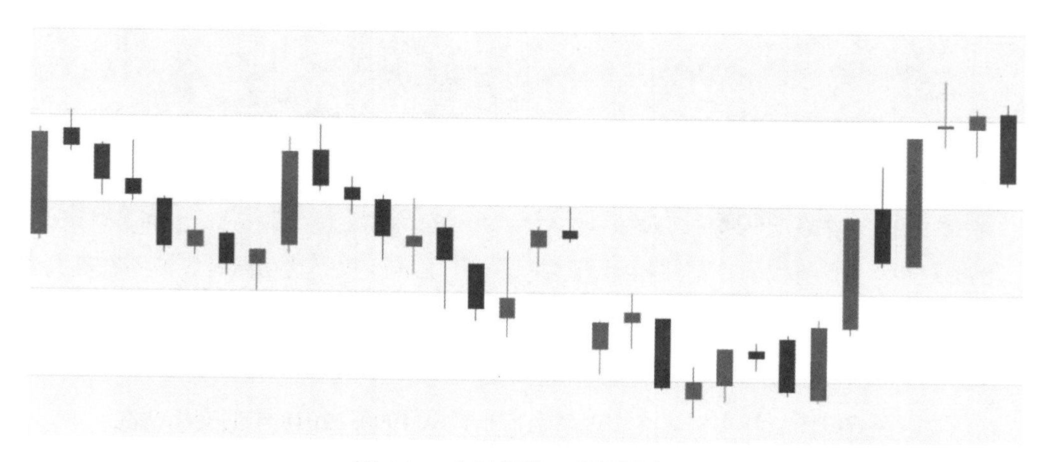

图 6.31　上证指数 K 线图放大后

点击每个箱线图，都会显示该时间点开盘价、收盘价、最高价、最低价的信息。

本节展示了几个案例，介绍了 pyechart 库的基本使用规律，并体现出该库在交互式可视化设计方面的优势。其实该库的功能远远不仅于此，但是在本书中一一介绍每个图表的使用不太可能。本节旨在提高大家对交互式可视化的兴趣，了解 pyechart 库的基本使用。有兴趣的读者可以去 pyechart 手册中深入了解其可视化功能。

最后提及一点，如同 matplotlib 擅长基础绘图，R 擅长统计绘图，pyechart 最擅长的领域是商业绘图。其内部封装了很多功能，可以快速绘制仪表盘、雷达图等商业领域极富表达力的图示。另外该库对应的百度开发的 JS 库 Echart 也是开源的，所以有意从事商业领域可视化的读者可以选择在这方面深耕。

第 7 章 时间序列

在金融、物理、化学等诸多生活或科研领域，时间序列数据都是一种重要的结构化数据形式。时间序列分析的主要目的是根据已有的历史数据来完成对未来的预测，是数据分析的重要组成部分，在因果分析中也扮演着重要的角色。在学习本章之前，已经默认运行如下代码：

```
import numpy as np
import pandas as pd
from pandas import Dataframe, Series
from datetime import datetime
```

7.1 datetime 库的简单介绍

datetime 是一个包含日期、时间数据类型的 Python 标准库。

7.1.1 时间坐标的构造

在所有的时间序列中，时间都是以横坐标的形式出现的。因此，要深入研究时间序列，首先要学会时间坐标的构造。datetime 中内置了很多有关时间获取、格式转换等的功能。

```
[In  1]:
now = datetime.now()
now
[Out 1]: datetime.datetime(2018, 12, 7, 10, 13, 45, 575315)
```

想要获取现在的时间十分简单，只需要调用 datetime 中的 now 函数即可，最后返回的时间精确到微秒，并且 datetime 是以微秒为单位存储日期和时间的。

可以通过属性来获取当前时间的年月日等数字。

```
[In  2]: now.year
[Out 2]: 2018
[In  3]: now.month
[Out 3]: 12
[In  4]: now.day
[Out 4]: 7
```

```
[In  5]: now.hour
[Out 5]: 10
```

7.1.2　时间和字符串的转换

在处理数据集的时候，它的时间难免是以字符串的形式存储起来的。datetime.strptime 可以通过格式化编码将时间从字符串类型转换为日期类型。

```
[In  6]:
time = '2018-12-7'
datetime.strptime(time, '%Y-%m-%d')
[Out 6]: datetime.datetime(2018, 12, 7, 0, 0)
```

常见的格式化编码如表 7.1 所示。

表 7.1　常见的格式化编码

格式	说明
%Y、%y	4 位数、2 位数的年
%m	2 位数的月
%d	2 位数的天
%H、%I	24 小时制的时、12 小时制的时
%M	2 位数的分
%S	2 位数的秒
%w	用整数表示星期（0 ～ 6）
%F	%Y-%m-%d 的简写形式
%D	%y-%m-%d 的简写形式

可以感受到，如果每次转换日期都要严格写出编码格式是很麻烦的，就好像 C 语言的输入输出一样，这违背了 Python 简洁的宗旨。尽管通过该方式可以准确地转换成想要的日期，但有时候对于一些常见的日期格式，可以使用第三方库 dateutil 中的 parse 函数来解决。

```
[In  7]:
from dateutil import parser
parser.parse('2018-12-7')
[Out 7]: datetime.datetime(2018, 12, 7, 0, 0)
```

事实上，parse 能够解析的日期格式并不少。

```
[In  8]: parser.parse('Dec 6,2018')
[Out 8]: datetime.datetime(2018, 12, 6, 0, 0)
[In  9]: parser.parse('2018/12/6')
[Out 9]: datetime.datetime(2018, 12, 6, 0, 0)
[In  10]: parser.parse('2018.12.6')
[Out 10]: datetime.datetime(2018, 12, 6, 0, 0)
```

可以看到，parse 几乎可以解析目前所有的日期表示形式。当然它也有缺点，其也会有解析时间错误的情况。比如以逗号来隔开时间的表示形式，parse 就不会处理。

```
[In  11]: parser.parse('2018,12,1')
[Out 11]: datetime.datetime(2018, 1, 7, 0, 0)
```

```
[In  12]: parser.parse('2018,12,6')
[Out 12]: datetime.datetime(2018, 6, 7, 0, 0)
[In  13]: parser.parse('2018,12,7')
[Out 13]: datetime.datetime(2018, 7, 7, 0, 0)
```

另外，parse 也无法解析中文形式的日期。

7.2 时间序列中 pandas 的应用

尽管 datetime 库的应用范围很广，但是在结构化数据处理这方面，pandas 提供了一组标准的时间序列处理工具和数据算法，可以更加高效地处理时间序列数据集。

一般来说，当面对一个时间序列数据集时，往往用 pandas 进行整体框架的整理，用 datetime 进行细节部分的补充。

7.2.1 DatetimeIndex

```
[In  14]:
data = pd.read_csv('000001.csv',encoding='gbk')
test_data = data.set_index('日期')
type(test_data.index)
[Out 14]: pandas.core.indexes.base.Index
```

数据“000001.csv”是从官网下载下来的有关××保险股票涨跌的时间序列数据集。以上代码的目的是将数据集中列名为日期的列设置为索引，然后观察索引的性质，在这里，每一个日期都是由字符串组成的，并不是日期格式。

现在将其转化为日期格式，看看会有什么变化。

```
[In  15]:
times = []
for time in data.loc[:,'日期']:
    times.append(parse(time))
stock = Series(list(data.loc[:,'开盘价']),index=times)
type(stock.index)
[Out 15]: pandas.core.indexes.datetimes.DatetimeIndex
```

times 是一个空列表，通过循环把日期列的每一个时间点数据从字符串格式转化为时间格式，并加入 times 列表中，构造一个 Series。其中 times 列表作为索引。这时候观察该 Series 中索引的性质，发现其名为 DatetimeIndex。

该索引是独特的时间索引，有着不同于一般索引的性质，其性质特点是围绕着时间线为逻辑展开的，具体解释如下代码。

当你想要某一天的股票信息时，传入一个可以被解释为日期格式的字符串即可。

```
[In  16]:
stock['2018-11-01']
[Out 16]:
2018-11-01    10.99
dtype: float64
```

假如想获取整个月的数据，只需要传入年月即可获取数据切片。

```
[In  17]:
stock['2018-11']
[Out 17]:
2018-11-30     10.22
2018-11-29     10.35
2018-11-28     10.17
2018-11-27     10.35
2018-11-26     10.34
…
2018-11-08     10.88
2018-11-07     10.83
2018-11-06     10.87
2018-11-05     10.95
2018-11-02     11.04
2018-11-01     10.99
dtype: float64
```

依此类推，如果想索引具体某一个时间段的数据，可以利用“时间：时间”的形式来达到目的。

```
[In  18]:
stock['2018/11/10':'2018/11/1']
[Out 18]:
2018-11-09     10.71
2018-11-08     10.88
2018-11-07     10.83
2018-11-06     10.87
2018-11-05     10.95
2018-11-02     11.04
2018-11-01     10.99
dtype: float64
```

需要注意的是，以上所有切片操作所产生的都是原时间序列的视图，跟 NumPy 数组的切片运算是一样的。而且这种以时间线为逻辑的索引操作只能在时间索引上操作，在其他索引类型上无法实现。

7.2.2　pandas 中时间坐标的构造

在 pandas 中，date_range 是一个很重要的函数，其可以生成指定长度的 DatetimeIndex。

```
[In  19]:
index1 = pd.date_range('2018/12/1','2018/12/5')
index1
[Out 19]:
DatetimeIndex(['2018-12-01', '2018-12-02', '2018-12-03', '2018-12-04','2018-12-
05'],
              dtype='datetime64[ns]', freq='D')
通过指定起始日期和结束日期就可以生成时间序列索引。当然并不只有这一种生成方式。
[In  20]:
index2 = pd.date_range(start='2018/12/1', periods=5)
index2
[Out 20]:
DatetimeIndex(['2018-12-01', '2018-12-02', '2018-12-03', '2018-12-04','2018-12-
05'],
              dtype='datetime64[ns]', freq='D')
```

通过指定开始日期，以及持续时间，也可以达到同样效果。默认情况下，该函数产生的都是按天计算的时间点，其中 periods 参数代表时间序列持续的天数大小。参数 freq= ‘D’ 就代表着，其时间频率单位为天。也可以通过显示指定来改变这种默认方式。

```
[In  21]:
index3 = pd.date_range(start='2018/12/1/10', periods=5, freq='2h')
index3
[Out 21]: DatetimeIndex(['2018-12-01 10:00:00', '2018-12-01 12:00:00',
               '2018-12-01 14:00:00', '2018-12-01 16:00:00',
               '2018-12-01 18:00:00'],
              dtype='datetime64[ns]', freq='2H')
```

在很多财务报表或者时间数据中，有时候时间点并不是均匀分布的，例如每个月最后一个工作日，每季度最后一个工作日等（这在金融数据中很常见），这同样难不倒 Python。

```
[In  22]:
index4 = pd.date_range('2018/1','2018/6', freq='BM')
index4
[Out 22]: DatetimeIndex(['2018-01-31', '2018-02-28', '2018-03-30', '2018-04-
30',
               '2018-05-31'],
              dtype='datetime64[ns]', freq='BM')
```

如果没有 BM 这个参数，如果想得到 2018 年 1 月到 6 月每个月最后一个工作日这种时间序列，不仅要考虑每个月的天数，还要考虑是否为周末等问题。该参数提供了极大的便利。在分析金融数据的过程中，data_range 函数几乎包含了所有的需求。

表 7.2 所示列出了时间序列所能遇到的几乎所有的时间频率。

表 7.2　时间序列的频率参数

参数名	说明
D/B	每日历日 / 每工作日
H/T/S	时 / 分 / 秒
M/BM	每月最后一个日历日 / 工作日
MS/BMS	每月第一个日历日 / 工作日
W- 星期几	每周的星期几
WOM- 数字 + 星期几	每月第几个周的星期几
Q- 月份	每季度最后一个月的最后一个日历日（月份已指定）
BQ- 月份	每季度最后一个月的最后一个工作日（月份已指定）
A- 月份	每年指定月份的最后一个日历日
BA- 月份	每年指定月份的最后一个工作日
AS- 月份	每年指定月份的第一个日历日
BAS- 月份	每念指定月份的第一个工作日

7.2.3　PeriodIndex（时间索引类型）

DatetimeIndex 是一种特殊的时间索引类型，PeriodIndex 同样是一种特殊的时间索引类型。前者生成的是时间点序列，后者生成的是时间区间序列。

```
[In  23]:
p = pd.Period(2018, freq='A-JAN')
p
[Out 23]:
Period('2018', 'A-JAN')
```

从表 7.2 查阅到，A-JAN 参数是说，频率为每年一月的最后一个日历日。因为其频率为一年一次，Period 表示一段日期的类型，所以其代表的是 2018 年一整年。

Period 类型和 DatetimeIndex 类型的属性差不多，因此 DatetimeIndex 拥有的属性与功能 Period 都有。比如：

```
[In  24]: p+5
[Out 24]: Period('2023', 'A-JAN')
```

其可以直接做加减法，如上代码。加 5 后其时间区域向后平移整整五年，代表了 2023 年一整年。

与 data_range 函数相对应，Period 类型也有一个 period_range 函数用来生成时间区间序列。

```
[In  25]:
t_period = pd.period_range('2018/1/1','2018/12/31', freq='M')
t_period
[Out 25]:
PeriodIndex(['2018-01', '2018-02', '2018-03', '2018-04', '2018-05', '2018-06',
             '2018-07', '2018-08', '2018-09', '2018-10', '2018-11', '2018-12'],
            dtype='period[M]', freq='M')
```

为了大家更好地理解 PeriodIndex 与 DatetimeIndex 的区别，用 date_range 类比写出与上面代码类似的时间点序列。

```
[In  26]:
t_time = pd.date_range('2018/1/1','2018/12/31', freq='M')
t_time
[Out 26]: DatetimeIndex(['2018-01-31', '2018-02-28', '2018-03-31', '2018-04-
30',
               '2018-05-31', '2018-06-30', '2018-07-31', '2018-08-31',
               '2018-09-30', '2018-10-31', '2018-11-30', '2018-12-31'],
              dtype='datetime64[ns]', freq='M')
```

输入的参数都是一样的，起始点与结束点分别为 2018/1/1、2018/12/31，频率为每月最后一个日历日，其实也就是一个月一次。因此对于前者来说，其就形成了一个包含 2018 年一整年 12 个月的 12 个时间区间序列，而对于后者就是具体到某一天了，是一个包含 2018 年 12 个月每月最后一个日历日的时间点序列。

PeriodIndex 还允许直接使用字符串来代表时间区间，这在金融季度数据报表里很常见。

```
[In  27]:
t_period1 = ['2018Q1','2018Q2','2018Q3','2018Q4']
t_index1 = pd.PeriodIndex(t_period1, freq='Q-DEC')
t_time = Series(np.random.randn(4), index=t_index1)
t_time
[Out 27]:
2018Q1   -0.705947
2018Q2    0.931849
2018Q3    1.064311
2018Q4    2.870086
```

```
Freq: Q-DEC, dtype: float64
```

这里 2018Q1 就代表 2018 年第一季度，这样书写比较简洁明了。其实季度型数据在金融、会计领域很常见，而且含义也比较丰富、复杂。比如，如果某公司是以 1 月结束的财年，那么 2018Q4 的含义就是 2018/11—2019/1 季度。

7.2.4 采样

采样是指将时间序列从一个频率转换到另一个频率的过程。从高频聚合到低频是降采样，从低频转换到高频叫做升采样。

在 Python 中，主要使用 resample 函数来进行采样，并主要考虑两点：一是区间闭合的方向，二是用哪个方向边缘的时刻做标签（左右两个方向）。因为降采样更加常见，通过降采样举例向大家说明 pandas 采样时间序列的过程。先创建一个时间序列。

```
[In  28]:
days = pd.date_range('2018/12/1', periods=12, freq='D')
ts1 = Series(np.arange(12), index=days)
ts1
[Out 28]:
2018-12-01      0
2018-12-02      1
2018-12-03      2
2018-12-04      3
2018-12-05      4
2018-12-06      5
2018-12-07      6
2018-12-08      7
2018-12-09      8
2018-12-10      9
2018-12-11     10
2018-12-12     11
Freq: D, dtype: int32
```

进行两种简单的采样操作。

```
[In  29]:
ts1.resample('5D', how='sum')
[Out 65]:
2018-12-01     10
2018-12-06     35
2018-12-11     21
dtype: int32
[In  30]:
ts1.resample('5D',how='sum',closed='right', label='right')
[Out 30]:
2018-12-01      0
2018-12-06     15
2018-12-11     40
2018-12-16     11
dtype: int32
```

第一个参数是采样频率，第二个参数是采样聚合形式，第三个参数是区间闭合的方向，第四个参数是采样区间哪个方向的边缘时刻做标签。参数的设置不同，最后采样得到的结果也不同。

7.2.5　超前或滞后

所谓数据的超前或者滞后就是沿着时间线将数据向前或者向后平移。其由函数 shift 实现该功能，主要应用于计算时间序列中的百分比变化。

```
[In  31]:
ts1.shift(1)
[Out 31]:
2018-12-01     NaN
2018-12-02     0.0
2018-12-03     1.0
2018-12-04     2.0
2018-12-05     3.0
2018-12-06     4.0
2018-12-07     5.0
2018-12-08     6.0
2018-12-09     7.0
2018-12-10     8.0
2018-12-11     9.0
2018-12-12    10.0
Freq: D, dtype: float64
```

以上代码功能就是将数据沿时间线向后平移一个单位时间。因此第一个时间点上的数据变为了 NaN。如果 shift 函数里的参数是负数，那么数据就会向前平移。

一方面有数据的移动，对应地也就有时间线的移动。

```
[In  32]:
from pandas.tseries.offsets import Day,Hour
now = datetime.now()
now + Day()
[Out 32]:
Timestamp('2018-12-08 17:58:46.049160')
```

以上代码实现了单个时间线的平移，时间索引同样具有 NumPy 数组的广播功能，可以实现整个时间段的平移。

```
[In  33]:
ts1.index = ts1.index + Day()
ts1.index
[Out 33]:
DatetimeIndex(['2018-12-02', '2018-12-03', '2018-12-04', '2018-12-05',
               '2018-12-06', '2018-12-07', '2018-12-08', '2018-12-09',
               '2018-12-10', '2018-12-11', '2018-12-12', '2018-12-13'],
              dtype='datetime64[ns]', freq='D')
```

可以看到整个时间段都向后平移了一天。

```
[In  34]:
ts1
[Out 34]:
2018-12-02     0
2018-12-03     1
2018-12-04     2
2018-12-05     3
2018-12-06     4
2018-12-07     5
2018-12-08     6
2018-12-09     7
2018-12-10     8
```

```
    2018-12-11      9
    2018-12-12     10
    2018-12-13     11
    Freq: D, dtype: int32
```

7.2.6 移动窗口函数

在移动窗口上计算各种统计指标也是一种常见于时间序列的分析。

```
[In  35]:
from dateutil.parser import parse
from matplotlib import pyplot as plt
data = pd.read_csv('000002.csv',encoding='gbk')
test_data = data.set_index('日期')
print(type(test_data.index))
times = []
for time in data.loc[:,'日期']:
    times.append(parse(time))
stock = Series(list(data.loc[:,'收盘价']),index=times)
stock.plot()
pd.rolling_mean(stock,200).plot()
plt.show()
[Out 35]:
```

（1）读取数据，000002.csv 文件中包含了平安股票 1990—2018 年间每个工作日的收盘价数据。

（2）将日期列变为索引，将其变为 DatetimeIndex 类型的时间索引。

（3 调用移动窗口函数绘图，同时也画出原始数据的时间序列图。其中函数 rolling_mean 中的参数 200 指的是移动窗口大小，效果如图 7.1 所示。

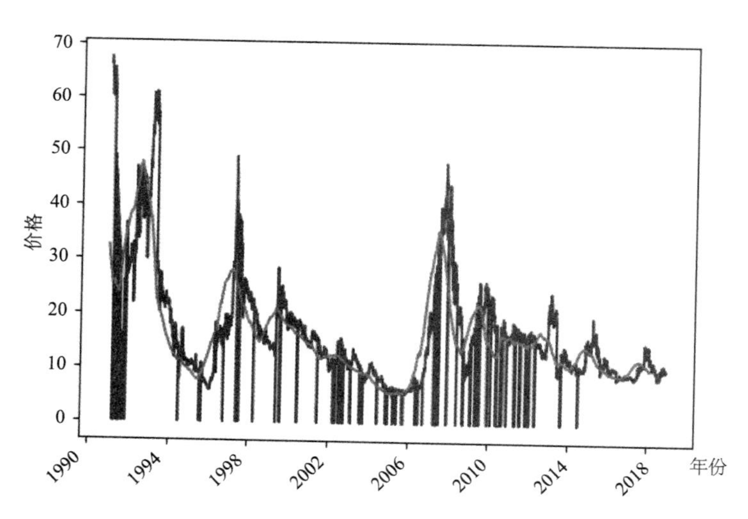

图 7.1　原始时间序列及移动窗口序列对比

常见的移动窗口函数如表 7.3 所示。

表 7.3　常见移动窗口函数

函数名	说明
Rolling_count	返回各窗口非 NA 观测值数量
Rolling_sum	移动窗口的和
Rolling_mean	移动窗口的平均值
Rolling_median	移动窗口的中位数
Rolling_apply	移动窗口应用普通数组函数
ewma	指数加权移动平均

7.3　时间序列的时区转换

时间序列结构化数据处理中很重要的一步便是对时区的处理，这也是让数据处理人员很烦恼的一步。

Python 依赖第三方库 pytz 来进行时区处理，不过 pandas 包装了 pytz 的功能，使得时区转换更加的方便。先构建一个时间序列，代码如下。

```
[In  36]:
now_time = pd.date_range('3/22/2019 9:30',periods=6,freq='D')
now_time = Series(range(len(now_time)), index=now_time)
now_time
[Out 36]:
2019-03-22 09:30:00     0
2019-03-23 09:30:00     1
2019-03-24 09:30:00     2
2019-03-25 09:30:00     3
2019-03-26 09:30:00     4
2019-03-27 09:30:00     5
Freq: D, dtype: int64
```

构建好序列后，调用其 tz 属性，看看它属于什么时区。

```
[In  37]: now_time.index.tz
[Out 37]: None
```

tz 字段 (也称属性) 是每个序列都会有的，通过上面代码发现，如果不显示指定，该时间序列并没有默认的时区。现在来显示指定时区。

上面没有时区属性的时间序列称为单纯时区序列，从单纯时区序列转化为指定时区序列需要用到 tz_localize 函数。

```
[In  38]:
now_time_utc = now_time.tz_localize('UTC')
now_time_utc
[Out 38]:
2019-03-22 09:30:00+00:00     0
2019-03-23 09:30:00+00:00     1
2019-03-24 09:30:00+00:00     2
2019-03-25 09:30:00+00:00     3
2019-03-26 09:30:00+00:00     4
2019-03-27 09:30:00+00:00     5
```

```
Freq: D, dtype: int64
```

现在来看看该序列的时区字段是什么。

```
[In  39]: now_time_utc.index.tz
[Out 39]: UTC
```

现在字段内容是 UTC。所谓 UTC, 即协调世界时，又称世界统一时间、世界标准时间、国际协调时间。由于英文（CUT）和法文（TUC）的缩写不同，作为妥协，简称 UTC。

如果时间序列不是纯时区的，想对它进行转换，那应该如何处理呢？这里需要使用 tz_convert 函数。

```
[In  35]:
now_time_germany = now_time_utc.tz_convert('Europe/Berlin')
now_time_germany
[Out 35]:
2019-03-22 10:30:00+01:00    0
2019-03-23 10:30:00+01:00    1
2019-03-24 10:30:00+01:00    2
2019-03-25 10:30:00+01:00    3
2019-03-26 10:30:00+01:00    4
2019-03-27 10:30:00+01:00    5
Freq: D, dtype: int64
```

可以发现时间自动进行了转换。此外如果两个时间序列时区不同，将它们放在一起运算会有什么变化呢？

```
[In  35]:
result = now_time_germany - now_time_utc
[Out 35]:
2019-03-22 09:30:00+00:00    0
2019-03-23 09:30:00+00:00    0
2019-03-24 09:30:00+00:00    0
2019-03-25 09:30:00+00:00    0
2019-03-26 09:30:00+00:00    0
2019-03-27 09:30:00+00:00    0
Freq: D, dtype: int64
```

可以发现，时间居然又回到了 UTC 时区下。如果两个时间序列的时区不同，将它们合并计算时，最终结果就会是 UTC。

第 8 章 数据分析中的统计学

本书主要讲的是 Python 与数据分析，即有两个支点，一为 Python，二为数据分析。除第一章对本书有一个总览以外，其余都在浓墨重彩地讲述 Python 工程实现数据分析的技能介绍。但本书也始终贯彻着统计分析的思想，时刻提醒读者统计学相关知识在数据分析领域的重要性。

如果说具体技能的掌握是血肉，那么统计学理论知识的理解便是灵魂。这一章将结合具体例子展现如何在统计学指导思想下利用 Python 技能解决实际问题。

因此本章最重要的不是多么强大的功能展现，希望读者仔细体会代码背后的数学逻辑。

8.1 有趣的选择

假设你现在正在参加一个综艺节目，你的面前有三扇门。主持人告诉你，这三扇门中有一扇门后面有一辆车，其他门后面什么都没有。游戏规则是你从中选一扇门，如果该门后面有车那么你将获得这辆车；如果什么都没有，那么就一无所获。

这时你选择了 A 门，主持人并不急于打开这扇门看看后面有没有东西。由于他知道哪扇门后面有车，这时他会打开一扇后面没有车的门，帮你排除掉一个选项并给你一次改变选择的机会。你会怎样做？是改变选择，还是坚持最初的决定？

如果拿这个问题咨询统计学家，那么他会毫不犹豫地采取改变最初选择的策略。可能会有不少人认为，最后只剩下两扇门，一扇有车一扇没有，重新选择和改变选择获得车的概率是一样的。这就大错特错了，因为你没有考虑条件概率。概率计算过程是这样的：

（1）你随机选择一扇门，这时候选择正确的概率为 1/3，选择错误的概率为 2/3。

（2）主持人帮你排除掉一个选项，问你要不要改变选择。

这时有两种情况，第一种情况，你坚持原来的选择，这时获得车的概率仍旧是 1/3。为何？你只有当第一步就选择对了门，这样第二步不改变选择才可以获得车。第二种情况，改变选择，获得车的概率就变成了 2/3。因为在第一步中，你选择错的概率是 2/3。

这个场景的易错点在于，不要把主持人打开一扇门之后的情况独立考虑，要联系前面已经做出的选择的情况。

是不是有点绕？这就是统计学的魅力，接下来用代码实实在在地感受一下吧。

8.2 数据分析回答 ofo 多久才能退押金

ofo 是国内共享单车模式的开创者、引航者。在 2018 年之前的单车风口上一时风头无两，曾花费一千万元购买行星命名权，可见其实力。后来潮水退去，ofo 疯狂烧钱挤占市场倾轧对手的策略最终搁浅，风光不再，连退押金都成了问题。

想当年，退押金需要排队，很多人都已经排成了一千多万人的队伍。这里选取了某用户数天内的排名变化情况，进而推测到底该用户何时才能拿到押金，数据集如图 8.1 所示。

	A	B
1	rank	time
2	15435445	2019/3/16 9:41
3	15420523	2019/3/17 20:12
4	15413274	2019/3/18 20:25
5	15411070	2019/3/19 13:02
6	15408122	2019/3/19 17:06
7	15406157	2019/3/19 21:03
8	15406157	2019/3/19 23:14
9	15406157	2019/3/20 7:05
10	15406157	2019/3/20 7:43
11	15406157	2019/3/20 9:02
12	15405380	2019/3/20 10:53
13	15405136	2019/3/20 11:10
14	15404951	2019/3/20 11:25
15	15403384	2019/3/20 13:32
16	15402608	2019/3/20 14:34
17	15402371	2019/3/20 14:45
18	15398282	2019/3/20 20:18
19	15398282	2019/3/20 20:33
20	15398282	2019/3/21 8:46
21	15398282	2019/3/21 9:08
22	15398282	2019/3/21 9:28

图 8.1 ofo 退押金排名

该数据集一共有两列，163 行。记录了从 2019 年 3 月 16 日至 2019 年 3 月 22 日这七天的排名变化情况。先利用该数据集画一个最简单的散点图，观察大致的数据情况。

```
#引入包
import pandas as pd
from pandas import DataFrame,Series
from dateutil import parser
from matplotlib import pyplot as plt
data = pd.read_csv('ofo.csv')
times = []
```

```
    for i in range(len(data.loc[:,'time'])):
        data.loc[i,'time'] = parser.parse(data.loc[i,'time'])        # 将每个字符串类型转
换为时间类型
    print(data)                                          # 输出 data 观察数据
    plt.plot_date(data['time'],data['rank'])
    plt.savefig(' 散点图 .png', bbox_inches='tight')     # 保存图片并去掉周围空白
    plt.xticks(rotation=45)                              # 旋转横坐标
    plt.show()
```

效果如图 8.2 所示。

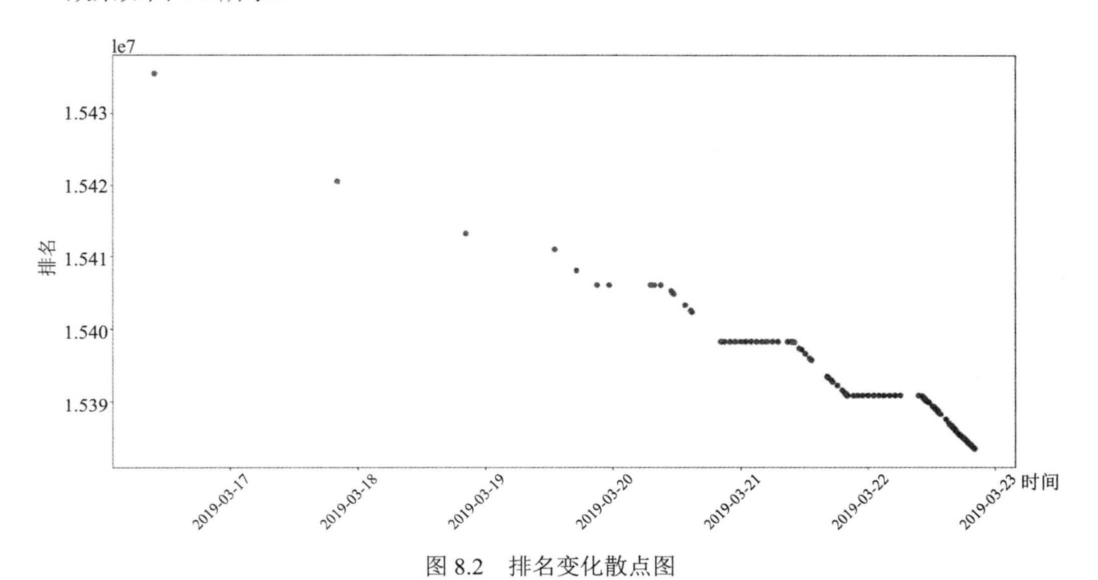

图 8.2　排名变化散点图

可以看出虽然该数据集时间范围包含了七天，可是从 20 号开始点才比较密集，因此缩小时间范围，重新观察。通过图 8.2 所示，发现 22 号的点最密集，覆盖时间范围也最完整，因此把时间范围缩减到 22 号这一天继续进行分析。

```
    # 引入包
    import pandas as pd
    from pandas import DataFrame,Series
    from dateutil import parser
    from matplotlib import pyplot as plt
    data = pd.read_csv('ofo.csv')
    times = []
    for i in range(len(data.loc[:,'time'])):
        data.loc[i,'time'] = parser.parse(data.loc[i,'time'])
    data.set_index(['time'],inplace=True)       # 把时间列变为索引
    ofo = data['2019-03-22']                    # 利用时间索引类型切片 22 号这天的时间序列
    ofo['time'] = ofo.index                     # 再将索引变为列
    plt.plot_date(ofo['time'],ofo['rank'])      # 绘制散点图
    plt.savefig(' 散点图 .png', bbox_inches='tight')     # 保存图片并去掉周围空白
    plt.xticks(rotation=45)                              # 旋转横坐标
    plt.show()
```

这里要提及一下代码逻辑：

（1）通过循环把每个类型为字符串的时间点变为时间类型，然后把存有该类型的列变为索引。

（2）通过索引提取时间序列切片。

（3）再把索引变回列。最后第四步使用 plot_date 函数绘制散点图。

为什么这么麻烦，兜了一个圈子把时间这列变来变去。首先，只有当索引为时间类型时才可以如此切片，即直接传入‘2019-03-22’就可以得到时间范围是该天的时间序列。其次，绘制散点图不可以用 Series，只可以使用 Dataframe。如果把时间列当为索引，该数据类型只有一列 rank，就变成了 Series。所以要把时间列再变回去，成为 Dataframe 才可以。

还有需要注意的一点是，当使用传统的 scatter 函数时绘制散点图会失败。这是因为该函数绘制散点图时只接受 x 轴为数字类型。这里需要使用 plot_date 函数，该函数专门用来绘制时间序列的散点图，效果如图 8.3 所示。

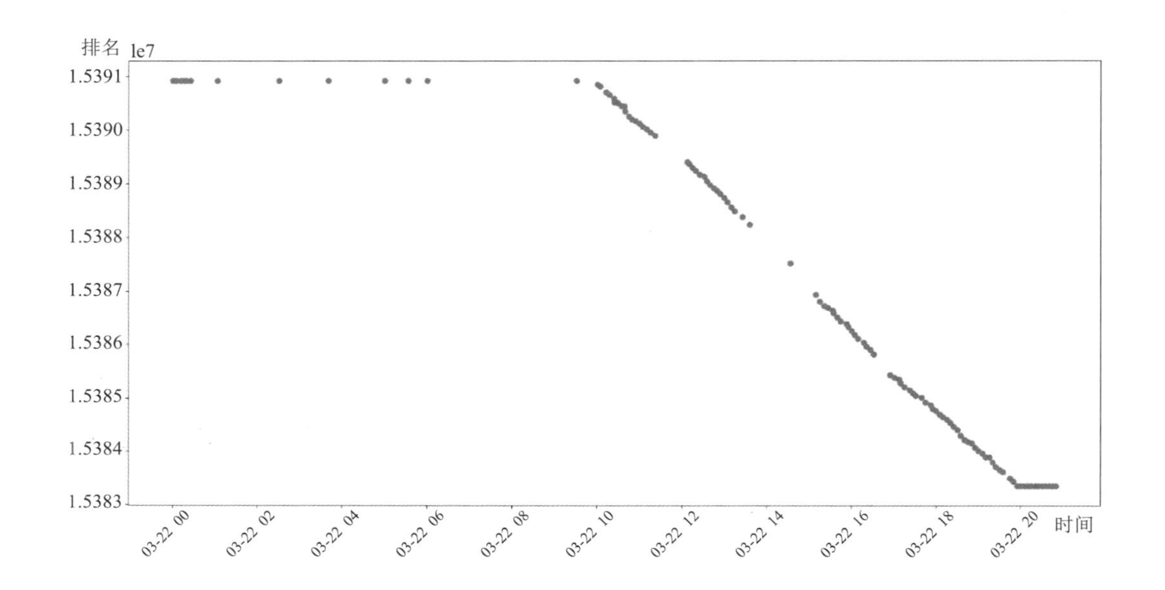

图 8.3　在 22 号 rank 排名变化

从该图中可以大致发现一些规律。在 22 号这天，早上十点之前，晚上八点以后，排名是没有变化的，推测这应该是 ofo 的下班时间（一天工作 10 个小时，非常辛苦）。然后在工作时间内，基本随着时间呈线性下降趋势。所以进一步研究，截取 10:00 ～ 20:00 这段时间来观察。

代码基本同上，做如下改动即可：

```
ofo = data['2019-03-22 10:00':'2019-03-22 20:00']
```

效果如图 8.4 所示。

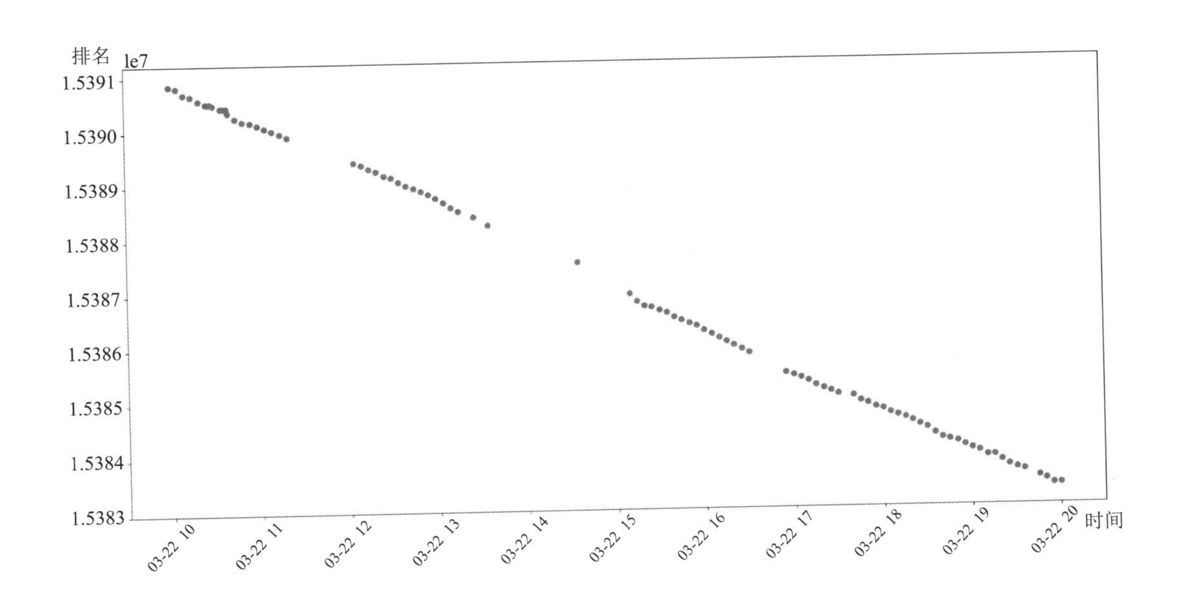

图 8.4　22 号早十点到晚八点 rank 散点图

通过这张图以及结合原始数据集可知，ofo 界面每五分钟刷新一次更改一次退押金排队排名。可以大致看出，一天内十个小时，rank 的变化速率比较均匀，基本是在匀速降低。接下来，具体求解这个速率到底是多少。

```
# 引入包上面已经给出
data = pd.read_csv('ofo.csv')
times = []
for i in range(len(data.loc[:,'time'])):
    data.loc[i,'time'] = parser.parse(data.loc[i,'time'])
data.set_index(['time'],inplace=True)
ofo = data['2019-03-22 10:00':'2019-03-22 20:00']
ofo_shift = ofo.shift(1)                    # 滞后，方便后面进行减法运算
ofo_speed_rank = ofo_shift - ofo            # 两个 Series 相减
ofo_speed_rank.plot()
plt.show()
```

如果还记得第 7 章的内容，应该会很熟悉。通过 shift 函数实现时间序列的滞后（函数参数正为滞后，负为超前），方便了之后两个 Series 之间相减，然后绘制简单的折线图，观察每五分钟，排名变化情况，效果如图 8.5 所示。

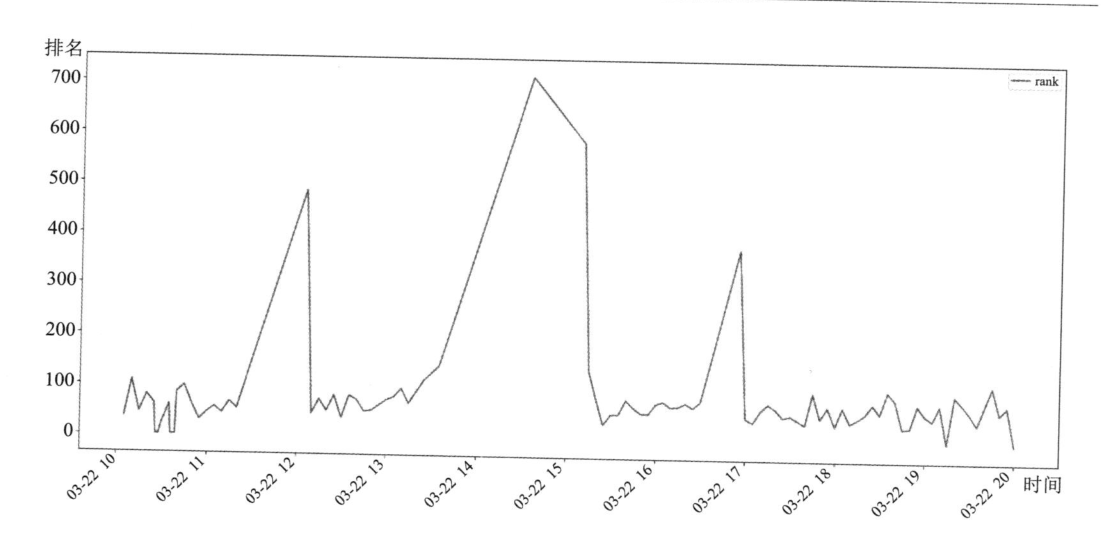

图 8.5　每五分钟 rank 降低速度变化

结合图 8.4 可以发现如下几个问题。

（1）有几个时间段没有数据（数据缺失），造成中间间隔较大，并不是每五分钟都有数据的。

（2）有几个时间点速率为 0，这是由于间隔点太密集从而排名无变化造成的。通过折线图大致看出正常情况下每五分钟 rank 降低个数都不会超过 200，因此，利用第 4 章讲解的数据过滤功能，重新绘图。效果如图 8.6 所示，代码改动如下：

```
ofo_speed_rank = ofo_speed_rank[ofo_speed_rank['rank']<200]
ofo_speed_rank = ofo_speed_rank[ofo_speed_rank['rank']>0]
ofo_speed_rank['time'] = ofo_speed_rank.index
print(ofo_speed_rank)
plt.plot_date(ofo_speed_rank['time'],ofo_speed_rank['rank'])
plt.show()
```

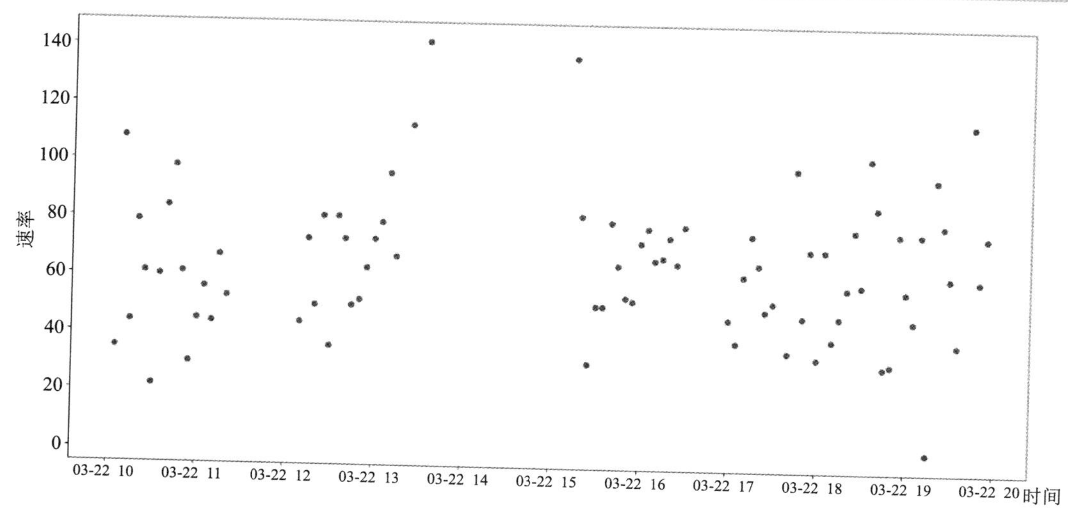

图 8.6　rank 变化速率散点图

从该散点图中可以大致看出，点主要集中在 40-100 之间。可以通过添加边界线更加直观地观察，如图 8.7 所示。

```
plt.plot_date(ofo_speed_rank['time'],ofo_speed_rank['rank'])
x = pd.date_range(start='2019-3-22 09:00', periods=13, freq='H')
y1=[]
y2=[]
for i in range(13):
    y1.append(40)
    y2.append(100)
plt.plot(x,y1)
plt.plot(x,y2)
plt.show()
```

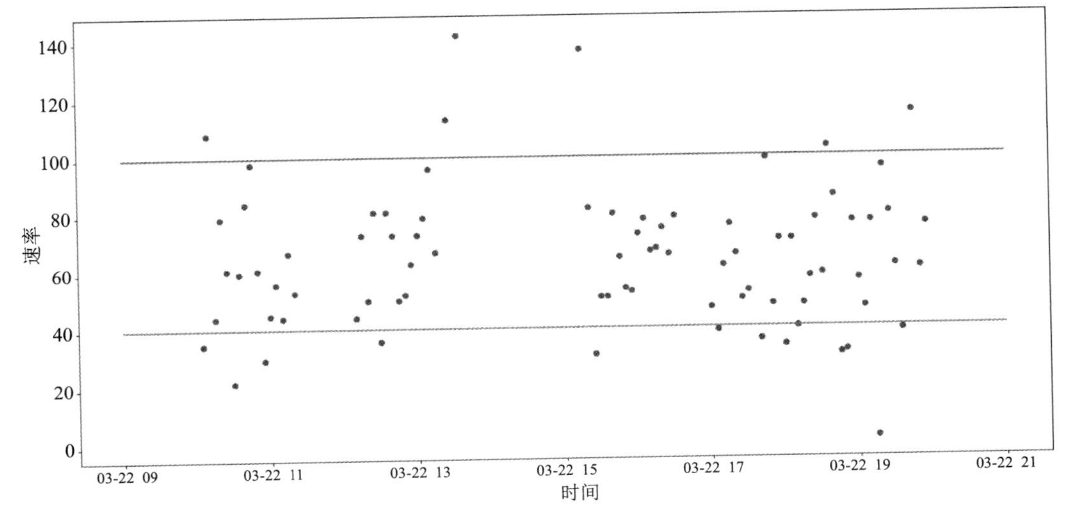

图 8.7 设置警戒线直观观察散点图分布情况

而且在 40 ～ 100 分布得相当均匀，并且从时间线上来观察，也相当得均匀，可以推测 ofo 是通过机器自动化来管控押金退款的，而不是人工管理。接下来求落在 40 ～ 100 的点的平均值即可。

```
ofo_speed_rank = ofo_speed_rank[ofo_speed_rank['rank']<100]
ofo_speed_rank = ofo_speed_rank[ofo_speed_rank['rank']>40]
print(ofo_speed_rank.describe())
结果如下。
              rank
count   63.000000
mean    66.365079
std     14.520621
min     44.000000
25%     53.000000
50%     66.000000
75%     77.500000
max     99.000000
```

最大值 99，最小值 44，平均值 66，标准差 14.52。就以每五分钟处理 66 个押金退款客户来算，每天工作十小时可处理 7920 个退款。像文中使用者 1500 的排名，需要等 1894 天，也就是大约五年的时间。

8.3 统计学在数据分析中扮演的角色

读者应该还记得第一章所讲述的数据分析流程，那部分介绍是为了让大家在阅读本书之前，在内容上对本书有一个整体的认识，对数据分析也有个整体框架的掌握。现在，再向读者介绍一遍数据分析流程，但是该流程更加侧重其中蕴含的统计学知识，偏重统计建模。具体流程图如图 8.8 所示。

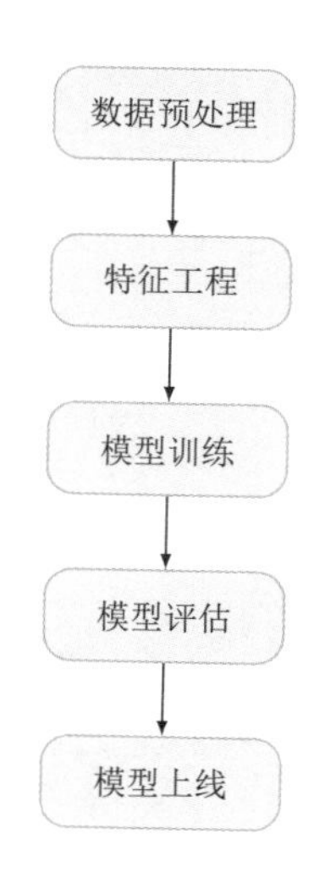

图 8.8　数据分析流程

除了最后的模型上线，建模的全链路过程中都渗透着统计学的思想与技巧，从最简单的数据预处理到数学理论最复杂的模型训练都需要统计学思想的支撑。

8.4 数据预处理

数据预处理就是对数据集的加工。当参加 kaggle 比赛的时候，最后拿到的数据往往都是“脱敏”的规整的数据集，但在日常工作中，需要对粗糙的、劣质的数据集进行一系列加工。数据预处理大致分为三大块：数据清洗、数据集成、数据变换。

8.4.1 数据清洗

在第一章中提到过 EDA 这个概念，即探索性数据分析，其在了解数据概貌，为进一步探索数据规律奠定基础，在数据清洗中发挥着重要作用。数据清洗主要包括缺省值处理、异常值处理。

对于缺省值，一般分为删除、插值、不处理三大类方法。

如果数据集很大，或者说某一样本的特征值缺省过多，可直接删除处理。一些模型可以将缺省值看作一种特殊的取值直接建模，这种情况下可以不处理。对于缺省值处理，下面重点介绍插值处理中经常用到的几种插值方法。

先来介绍拉格朗日插值法。

举一个简单的例子，在图 8.9 平面中给出三点，毫无疑问该三点可以确定一条唯一的二次曲线，通过解三个二次多项式可以精准求出。可是如果不用求解方程组的思想，如何解决呢？

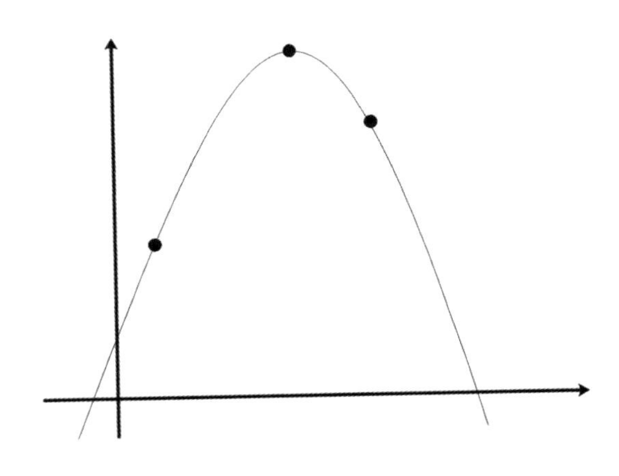

图 8.9　平面上三点

拉格朗日插值法可以利用三个点找出三条曲线，然后利用该三条曲线可以唯一确定所求的曲线，具体公式如下：

$$\begin{aligned}f(x) &= y_1 f_1(x) + y_2 f_2(x) + y_3 f_3(x) \\ &= y_1 \frac{(x-x_2)(x-x_3)}{(x_1-x_2)(x_1-x_3)} + y_2 \frac{(x-x_1)(x-x_3)}{(x_2-x_1)(x_2-x_3)} + y_3 \frac{(x-x_2)(x-x_3)}{(x_3-x_1)(x_3-x_2)}\end{aligned}$$

这三条曲线当然不是随便找的，它们有什么特点呢？第一条曲线过三点 $(x_1,1),(x_2,0)(x_3,0)$，第二条曲线过三点 $(x_1,0),(x_2,1)(x_3,0)$，同理第三条曲线过三点 $(x_1,0),(x_2,0)(x_3,1)$。这样的三条曲线最终确定的曲线自然过三点 $(x_1,y_1),(x_2,y_2),(x,y_3)$。

这种思想利用了一个平面上的三个点，确定了一个唯一的二次曲线。如果某数据集呈现这种关系，那么对该三个点之间的数据采用此类插值会得到很好的效果。

可以进一步将其推广到 n 个点。（由数学知识可知，n 个点可以确定唯一的一个 n–1 次多项式）

$$L(x) = y_1 \frac{(x-x_2)(x-x_3)...(x-x_n)}{(x_1-x_2)(x_1-x_3)...(x_1-x_n)}$$
$$+y_2 \frac{(x-x_1)(x-x_3)...(x-x_n)}{(x_2-x_1)(x_2-x_3)...(x_2-x_n)}$$
$$+...$$
$$+y_n \frac{(x-x_1)(x-x_2)...(x-x_{n-1})}{(x_n-x_1)(x_n-x_2)...(x_n-x_{n-1})}$$

得到该公式后，将缺失的函数值所对应的点 x 代入上式中即可得到缺省值。拉格朗日插值公式在理论分析中很方便，但是仅当插值节点增加或者减少一个时，其插值公式就得推倒重来，完全重新计算。为了克服这一缺点，下面介绍牛顿插值法。

依旧按照从简到难的思路来深度解释牛顿插值法。首先，假设有两个点 $(x_0,y_0),(x_1,y_1)$。那么如下曲线一定可以过该两点：

$$f_1(x) = f(x_0) + \frac{f(x_1)-f(x_0)}{x_1-x_0}(x-x_0)$$

其中 $f_1(x)$ 为目的曲线。紧接着，考虑三个点的情况，同理可得目的曲线公式如下：

$$f_2(x) = f(x_0) + \frac{f(x_1)-f(x_0)}{x_1-x_0}(x-x_0) + \frac{\left[\frac{f(x_2)-f(x_1)}{x_2-x_1}\right] - \frac{f(x_1)-f(x_0)}{x_1-x_0}}{x_2-x_0}(x-x_0)(x-x_1)$$

推导到这里，就没必要继续往下推了。大家可以发现牛顿法和拉格朗日法的整体思路是相同的，利用多个点的信息决定一条曲线然后进行插值。但是在牛顿法里，从两个点推广到三个点的例子中，当新增了一个点，只需要增添一项计算即可，前面的计算可以保持不变，这为计算提供了极大的便利。

事实上从本质来讲，两者推导最后得到的结果是相同的，只不过表示形式不同而已，但是形式的不同使得计算方式从批量式变为了增量式。

对于异常值的处理大致分为三种情况。第一种依然是简单粗暴地删除。第二种将其变为缺省值，然后按照缺省值的流程处理。最后一种，是将其忽视不处理。大多数情况下，具体数据要结合具体情况分析，比如某个模型被用来精准定位高端用户，这类群体往往鹤立鸡群，其行为模式或者说表现在数据集中其特征值会比较异常，这种数据正是模型的目标，自然不能简单删除。

8.4.2 数据集成

在数据分析工作中，需要的数据往往不会正巧放在同一个数据仓库中，即便放在同一个数据仓库中，也很有可能在同一数据库中的不同表中。而数据集中的工作就是将多个数据源合并存在在同一个一致的数据存储单位中。在数据集成过程中，主要遇到的问题有实体识别与冗余识别两大类。

实体识别问题主要有三类：同名异义问题、异名同义问题、单位统一问题。

同名异义顾名思义，不同表中的同名字段表达着不同的意义。比如，使用第 4 章所学的 pandas 合并表格技巧时，表 A 中的 name 字段与表 C 中的 name 字段可能代表的是完全不同的意义，遇到这种情况，需要对表格里的字段进行重定义。

同理，异名同义即不同字段名代表了相同的意义，在合并表格时需要去重。

单位不统一有时候也会造成数据的冗余，比如在第 1 章中有关婴儿体重的那个数据集，有个字段用磅来表示体重，有个字段用盎司来表示体重。

至于冗余识别主要包括同一属性多次出现、同一属性命名不一致导致重复。

8.4.3　数据变换

数据变换是数据预处理的最后一步，经过该过程得到的数据就是规整得可以直接用于数据建模的数据了。数据变换包括归一化与离散化以及函数变换。

为何要进行归一化？通过比较简单的回归模型来说，往往数值平均比较大的字段得到的回归系数也比较大，但是也许它对因变量的影响其实不大，仅仅是因为数值比较大才得到了这样的结果。而某些数值比较小的字段也许发挥着重要的作用，但是在模型系数上并没有体现出来。这时候就需要对所有的字段进行归一化，将它们的数值大小放在同一水平上去训练模型。

值得注意的是，并不是所有的模型都需要对数据进行归一化的。像决策树、朴素贝叶斯这类对数值不敏感的数据，就不需要归一化白白浪费计算时间。

归一化主要分为最小－最大归一化、零－均值归一化。最小－最大归一化公式：

$$x^* = \frac{x - \min}{\max - \min}$$

其中 max 是样本数据中的最大值，min 是样本数据中的最小值。零－均值归一化公式：

$$x^* = \frac{x - \bar{x}}{\sigma}$$

$\bar{x}$ 是样本的均值，σ 是样本的标准差。

某些特殊的模型，要求数据必须是离散的，这时候就需要对连续属性离散化。离散化有两大类思路，基于 EDA 的离散化与基于统计学习的离散化。

从探索性数据分析的角度来看，对数据进行初步探索，通过设置等宽区间，将不同区间内数据进行归类然后设置离散标签。或者使用等频法，将相同数量的记录设置相同的标签。

这类方法操作简单，但是缺陷也比较明显。人为分割区间的方法有时候在先验知识的加持下会得到很好的效果，有时候却背道而驰。拿等宽法来说，其对离群点、异常值十分敏感，当数据集中出现这种数据时，会使区间的划分变得很不科学，即有的区间样本点密集，有的区间样本点稀疏，造成了样本不平衡的问题。

基于统计学习的离散化说白了就是利用机器学习算法非人为的离散化连续属性，最常用来进行数据离散化的算法是 k-means。其实，k-means 算法经常用来进行数据预处理，包括对数据的离散化以及初步的数据标注。

在数据预处理的数据变换步骤中，还有一个经常使用的数学技巧即对数据进行函数变换，对数函数的使用频率非常高，这源于它优越的函数性质。

$$\log_a(a^x) = x$$

上面是对数函数和指数函数的关系式。它意味着对数函数可以将 (0,1) 这个小区间内的数映射到 (−∞,0)，也可以将区间 (10,100) 的数映射到 (1,2), 总而言之对数变换可以对大数值的范围进行压缩，对小数值的范围进行扩展。该函数在这种数字游戏上的优美性使得其对于具有重尾分布 (数据在某个边缘区间极度集中，大部分区间分布稀疏，使得“尾部”看起来很重，也可称为数据倾斜) 的数据集很有用，其可以有效缓解数据不平衡的问题。

数据不平衡是数据分析中的一个常见问题。比如调查男女对婚姻的期待程度，调查 100 个人，其中男生 90 人，女生 10 人。在进行建模时，女性样本较少，使得女性在模型中的“发声”会不够，影响模型的泛化能力。

那么如何解决数据不平衡问题呢？可以扩大样本集，也可以分层抽样。但有时候某些特殊情景导致样本采集困难，同时手里的数据集比较小，分层抽样会使得数据规模更小，这时候对数变换就可以有效缓解（注意是缓解，并不能彻底解决，而且在重尾分布的数据集中最有用）。它可以让数据分布更加平缓，更有利于模型训练。

8.5 特征工程

经过以上步骤得到的就是规整的、结构化的、一致性的数据集。但是把这样的数据集直接放入模型中计算并得到一些系数就认为万事大吉，完成了建模任务的想法是完全错误的。不懂得特征工程的分析师不是一个优秀的数据分析师。

所谓特征工程，就是对数据集进一步探索，删除冗余特征，构建高效特征，进一步升华数据集，方便后续模型训练的过程。特征工程主要分为三种，过滤型、包装型、嵌入型。

过滤型的主要思路是首先计算因变量与解释变量的某个统计学指标，然后直接过滤掉指标数值在某个阈值之下的那些特征。该方法思路操作简单，成本低廉，但是其缺陷是没有考虑数据集将要使用的模型，无法为模型选择出正确的特征。而且仅仅根据统计学指标就筛选掉特征未免太过粗糙。

包装型的思路是从解释变量集合中寻找一个最优子集。刚开始，建立一个包含所有解释变量（也可能根据相关领域专家的先验知识排除了一些明显不起作用的解释变量）的模型，然后每次从变量集合中移除一个变量，直至评估模型的指标不再下降，终止移除。也可以反着来，即往一个空特征子集中添加解释变量，当模型评估指标不再明显提升时，终止添加特征。

比如利用 roc 曲线来评估股票预测模型的好坏，将影响因素加入特征子集中去训练模型，当 roc 曲线不再上升，或者 roc 曲线对应的 auc 值不再提高，终止添加解释变量。

嵌入式特征选择法使用机器学习模型进行特征选择。特征选择过程与学习器相关，特征选择过程与学习器训练过程融合，在学习器训练过程中自动进行特征选择。

8.5.1　过滤法

最常用的衡量相关性的指标是皮尔森相关系数（此外还有 p 值、AIC、BIC、熵等）。

皮尔森相关系数是针对两个变量而言的，所表示的是两个变量之间的相关程度大小。其取值范围为 -1 到 1。其计算公式如下：

$$R=\frac{\sum_{i=1}^{n}(X_i-\bar{X})(Y_i-\bar{Y})}{\sqrt{\sum_{i=1}^{n}(X_i-\bar{X})^2}\sqrt{\sum_{i=1}^{n}(Y_i-\bar{Y})^2}}$$

该相关系数指标只能衡量线性关系，即两个变量之间如果呈非线性关系，那么皮尔森相关系数检测不出来。并且该指标对异常值比较敏感，离群点的出现会极大影响其衡量数据相关程度的质量。

接下来介绍另一个相关系数，斯皮尔曼相关系数。

斯皮尔曼相关系数也可以看作是对两个经过排序处理的变量产生的次序随机变量的皮尔森相关系数。其计算公式如下：

$$\rho=\frac{\sum_{i=1}^{N}(x_i-\bar{x})(y_i-\bar{y})}{\sqrt{\sum_{i=1}^{N}(x_i-\bar{x})^2\sum_{i=1}^{N}(y_i-\bar{y})^2}}$$

该公式和皮尔森相关系数计算公式可以说是一模一样，但其中的 x、y 所表示的意义完全不同。x、y 是数据集中原始数据的排序变量序列。

由于其实际计算的是排序大小，因此其相关系数指标对异常值并不敏感，比如一个极小的异常值无论多小都是 1，一个极大的异常值无论多大都排在最后一位。其对原始数据的分布也不做要求，但也只能衡量两个变量之间的线性关系。

总而言之，皮尔森相关系数适用的范围，斯皮尔曼相关系数都适用，但是斯皮尔曼相关系数适用的范围，皮尔森相关系数不一定适用。但斯皮尔曼相关系数的统计效能要比皮尔森相关系数低一些，即不容易检测出两者之间的线性关系(比较好理解，毕竟原始数据已经被转化为次序了)。

Python 中 pandas 库有专门计算皮尔森相关系数矩阵的函数，可以方便快捷地衡量不同变量之间的相关性。

现在来看一个例子。以下是一个有关精子质量的数据集，如图 8.10 所示。

season	age	disease	accident	interventio	fever	alcohol	smoking	sitting	output
-0.33	0.69	0	1	1	0	0.8	0	0.88	N
-0.33	0.94	1	0	1	0	0.8	1	0.31	O
-0.33	0.5	1	0	0	0	1	-1	0.5	N
-0.33	0.75	0	1	1	0	1	-1	0.38	N
-0.33	0.67	1	1	0	0	0.8	-1	0.5	O
-0.33	0.67	1	0	1	0	0.8	0	0.5	N
-0.33	0.67	0	0	0	-1	0.8	-1	0.44	N
-0.33	1	1	1	1	0	0.6	-1	0.38	N
1	0.64	0	0	1	0	0.8	-1	0.25	N
1	0.61	1	0	0	0	1	-1	0.25	N
1	0.67	1	1	0	-1	0.8	0	0.31	N
1	0.78	1	1	1	0	0.6	0	0.13	N
1	0.75	1	1	1	0	0.8	1	0.25	N
1	0.81	1	0	0	0	1	-1	0.38	N
1	0.94	1	1	1	0	0.2	-1	0.25	N
1	0.81	1	1	0	0	1	1	0.5	N
1	0.64	1	0	1	0	1	-1	0.38	N
1	0.69	1	0	1	0	0.8	-1	0.25	O
1	0.75	1	1	1	0	1	1	0.25	N
1	0.67	1	0	0	0	0.8	1	0.38	O
1	0.67	0	0	1	0	0.8	-1	0.25	N

图 8.10　精子数量数据集

该数据集有 10 个字段，分别为季节、年龄、是否有疾病、是否发生重大事故、有无外科手术、发烧情况、饮酒情况、吸烟情况、久坐情况、精子质量。

季节（-1:winter；-0.33:spring；0.33:summer；1:fall）。年龄范围为 18 ～ 36，只不过对数据进行了归一化。紧接着后面三个字段只有 0/1，分别代表有无。发烧情况（-1:3 个月内发过高烧；0:3 ～ 12 个月内发过高烧；1: 一年内没发过高烧）。饮酒情况（0.2: 一天几次；0.4: 每天一次；0.6: 一周数次；0.8: 一周一次；1: 几乎不喝酒）。吸烟情况（-1: 从不；0: 偶尔；1: 每天）。每天久坐时间范围为 0 ～ 16 小时，归一化为 0 ～ 1。最后精子质量，N 代表正常，O 代表不正常。

在数据分析中，字符串的存在是常见的，因此，首先要对最后一个字段做一点改动。即正常为 1，不正常为 0。然后利用 corr() 函数求相关系数矩阵。

```
import numpy as np
import pandas as pd
data = pd.read_csv('sperm.csv')
for i in range(len(data.loc[:,'output'])):
    if data.loc[i,'output'] == 'N':
        data.loc[i, 'output'] = 1
    else:
        data.loc[i, 'output'] = 0
cor = data.corr()
print(cor)
```

得到的相关系数矩阵如图 8.11 所示。

	season	age	disease	accident	intervention	fever
season	1.000000	0.065410	-0.176509	-0.096274	-0.006210	-0.221818
age	0.065410	1.000000	0.080551	0.215958	0.271945	0.120284
disease	-0.176509	0.080551	1.000000	0.162936	-0.140972	0.075645
accident	-0.096274	0.215958	0.162936	1.000000	0.103166	-0.082278
intervention	-0.006210	0.271945	-0.140972	0.103166	1.000000	-0.231598
fever	-0.221818	0.120284	0.075645	-0.082278	-0.231598	1.000000
alcohol	-0.041290	-0.247940	0.038538	-0.242722	-0.075858	-0.000831
smoking	-0.028085	0.072581	0.090535	0.110157	-0.053448	-0.007527
sitting	-0.019021	-0.442452	-0.147761	0.013122	-0.192726	-0.151091
output	-0.192417	-0.115229	0.040261	0.141346	-0.054171	0.121421

	alcohol	smoking	sitting	output
season	-0.041290	-0.028085	-0.019021	-0.192417
age	-0.247940	0.072581	-0.442452	-0.115229
disease	0.038538	0.090535	-0.147761	0.040261
accident	-0.242722	0.110157	0.013122	0.141346
intervention	-0.075858	-0.053448	-0.192726	-0.054171
fever	-0.000831	-0.007527	-0.151091	0.121421
alcohol	1.000000	-0.184926	0.111371	0.144760
smoking	-0.184926	1.000000	-0.106007	-0.045891
sitting	0.111371	-0.106007	1.000000	-0.022964
output	0.144760	-0.045891	-0.022964	1.000000

图 8.11　相关系数矩阵

这个相关系数如何看呢？最后一列是 output，它就代表了 output 因变量与其他自变量之间的关系。比如列为 output，行为 age，索引到的值为 -0.115 229，就代表精子和年龄为负相关，即年龄越大精子质量越差，这也符合常识。

需要提及的是，相关性并不代表因果性，两个自变量之间相关性强也并不意味着就要排除其中一个自变量来优化整体的模型。

举个例子，从矩阵中可以看出年龄和久坐之间的相关系数为 -0.442 452，意味着年龄越大久坐时间越短。这如何解释呢，也许年龄和久坐时间并没有什么联系，但是也许该数据集调查的人群是成年后工作环境不允许久坐的群体。年轻读书时经常久坐，等到进入社会久坐时间就会缩短。所以久坐时间和工种有关，而与年龄无关。

以上是根据该系数所做的推测，如果该推测属实，那么因为这两个变量相关系数比较大就认为它们之间有线性关系，在构建模型时排除了年龄列或者久坐列，那就是鲁莽的。

此外，有时候相关系数太低时也并不意味着必须要排除该自变量。两个不重要的单变量单独来看可能确实都不重要，但是放在一起后也许会变得非常重要。变量之间的相互作用往往会将某些不重要的变量组合起来形成一个更重要的特征。

8.5.2 包装法

举个例子。使用包装型特征选择法来进行特征选择。从互联网上下载某支股票数据如图 8.12 所示，利用该数据预测其日后涨跌趋势。

stock_code	date	tom_open	open	high	low	close	pre_close	amt_chang	pct_chang	vol	amount
603912.SH	20180301	22.2	21.9	22.55	21.58	22.46	22.04	0.42	1.91	35618.65	79693.64
603912.SH	20180302	21.93	22.2	23	22.01	22.04	22.46	-0.42	-1.87	39782.94	89175.09
603912.SH	20180305	22.84	21.93	22.88	21.93	22.83	22.04	0.79	3.58	37311.78	83787.31
603912.SH	20180306	23.02	22.84	24.08	22.65	23.31	22.83	0.48	2.1	76150.53	178659.2
603912.SH	20180307	23.24	23.02	23.4	22.82	23.25	23.31	-0.06	-0.26	46077.84	106507.6
603912.SH	20180308	23.93	23.24	23.99	23.09	23.98	23.25	0.73	3.14	62517.95	147892.7
603912.SH	20180309	25.47	23.93	25.26	23.73	25.11	23.98	1.13	4.71	83257.15	204485.4
603912.SH	20180312	24.77	25.47	25.69	24.65	25.01	25.11	-0.1	-0.4	76002.91	190644.5
603912.SH	20180313	23.79	24.77	24.86	23.83	24	25.01	-1.01	-4.04	56366.52	137151.1
603912.SH	20180314	23.02	23.79	24.26	23.6	23.65	24	-0.35	-1.46	38874.51	93018.54
603912.SH	20180315	22.08	23.02	23.17	21.5	22.24	23.65	-1.41	-5.96	60745.61	135895.4
603912.SH	20180316	22.35	22.08	22.54	21.9	21.99	22.24	-0.25	-1.12	27588.64	61434.23
603912.SH	20180319	24.07	22.35	24.19	22.13	24.19	21.99	2.2	10	87589.52	209067.9
603912.SH	20180320	24.55	24.07	25.38	23.87	24.95	24.19	0.76	3.14	128896.9	315543.4
603912.SH	20180321	24.71	24.55	25.99	24.26	24.86	24.95	-0.09	-0.36	123687.8	310541.4
603912.SH	20180322	23.24	24.71	25.39	24.48	24.74	24.86	-0.12	-0.48	68860.11	171535.4
603912.SH	20180323	21.3	23.24	23.84	22.27	22.27	24.74	-2.47	-9.98	62592.6	143049.6
603912.SH	20180326	23.31	21.3	22.98	20.33	22.96	22.27	0.69	3.1	54711.79	120183.5
603912.SH	20180327	24.01	23.31	24.48	23.02	24.44	22.96	1.48	6.45	74990.27	179721.6
603912.SH	20180328	24.06	24.01	25.26	23.7	23.89	24.44	-0.55	-2.25	74691.08	182514.8
603912.SH	20180329	24.98	24.06	24.71	23.83	24.63	23.89	0.74	3.1	61651.2	150135

图 8.12　某只股票数据集

该股票数据集有多个字段，包括开盘价、收盘价、最高价、最低价、涨跌额等。把时间、股票代码这两个字符串类型的字段排除，将所有数据直接放入模型中运行。该模型的功能为预测股票涨跌，如果股票涨将其标签设置为 1，如果股票跌，将其标签设置为 0。因此采用分类模型，这里使用 svm 模型进行预测，具体代码如下。

```
import numpy as np
from sklearn.metrics import roc_curve, auc,roc_auc_score  ###计算roc和auc
import pandas as pd
from sklearn import svm
from sklearn.model_selection import train_test_split
from matplotlib import pyplot as plt
#读取文件
raw_data = pd.read_csv('stock.csv')
data = raw_data[raw_data['stock_code']=='603912.SH']
#选择特征
data = data.loc[0:100,['open','close','high','low','amt_change','pct_
change','amount','vol','per_close']]
```

```
#读取开盘、收盘价，设置股票涨跌标签
data_open=raw_data['open']
data_close=raw_data['close']
y=[]
num_x=len(data)
for i in range(num_x):
    if data_open[i]>=data_close[i]:
        y.append(1)
    else:
        y.append(0)
x_data=data.as_matrix()
x=x_data                                                    #到这里x和y都已经准备好了
data_shape=x.shape
data_rows=data_shape[0]
data_cols=data_shape[1]
data_col_max=x.max(axis=0)
data_col_min=x.min(axis=0)
#将输入数组归一化
for i in range(0, data_rows, 1):
    for j in range(0, data_cols, 1):
        x[i][j] = (x[i][j] - data_col_min[j]) / (data_col_max[j] - data_col_
min[j])
#训练模型
clf1 = svm.SVC(kernel='rbf')
# x和y的验证集和测试集，3：1
x_train, x_test, y_train, y_test = train_test_split(x, y, test_size=0.25)
# 训练数据进行训练
clf1.fit(x_train, y_train)
#计算正确率
y_pre_test = clf1.predict(x_test)
result = np.mean(y_test == y_pre_test)
#模型评估
print('svm classifier accuacy = %.2f'%(result))
y_test = np.array(y_test)
y_pre_test = np.array(y_pre_test)
print(' AUC = %.2f'%(roc_auc_score(y_test, y_pre_test)))
fpr,tpr,threshold = roc_curve(y_test, y_pre_test)    #计算真正率和假正率
roc_auc = auc(fpr,tpr)                               #计算auc的值
#绘制roc曲线
plt.figure()
lw = 2
plt.plot(fpr, tpr, color='darkorange',lw=lw, label='ROC curve (area = %0.2f)' %
roc_auc) ###假正率为横坐标，真正率为纵坐标做曲线
plt.plot([0, 1], [0, 1], color='navy', lw=lw, linestyle='--')
plt.xlim([0.0, 1.0])
plt.ylim([0.0, 1.05])
plt.xlabel('False Positive Rate')
plt.ylabel('True Positive Rate')
plt.title('Receiver operating characteristic example')
plt.legend(loc="lower right")
plt.show()
```

基本模块都已经注释，这里再说一下建模的大致思路。

（1）读取数据。

（2）获取解释变量。

（3）利用数据切片，获取开盘价、收盘价，两列相减得到股票的涨跌情况，如果该相减值大于 0，将该股票今日标签置为 1；否则反之。

（4）将解释变量转化为矩阵类型，然后利用矩阵类型的 shape 函数获取行列数，方便进

行下一步的数据归一化。

（5）数据归一化。

（6）训练模型。

（7）模型评估。

（8）模型评估效果可视化。效果如图 8.13 所示。

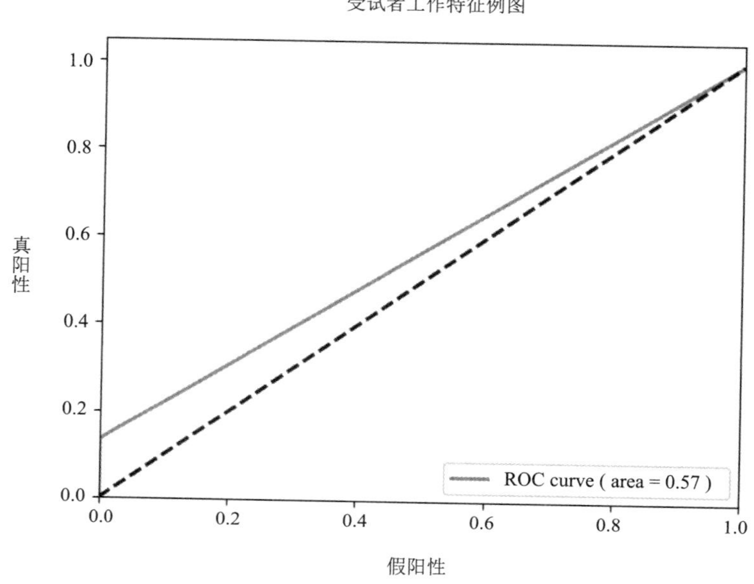

图 8.13　解释变量全集训练下模型 roc 曲线

图中训练集与测试集是随机分配的，分配比例为 3:1，因此数据集分配的好坏也会一定程度上影响模型 roc 曲线与 auc 值（这两个是统计学中常用的模型评估指标，下文会详细介绍）的好坏。

为了避免数据集分配的偶然性，做多次实验。实验结果见表 8.1。

表 8.1　全数据集下（数字型字段）模型评估指标

accuracy	0.69	0.62	0.69	0.62	0.5	0.81	0.73	0.69
AUC	0.6	0.58	0.64	0.58	0.54	0.69	0.65	0.6

accuracy 指模型预测的正确率，其也是一个模型评估指标，在下文会具体介绍，现在只要知道，这两个指标越大，意味着模型越好，预测能力越强。在全数据集下，进行八次实验，每次训练集与测试集都按照 3:1 的比例随机分配。得到的 AUC 值在 0.5 到 0.7 之间，很容易计算，AUC 平均值为 0.61。

根据经济学知识，可以得知，这些变量之间部分存在着线性关系。涨跌幅 amt_change= 今日收盘价 close- 昨日收盘价 per_close，涨跌率 pct_change= 涨跌幅 amt_change/ 今日收盘价

close。因为 pct_change、amt_change 可以被其他变量线性表示，因此下一次，尝试去除这两个变量，得到实验结果见表 8.2。

表 8.2　去除 amt、pct 后实验结果

accuracy	0.58	0.58	0.54	0.46
AUC	0.5	0.5	0.5	0.5

可见，无论是 accuracy 还是 AUC 都明显降低。因此，这两个变量对模型有着很大影响。所以尝试去除可以表示这两个变量的 per_close，见表 8.3。

表 8.3　去除 per_close 后实验结果

accuracy	0.65	0.81	0.85	0.81	0.92	0.65	0.69	0.77
AUC	0.59	0.69	0.78	0.75	0.86	0.62	0.60	0.73

这次模型得到了极大提升，AUC 平均值为 0.70。模型还可以通过相同的思想，继续优化下去，这里就不再赘述。值得一提的是，不要过分重视指标，这个过分重视是指到了忽略现实意义的程度。即明明知道该指标对模型是有用的，但是为了单纯提高模型评估指数，而生搬硬套。因此过度筛选变量，可能又会陷入过度拟合的陷阱。数据科学中处处是陷阱。

通过包装型特征选择后，就可以用留下来的特征进行模型训练了。训练结果如图 8.14 所示。

```
from sklearn.model_selection import train_test_split
import numpy as np
from sklearn.preprocessing import StandardScaler
from sklearn.svm import SVR
import pandas as pd
from matplotlib import pyplot as plt
# 获取数据，分配训练集、测试集
data = pd.read_csv('stock.csv')
data = data[data['stock_code']=='603912.SH']
X = data.loc[0:100,['open','close','amt_change','pct_change','high','low']]
y = data.loc[0:100,'tom_open']
X = np.array(X)
y = np.array(y)
X_train,X_test,y_train,y_test=train_test_split(X,y,random_state=33,test_
size=0.25)
# 进行数据的归一化
ss_X = StandardScaler()
ss_y = StandardScaler()
X_train=ss_X.fit_transform(X_train)
X_test=ss_X.transform(X_test)
y_train=ss_y.fit_transform(y_train.reshape(-1, 1))
y_test=ss_y.transform(y_test.reshape(-1, 1))
'''
linear_svr=SVR(kernel='linear')                # 线性核函数初始化的 SVR
linear_svr.fit(X_train,y_train)
linear_svr_y_predict=linear_svr.predict(X_test)

poly_svr=SVR(kernel='poly')                    # 多项式核函数初始化的 SVR
poly_svr.fit(X_train,y_train)
poly_svr_y_predict=poly_svr.predict(X_test)
'''
rbf_svr=SVR(kernel='rbf')                      # 径向基核函数初始化的 SVR
```

```
rbf_svr.fit(X_train,y_train)
rbf_svr_y_predict=rbf_svr.predict(X_test)
#模型评估
x = range(0,26,1)
plt.plot(x,y_test)
plt.plot(x,rbf_svr_y_predict)
plt.show()
```

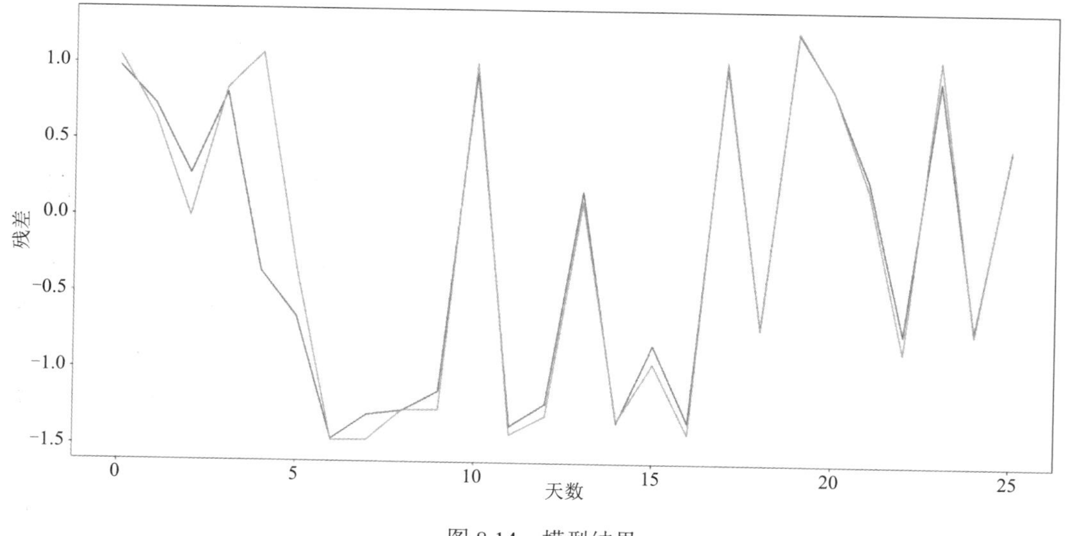

图 8.14　模型结果

因为选择的样本容量为100天，通过3∶1的比例，选出为期25天时间段的测试集。图8.14显示了在这25天内，真实值和预测值的差距。可以看到，训练效果还是很不错的。

最后要提醒大家一点，心细的读者会发现，不管是特征选择还是模型训练都进行了数据归一化。8.4.3 节中有提及，因为该数据集不同字段的数据，数值量级不同，如果不进行归一化，绝对值比较大的字段会把绝对值比较小的字段对因变量的影响给覆盖掉。当然并不是所有的数据都需要进行归一化处理的。

8.5.3　嵌入式方法

决策树是一种分类算法，由罗斯昆兰于 1979 年提出。其主要思想是根据信息增益、信息增益率等一系列指标进行判断，选择出能让分支纯度最大的节点属性。

先来介绍决策树中的 ID3 算法。在此之前需要向大家介绍信息熵、信息增益等一些列概念。

信息熵是度量样本集合纯度的重要指标之一，其公式如下（Ent 即信息熵）：

$$\mathrm{Ent}(D) = -\sum_{k=1}^{m} p_k \log_2 p_k$$

其中 m 代表样本集合 D 的样本标签种类个数，p_k 代表第 k 类样本在样本集合中所占比例。

假定某离散属性 a 有 V 个可能的取值，比如高铁的座位属性分为一等座、二等座等。若选择属性 a 对整个样本进行划分，就会产生 V 个分支结点，第 v 个分支结点包含了数据集 D 中所有在属性 a 上的第 v 个取值的样本，该小样本集记为 D^v。然后对每个小样本集依次计算信息熵，并乘以样本权重后累加求和，最后用总样本的信息熵减去按照属性 a 分类后的信息熵，得到的就是信息增益。

以上计算信息增益过程的公式如下（Gain 即信息增益）：

$$\mathrm{Gain}(D,a)=\mathrm{Ent}(D)-\sum_{v=1}^{V}\frac{|D^v|}{|D|}\mathrm{Ent}(D^v)$$

利用该公式，将每个属性都代入进去计算按其划分带来的信息增益，选择信息增益最大的结点作为最初的最优划分属性。然后再把每个划分出来的结点当作根节点重复以上计算过程，直到每个结点中所有个体标签一样，停止划分。

以上解释了决策树进行分类的过程，同时也说明了决策树为何可以用来进行特征选择。按照上文所说，其按照信息增益选择初始划分结点的过程也是筛选出最重要特征的过程，即信息增益最大的属性就是最重要的属性。

从整个决策树上来看，深度越浅的结点对应的特征越重要。

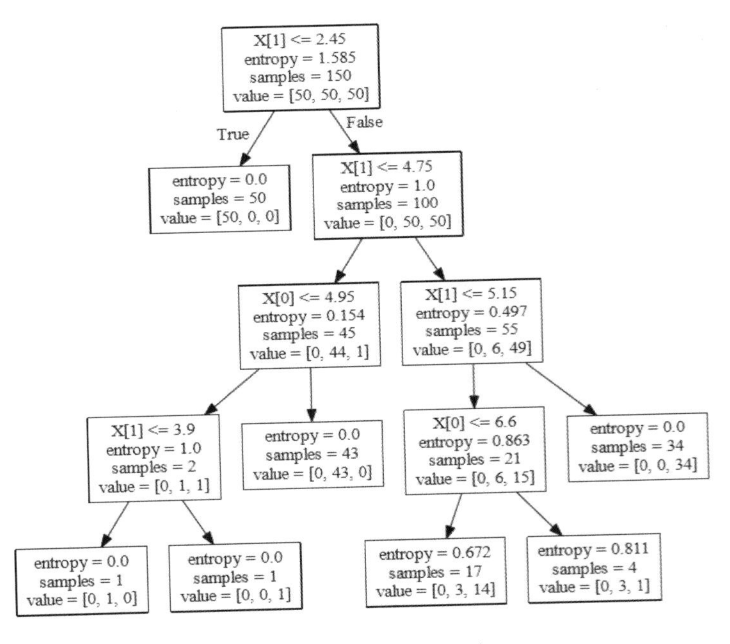

图 8.15　鸢尾花决策树

图 8.15 是 sklearn 中有关鸢尾花数据集的决策树。利用鸢尾花瓣的长度和宽度来判断鸢尾花的三个种类。X[1]<2.45 即花瓣宽度小于 2.45 厘米被作为最初的划分属性，由此可以判

断花瓣宽度小于 2.45 厘米是鸢尾花种类的一个重要特征，该图生成代码如下。

```
from itertools import product
import numpy as np
import matplotlib.pyplot as plt
from sklearn import datasets
from sklearn.tree import DecisionTreeClassifier
# 仍然使用自带的 iris 数据
iris = datasets.load_iris()
X = iris.data[:, [0, 2]]
print(X)
y = iris.target
# 训练模型，限制树的最大深度 4
clf = DecisionTreeClassifier(max_depth=4,criterion='entropy')
#拟合模型
clf.fit(X, y)
# 画图
x_min, x_max = X[:, 0].min() - 1, X[:, 0].max() + 1
y_min, y_max = X[:, 1].min() - 1, X[:, 1].max() + 1
xx, yy = np.meshgrid(np.arange(x_min, x_max, 0.1),np.arange(y_min, y_max, 0.1))
Z = clf.predict(np.c_[xx.ravel(), yy.ravel()])
Z = Z.reshape(xx.shape)
plt.contourf(xx, yy, Z, alpha=0.4)
plt.scatter(X[:, 0], X[:, 1], c=y, alpha=0.8)    # 散点图参数设置
plt.show()
import pydotplus
from sklearn import tree
dot_data = tree.export_graphviz(clf, out_file=None)
graph = pydotplus.graph_from_dot_data(dot_data)
graph.write_pdf("iris.pdf")                       # 将决策树的可视化保存为 pdf 格式
```

该代码同时也可视化了在二维空间的样本分类情况 (因为只有两个特征，所以可视化很方便)，效果图如图 8.16 所示。

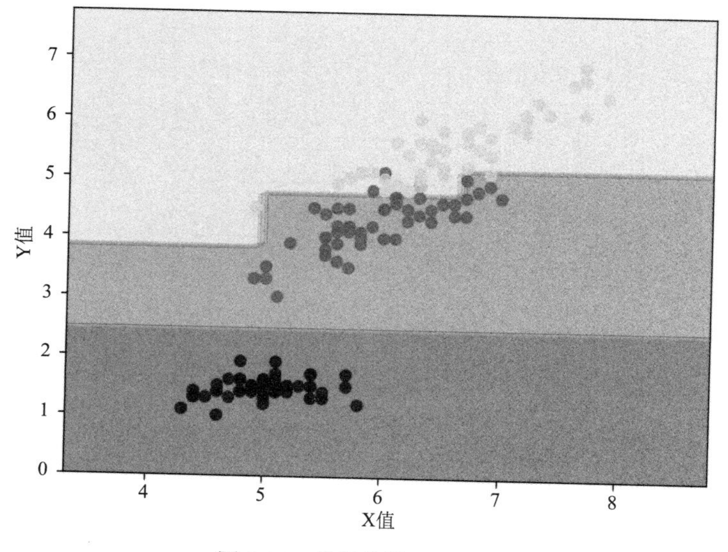

图 8.16　鸢尾花样本分类情况

可见分类效果还是不错的，只在边界部分少数个例分类错误。

接下来说一下决策树的一点优化。以信息增益进行属性划分有一点点不妥，因为信息增

益偏爱可取值数目较多的属性，因为这样使得分得的子样本，其纯度大的概率更高。举一个极端的例子，假如以数据集的索引作为一种属性进行划分，那么无疑其带来的信息增益最大，因为索引是唯一的，以索引划分子样本集得到的子样本纯度最高，但该属性其实和样本标签毫无关系。

所以这里引入增益率的概念，其公式如下：

$$\mathrm{IV}(a)=-\sum_{v=1}^{V}\frac{|D^v|}{|D|}\log_2\left(\frac{D^v}{D}\right)$$

$$\mathrm{Gain\_ratio}(D,a)=\frac{\mathrm{Gain}(D,a)}{\mathrm{IV}(a)}$$

需要注意的是，反过来，增益率对取值数目少的属性偏爱。为了在两种算法中取一个折中，先从候选属性中挑选出信息增益高于平均水平的属性，再从该子候选属性中选择信息增益率最高的。

8.5.4　正则化

正则化也属于嵌入式方法的一种，即在模型训练的过程中自动选择特征，但是正则化太重要也太常用了，因此单独来讲。

常见的正则化方法有 L_1 正则项、L_2 正则项。以回归来说，如果在回归的经验风险最小化函数后面加一个 L_1 正则项就叫 lasso 回归，加一个 L_2 正则项就叫岭回归，前者公式如下：

$$\min\sum_{i=1}^{N}(y_i-w^{\mathrm{T}}x_i)^2+C\|w\|_1$$

后者公式如下：

$$\min\sum_{i=1}^{N}(y_i-w^{\mathrm{T}}x_i)^2+C\|w\|_2^2$$

从公式上理解正则化即在最小化损失函数的同时，也最小化特征系数组成的向量模，或者最小化特征系数组成的向量模的平方。定性的理解即模型试图在经验风险最小化与结构风险最小化之间做一个折中，这符合奥卡姆剃刀的原理（简单的即是有效的）。通俗来说，模型试图想用最少的特征，或者特征系数较小的特征来尽可能准确得构建模型，保证预测水平。

L_1 正则项偏向通过令大多数特征系数为 0 来选择特征，L_2 正则项偏向令大多数特征系数趋近于 0 但不为 0，如图 8.17 可以很好地解释该现象。

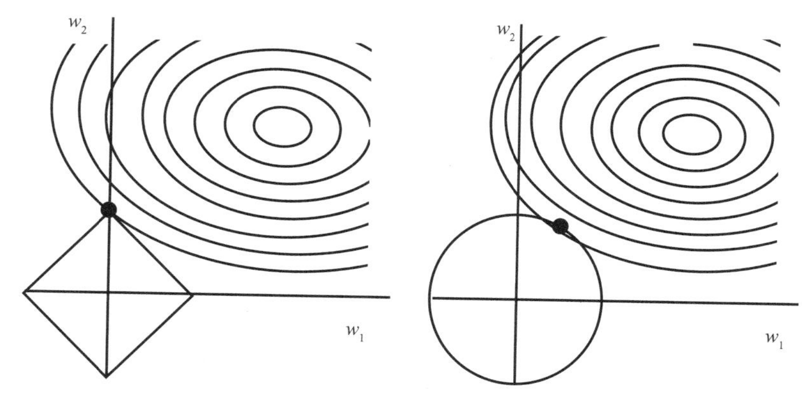

图 8.17　L_1 正则项 (左)L_2 正则项 (右)

假设某个模型只有两个特征，对应的只有两个特征系数，那么 L_1 正则项即为 $\min(|w_1|+|w_2|=F)$，该式子体现在二维空间即是一个菱形。L_2 正则项即为 $\min(|w_1|^2+|w_2|^2=H)$，菱形与椭圆的交点多在坐标轴上，即某个特征系数为 0，L_2 与其相反。

从图像上有些抽象，接下来进行严谨的数学推导。

两种正则化能不能把最优的 x 变为 0，取决于原先的损失函数在 0 处的导数。若导数本不为 0，则经过 L_2 正则化后依旧无法为 0，但会更接近 0。而施加 L_1 正则项，只要正则项系数 C 大于损失函数在 0 处导数的绝对值，x=0 就会变为极小值点。

$$\min L + C|x|$$

假设 L 是一个损失函数，其导数为 La。若要使得该函数在 x=0 处取得极小值点需要满足以下条件：

$$x < 0, La - C < 0$$
$$x > 0, La + C > 0$$

即让 x=0 附近该目的函数的导数异号。最后求得结果：

$$C > |L|$$

8.6　模型训练

特征选择很重要，但模型选择更重要。大家都知道身高与体重之间的关系探索需要用线性回归，手写数字识别适合用最近邻算法。可是大家考虑过为什么吗？

线性回归是统计学中最常用的统计方法之一，理论上来说，如果只想探索两个变量之间的数学关系就可以使用它。

至于手写数字，可以这么来理解。数字以图像的形式展现给大家，在电脑里却是以矩阵形式存储的。假设每个数字都用 8×8 的像素矩阵来表示，每个像素上的灰度值都代表了该数字在此像素上的显示强度。将该矩阵转换为一个 1×64 的矩阵，于是每个数字都是由一个 1×64 的矩阵表示的，可以把它看成一个向量，也可以看成每个数字的 64 个特征。

而两个数字之间的差异就是这两个向量之间的“距离”，即两个向量的 64 个元素之间的差的平方和。可见数字的特征是如此地好理解，并且 0 ～ 9 这 10 个数字是确定的，这就使得 k 近邻算法中那个让人头疼的 k 在这里非常好确定。

进一步来思考，垃圾邮件过滤器模型最好使用什么算法呢？是上面两个算法吗？

所谓垃圾邮件过滤模型其实本质上就是文本分类模型，而且文本只有两类，一类正常邮件，一类垃圾邮件。先初步考虑一下如何建模，即如何选择特征呢？

可以设定一些关键词，作为垃圾邮件的特征。比如一些色情信息以及广告信息，一旦该邮件有这些特征，那么就把它作为垃圾邮件处理。

这么一想，好像垃圾邮件过滤模型可以使用线性回归模型。毕竟有特征，放进去跑就行了啊，可是如果这么做，会让模型难以解释。首先，线性回归模型返回的 Y 变量是一个连续型变量，而垃圾邮件过滤模型的 Y 变量是一个二元变量（1 代表正常邮件，0 代表垃圾邮件）。假设模型输出了一个值为 100，如何解释呢，当 Y=100 时该邮件是正常邮件还是垃圾邮件呢？

你可能会快速地想到，那可以使用逻辑回归。的确，逻辑回归返回的 Y 是一个介于 0 ～ 1 的值，可以把模型的输出值 Y 看成是正常邮件的概率为多少。并且通过设定一个阈值，来定量决定哪些是正常邮件，哪些是垃圾邮件。

可是这又会出现另外一个问题。根据大学中的《线性代数》知识可知，当变量个数大于方程组个数时，方程是无解的。具体应用到邮件中的情况就是，邮件的特征数（出现的单词个数）远远大于邮件个数。在收到 1000 封邮件里，可能就会包含 100 000 个不同的单词，这会使得线性回归的最小二乘解的矩阵不可逆。

而且简单地把单词作为特征的思想，会让发送垃圾邮件的人轻松地找到作弊机制。

k 近邻算法可以吗？k 近邻算法是一个分类模型，其 k 就是指的分类个数，这个 k 是人为指定的，但是事先不知道数据集中的标签种类分布，需要算法去自动化的分类。其主要思想为，根据特征相似度来找到相似的个体。

k 近邻最典型的应用就是电影推荐，可以利用该算法来判断某人对具体某部电影是否会喜欢。很多人在看电影后都会评价这部电影，而一部电影本身也有很多清晰的标签。简单来说，假设一部电影分为如下特征：电影类型、主演、时长、导演、国家、有无动作画面。

现在新出了一部电影，想判断某人对该电影是否会喜爱。

可以寻找与该新上映电影最相似的 k 部影片，利用 k 部电影对新上映的电影进行“投票”，假如这 k 部电影对应此人的标签是喜欢，那么推测此人也会喜欢新上映的这部电影。

所以想得到好的 k 近邻模型，需要考虑两个问题。一、如何选择 k，二、如何定义不同个体之间的相似度。对于手写数字，相似度是 1×64 的向量之间的距离。对于电影推荐，是不同特征之间是否相同。

言归正传，将 k 近邻应用到垃圾邮件过滤模型中，k=2。个体之间的相似度如何定义呢？还是将单词作为特征，如果某单词出现在邮件中，该特征为 1，不出现即为 0，然后如果相同的单词多即将两个邮件视为相似。

这样考虑有两个弊端。

其一，一封邮件的单词实在是太多了，之前数字是 1×64 的向量，但现在可能会变成 1×1000，甚至 1×10 000！这会大大增加模型的计算难度。其实如果仅仅是计算难度的问题，在如今计算机硬件飞速发展的今天来说也还好，但是大家都知道，在一个高维空间中，即便是两个最接近的邻居其实距离也很远。通常把它称作“高维诅咒”。

其二，这么定义相似真的合理吗？对于英文来说，相同的单词都会表达不同的意思，那么更不要说被老外视作高山的汉语了。两个定义上很相似的邮件，也许表达的是完全不同的意思。

事实上，比较经典的解决文本分类问题的模型是朴素贝叶斯模型。在统计学中（准确来说，应该是概率论），贝叶斯公式如下：

$$p(y \mid x)=\frac{p(x \mid y)p(y)}{p(x)}$$

在该公式中，$p(y)$ 是先验概率，即在事件 x 发生之前，y 事件发生的概率。$p(y|x)$ 是后验概率，即事件 x 发生后，y 事件发生的概率。因为在大部分实际情况中，x 事件的发生可能会对 y 事件有所影响，所以 $p(y) \neq p(y|x)$。假如 x 事件对 y 事件无影响，即 x、y 是互相独立的，那么有 $p(x,y)=p(x)p(y), p(y \mid x)=\frac{p(x,y)}{p(x)}=\frac{p(x)p(y)}{p(x)}=p(y)$。

仅仅从公式角度看可能不理解其用处，现在看一个例题来真实感受一下。

已知某种疾病的发病率是 0.001，即 1000 人中有 1 个人会得病。现有一设备可以检验患者是否得病，它的准确率是 0.99，即在患者确实得病的情况下，它有 99% 的可能呈现阳性。它的误报率是 5%，即在患者没有得病的情况下，它有 5% 的可能呈现阳性。

现有一个患者的检验结果为阳性，请问他确实得病的可能性有多大？（不得不提，春秋校招各大互联网公司笔试都会出一道该类型的题目）

假设 $p(A)$ 为得病的概率，$p(B)$ 为检验结果为阳性，那么 $p(A|B)$ 为所要求结果，即检验

结果为阳性的条件下，得病的概率。根据公式计算：

$$p(A|B)=\frac{p(B|A)p(A)}{p(B)}=\frac{p(B|A)p(A)}{p(B|A)p(A)+p(B|1-A)p(1-A)}$$

$$=\frac{0.001\times0.99}{0.99\times0.001+0.05\times0.999}\approx0.019$$

最后计算得到的结果为 0.019，这意味着什么呢？在该案例中，该设备的误报率仅为 5%，也就是说有 95% 的人理论上会得到正确的诊断。但是经过计算，假如你被诊断为阳性，即得病了，那么其实你真正得病的概率仅仅为 1.9%。

是不是不可思议，这是由于发病率过低，人群中真实发病的人过少造成的。这就是贝叶斯公式的魔力。在 9.1 节有趣的选择中，也可以利用该公式进行理论计算。

那么垃圾邮件过滤模型和贝叶斯公式之间有什么联系呢？把单词用 word 表示，把垃圾邮件用 junk 来表示，正常邮件用 ham 来表示，可得公式：

$$p(\text{junk}|\text{word})=\frac{p(\text{word}|\text{junk})p(\text{junk})}{p(\text{word})}$$

$$p(\text{word})=p(\text{word}|\text{junk})p(\text{junk})+p(\text{word}|\text{ham})p(\text{ham})$$

第一个公式所计算出来的概率为，当某一个特定单词出现，则该邮件为垃圾邮件的概率，只要求出等式右边的三个部分，就可以得到该概率。

等式右边的分母部分，第二个公式可以解决，$p(\text{junk})$ 为所有邮件中，垃圾邮件的概率；$p(\text{ham})$ 为所有邮件中正常邮件的概率，显然 $1-p(\text{ham})=p(\text{junk})$。然后在有所有垃圾邮件中计算某一个特定单词的出现频率，可得 $p(\text{word}|\text{junk})$，当然同理可得 $p(\text{word}|\text{ham})$。现在，所有的数都已经被计算出来了。

举个例子，假如一共有 1000 封电子邮件，其中正常邮件 800 封，200 封垃圾邮件。$p(\text{ham})=0.8$, $p(\text{junk})=0.2$。进一步计算，“看片”这个词在正常邮件中出现 1 次，在垃圾邮件中出现了 150 次。那么进行如下计算：

$$p(\text{看片}|\text{ham})=\frac{1}{800}=0.00\,125$$

$$p(\text{看片}|\text{junk})=\frac{150}{200}=0.75$$

$$p(\text{junk}|\text{看片})=\frac{p(\text{看片}|\text{junk})\times p(\text{junk})}{p(\text{看片})}=\frac{0.75\times0.2}{0.00\,125\times0.8+0.75\times0.2}=0.993$$

通过计算得知，假如以上数据真实，如果一封邮件里出现了“看片”这个单词，那么其是垃圾邮件的概率为 99.3%

以上仅仅是针对一个单词对该邮件标签的影响，现在来搭建一个真正的朴素贝叶斯邮件过滤模型，需要综合考虑一封邮件中所有出现的单词，然后决定该邮件是否为垃圾邮件。该模型最终公式为：

$$p(x|c)=\prod \theta_j^{x_j}(1-\theta_j)^{1-x_j}$$

解释一下该公式，x 为一封邮件的单词向量，即 $x(x_1,x_2,...,x_j)$，x_j 表示向量中的某个元素，下标 j 代表某个单词在向量中的位置，c 代表垃圾邮件，θ_j 代表某个单词在垃圾邮件中出现的概率。 因此该公式最后计算得到的值的物理意义为，在给定一封邮件的标签（即是垃圾邮件，还是正常邮件）后，这封邮件中所有单词一起出现的概率。然后再根据贝叶斯公式，可求得 $p(c|x)$。即在知道该邮件所有单词一起出现的概率后，推测该邮件的标签。

这里再提一下为何叫作朴素贝叶斯模型，所谓朴素就是指假设每个单词之间的关系是独立的，这样简化了计算。

通过以上模型的建立，就可以构建一个邮件过滤模型了，通过对该模型的讲解可以理解，其实就是一些计算，即使有 100 000 个单词，计算依旧很简单，没有“高维诅咒”的问题。其返回的是一个概率值，并且考虑了多个单词之间的组合关系，是针对文本分类简单有效的模型。

在本节上面的讲解中，提到了线性回归、逻辑回归、k 近邻、朴素贝叶斯模型。了解了不同的模型适合不同的实际问题。下面，再提及一个模型，让大家明白一个问题，有的时候模型的选择甚至要考虑人文因素。

有的模型天生适合讲故事，比如决策树。如图 8.18 所示，是一个非常典型的决策树。

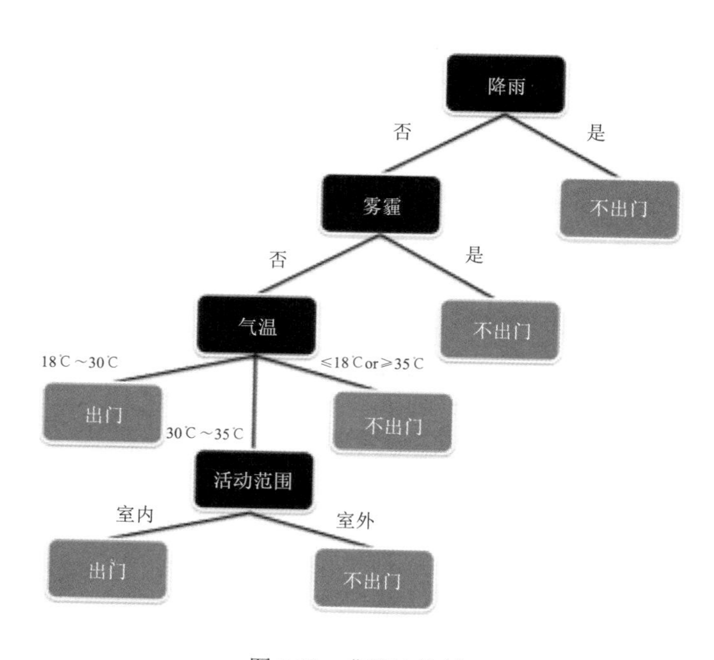

图 8.18　典型决策树

决策树又称为判定树，是运用于分类的一种树结构，其中的每个内部节点代表对某一属性的一次测试，每条边代表一个测试结果，叶节点代表某个类或类的分布。

决策树的决策过程需要从决策树的根节点开始，待测数据与决策树中的特征节点进行比较，并按照比较结果选择下一比较分支，直到叶子节点作为最终的决策结果。

但是决策树是一个很容易过拟合的算法，由决策树进一步拓展成的随机森林算法可以很好地解决决策树过拟合的问题，但是它牺牲了决策树最大的优点——可解释性。

可以想象，在给客户或者领导做汇报的时候，应该选择什么模型呢？自然是决策树，因为它几乎完全模拟了人类大脑做出判断选择的过程，这会让客户与领导都知道你在干什么。但是具体到实际的模型优化时，可以通过随机森林算法对其进行优化。这样既保证了沟通的顺畅，又保证了模型效果的优良。

8.7　模型评估

好的开始好的过程，才能有一个完美结局，一个模型的好坏无法直接感知，必须通过设定一些指标的计算来间接感受。上文中已经涉及很多指标，现在来一一讲解它们。首先介绍一下混淆矩阵，如图 8.19 所示。

混淆矩阵		真实值	
		Positive	Negative
预测值	Positive	TP	FP (Type II)
	Negative	FN (Type I)	TN

图 8.19　混淆矩阵

所谓混淆矩阵是针对分类模型而言的。就拿预测股票来说，预测的情况分为四种，本来涨的预测为涨 (TP)、本来涨的预测为跌 (TN)、本来跌的预测涨 (FP)、本来跌的预测为跌 (TN)。

然后引入上文经常提及的 roc 曲线。roc 曲线就是随着判断阈值的变化，TPR 和 FPR 之间的函数关系曲线，如图 8.20 所示。

$$\mathrm{TPR}=\frac{\mathrm{TP}}{\mathrm{TP+FP}},\ \mathrm{FPR}=\frac{\mathrm{FP}}{\mathrm{TP+FP}}$$

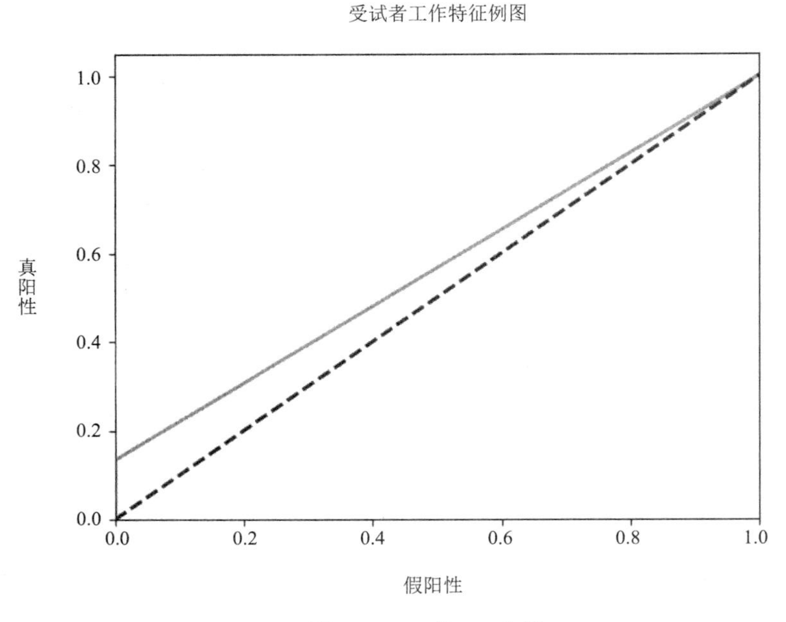

图 8.20　一条 roc 曲线

观察中间那道虚线，在该条直线上，FPR=TPR, 继续推导可得 TP=FP=0.5。这是什么意思呢，意味着在所有预测股票为涨的样本中，实际涨的股票数等于实际跌的股票数，大白话就是说这是在瞎猜。因为假设抛一枚硬币，瞎猜和猜对的概率都是 0.5。

现在有没有明白这个 roc 曲线的作用。它可以很直观地衡量一个分类模型的好坏程度。当你模型的 roc 曲线高于该虚线，意味着你的分类模型要比瞎猜更好，因此 roc 曲线是越上升越好。

该曲线只能定性地衡量模型的好坏，如何定量地衡量一个模型的好坏程度呢？所以 AUC 值就应运而生了。AUC 值等于 roc 曲线的面积积分，等于 roc 曲线下方的面积大小，这样就可以通过算出具体数字来衡量一个模型的好坏了。除了 roc 曲线和 AUC，还有很多其他指标。

（1）准确度：

$$\frac{TP+TN}{TP+TN+FP+FN}$$

其所描述的是预测正确的个数占预测总数个数的比例，预测正确包括真实值是阳值预测为阳值，真实值是阴值预测为阴值。

（2）精确度：

$$\frac{TP}{TP+FP}$$

所有预测为阴值的个体中，真实值为阴值个体所占比例。

（3）召回率：

$$\frac{\text{TP}}{\text{TP+FN}}$$

所有真实值为阴值的个体中，预测值为阴值个体所占比例。

这三个模型都是针对分类模型的评估指标，并且适用于不同的场景。比如，对于交易中欺诈行为来说，因为大多数交易都是正常交易，即大部分个体真实值都是阴值，所以即使模型瞎猜全部都是阴值也可以得到较好的效果。这种情况下，使用精确度和召回率比较好（对于那些大部分情况下输出都为 1 的模型，使用准确度来衡量往往都是不好的）。

针对回归模型，即返回的值是连续型的，可以用均方误差（MSE）、根均方误差（就是均方误差的平方根，RMSE）、平均绝对离差（MAD）来衡量。

$$\text{MSE} = \frac{1}{n}\sum_{i=1}^{k}(y - y_i)^2$$

$$\text{MAD} = \frac{1}{n}\sum_{i=1}^{k}\left|x_i - \overline{x}\right|$$

8.8　数据分析中的其他问题

前面介绍了在数据分析过程中的一些理论知识和处理数据选择模型的思路。下面介绍一些在数据分析中经常遇到的问题。

8.8.1　数据泄露

没有进入工作岗位的时候，只能通过参加一些数据竞赛来积累经验。数据竞赛会设置题目，提供标准数据集或者有待处理的数据集。虽然问题来自实际生活，但是数据集基本都是人为预处理过的，并不是从天然环境中直接获取的。

这会产生一些问题，因为人为造成的一些漏洞，使得提供的数据集看起来没什么问题，但是深究起来隐藏的信息会帮我们轻松地赢得比赛。

比如有个比赛的题目是通过历史购物记录，预测哪些顾客会在该购物网站上花更多的钱。结果该模型的优胜者胜利的关键在于其将 Free shipping = True 认定为一个关键的预测变量，该变量的意思为免费送货。关键点在于，只有购物总金额大于 100 元的情况下才会免费送货。

这是出题者的疏漏，虽然出题者将该用户在某特定时间点的消费金额抹去，但是他没有删除是否免费送货这个变量，参赛者至少可以通过该变量轻松删去消费金额低于 100 元的用户。

而且该变量从逻辑上来说就是不应该提供的，一个用户在消费行为产生前，并不知道他是否可以享受免费送货。但是该数据集却提供了这样的一个时序滞后的数据字段。

再举一个经典的例子。某个数据竞赛是预测病人是否患某种指定的疾病，尽管数据量很多，解释变量也很多，可是优胜者只通过一个字段就取得了胜利，那就是病人的ID。这是为什么呢，难道使用了什么魔法？

其实道理很简单，在医院，患者的编号并不是随机的，而是根据病房进行排列的，而同一个病房的病人往往患的都是同一种病（当然也许存在那种特殊情况调换病房的患者），所以该竞赛的指定疾病患者的ID是放一起的。

告诉大家这个情况的存在不是让大家投机取巧，利用数据竞赛中数据泄露的bug寻找某种模式，取得超常的模型。而是想告诉大家，如果你的模型表现得非常优良，先不要高兴得太早，也许是过拟合，也许是在你不知道的情况下，模型利用了数据泄露特征。

而且如果你能很擅长地从数据集里挖掘出数据泄露的特征，那么也从侧面说明你很懂数据。

另外对于还在上学的学生多说一句，想通过数据竞赛、平时的小项目练手来积累经验的话，那么就要采用真实的数据。

很多同学采用的都是假的数据。怎么说？比如练手线性回归这个最简单的模型。那他会先用代码写好式子，生成数据后加点噪声，然后利用加噪数据进行拟合。这是没有任何意义的事情。

这么仿真模拟出来的假数据，与现实生活毫无联系，也不会出现数据科学中遇到的多重共线性、过拟合等诸多问题，而这些往往才是作为一个数据分析师必须掌握的东西。不仅仅要懂模型，还要懂得在什么情况下，使用什么样的模型，使用什么样的评价指标。

8.8.2 大数据下的数据分析

目前，一旦牵扯到数据就不得不提及大数据，作为数据分析工作者就不得不了解大数据分析下的具体技术。本小节就从统计学、数学的角度向大家解释，一旦数据量大了，数据分析的情况会发生什么不同。

首先来定义一下什么叫作大数据。这是一个相对而言的定义，当20世纪磁盘流行的时候，可能几兆的数据就算大数据了；当现在硬盘空间都达到TB级的情况下，几兆往往显得微不足道，只有当数据量达到PB级时才能称之为大数据。

因此进行定义，当数据量达到单个PC端无法独立处理，必须通过分布式集群计算来解决的情况下才叫作大数据。

首先当数据的量级比较大时，达到了几十亿甚至几百亿的数据点，在成千上万个指标中进行探索性数据分析的时候，注定会发现一些相关系数很高但是没有预测能力的模式。此外，还会因此忽略具有较强预测能力，但是相关系数较小的关系模式。

此外，还存在数据流动的问题。比如，数据不断地、快速地积累，如何对它们进行存储呢？这里通常使用一些采样与压缩算法，但是这是一个技术方法。

比如在采集用户访问行为的数据中，假设该网站共有 80 个人，其中 10 个人每天都会访问该网站，剩下的人每周只会访问一次，并且均匀地分布在每周的七天里，那么每天都会有 20 个人访问该网站。如果正常采样的话，10 个每天都来访问的人虽然只占用户数量的 12.5%，但却占了采样数据的 50%。

另一点，当数据以极快的速度大量积累的同时，业务要求对数据进行实时分析，目前的技术大多以基于 MapReduce 的技术来处理。MapReduce 可将大数据集拆分为许多小的部分，在不同的服务器或电脑上同时处理小数据集，然后收集汇总所有子过程的结果，产生最终的答案。

但是分布式处理的进行带来了另一个问题，数据传输的速度以及内存优化使用成为能否实时性的必要保证。

最后，MapReduce 也不是万能的。其加速的实现基础是将大数据集分为了多个小数据集然后分别同时处理，可以这样处理的前提是这么多个小数据集之间是独立的，是不相关的。在金融领域，比如股票数据，产生的大量数据之间都是相关的，那么就不可能把其分为数个数据集单独处理，不然如何计算相关系数呢？

这些问题是目前大数据领域中的数据分析技术难题，并且没有形成统一、系统的解决办法。也许并不是每一个位数据分析师都会接触到大数据，但这是身处大数据时代所必须了解的。

接下来具体谈一谈 MapReduce 的工作原理。前面提过，当数据高度相关时，无法使用 MapReduce，那什么时候使用比较合适呢？它适用于数据之间的单纯、独立计算。比如单词计数、矩阵计算。

拿矩阵计算举例来说。假设现在要计算一个 $m \times n$ 的 A 矩阵和一个 $n \times k$ 的 B 矩阵，最后得到一个 $m \times k$ 的 C 矩阵。如果矩阵的规模很小，在单个 PC 上就可以运行，再小一点用手算都可以，但是如果矩阵达到亿级规模，数据已经无法单独存在一个电脑上了，这时候 MapReduce 就派上用场了。

首先根据线性代数知识，知道：

$$C_{ij} = A_{i1}B_{1j} + A_{i2}B_{2j} + \ldots + A_{in}B_{nj}$$

因此可以将整个矩阵的计算拆分成 C 中 $m \times k$ 个元素的单独计算，最后再将结果汇总起来形成一个矩阵。

而多个任务之间的拆分与汇总之所以不会混乱，则是通过设置键值对来实现的。拿单词计数来说，假设有四个短语分别为 data science, big data, data visualization, math for data。对这四个短语进行分别单词计数，比如对第一个短语进行处理，形成了 {data:1,science:1} 这样的两个键值对，依次下去进行汇总，最后形成 {data:4,science:1,big:1,visualization:1,math:1,for:1} 然后实现计数功能。

总体来说，MapReduce 的实现过程如下：

（1）使用 mapper 函数，根据数据之间的特性，将每个分好的任务形成键值对（单词计数这个例子非常适合用来讲解如何形成键值对。矩阵分解计算的键值对形成相对来说抽象一些，比如将坐标设为键，算出的对应位置元素为值）。

（2）通过相同的键，把所有的键值对收集起来。

（3）对相同键搜集起来的值执行 reducer 函数，汇总每个键对应的值，并输出。

MapReduce 其实就是 mapper 函数和 reducer 函数的执行过程，它们分别对应分解和汇总，如图 8.21 所示。

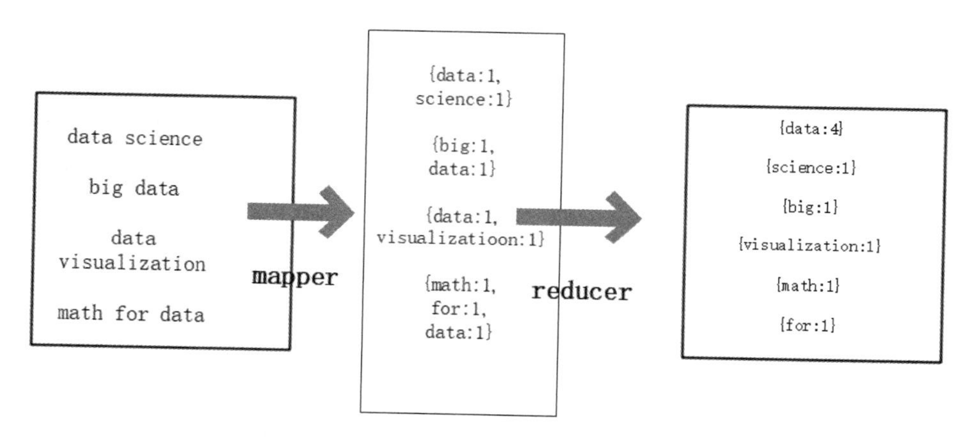

图 8.21　MapReduce 工作原理

在 MapReduce 中，你只需要负责规划好任务，如何拆分数据、形成什么样的键值对这种逻辑问题。至于如何具体部署资源，哪些任务放到哪些电脑上去运行，这都是 MapReduce 框架来完成的。

8.8.3　辛普森悖论

举个例子来具体阐述该现象。假设获取了一个数据集，是某交友网站的不同省份的粉丝数，数据如表 8.4 所示。

表 8.4　不同省份粉丝对比

省份	样本个数	平均粉丝数量
安徽	101	8.2
河南	103	6.5

如果只看这个表，大家都会得出这样一个结论（不考虑样本不平衡的问题），该交友网站中注册省份为安徽的人，粉丝数量更多。但对数据进一步细分，得到的数据如表 8.5 所示。

表 8.5　分性别不同省份下粉丝对比

省份	样本个数	性别	平均粉丝数
安徽	35	男	3.1
河南	70	男	3.2
安徽	66	女	10.9
河南	33	女	13.4

通过加入性别这个变量，对数据进行更深入细致的分析后，发现其实河南省份的人无论男性还是女性，其实平均粉丝数都高于安徽个体。但如果是不考虑性别差异的混合数据，竟然会掩盖该结论！

造成该情况的原因到底是什么呢？仔细看，性别为女的安徽个体尽管平均粉丝数只有 10.9，但是其个体数量为性别为女的河南人的两倍。而尽管男性中河南人比安徽人多，但是其实两个群体的粉丝差不多，拉不开差距。

在现实生活中，类似的数据与我们开的玩笑有很多，而唯一的解决办法就是深入了解数据，发现数据背后隐藏的陷阱，跳过它，然后挖掘陷阱背后的财富。

8.8.4　数据集的划分

把数据放入模型中之前，别忘了把数据集划分为训练集与测试集，比例一般是 4:1 或者 3:1。训练集被用来训练模型，当模型训练完毕后，将模型放到训练时没有接触到的新数据测试集上来验证模型的泛化能力。

一定要注意一点，当对模型还不足够自信时，就不要让它接触测试集。

在模型训练完毕之前无法接触测试集，那么如何得知模型的训练质量呢？这时候需要把训练集分为训练集和验证集。在训练集上训练，在验证集上评估，然后做进一步优化。训练集与验证集的划分往往采用交叉验证法。

所谓交叉验证法，即把原始训练集分为 K 份，无放回地从中挑选验证集 K 次，每次其余 $K-1$ 份都做训练集，这样每次得到的训练集与验证集是不一样的。把这些训练集与验证集组合依次放入模型中，训练评估 K 次，然后将 K 个模型的评估指标取平均得到的就是模型在整个原始训练集上的表现。

交叉验证法有什么特殊之处呢？

如果不用交叉验证法，仅仅简单地划分训练集与验证集，你会发现一个模型的评估指标与数据集的划分密切相关。而且对于一个模型来说，数据越多往往模型越准确，简单地划分使得有一部分数据集变成了验证集，在训练过程中模型无法接触到这部分数据集。

交叉验证法使得模型充分接触了原始训练集，又综合考虑了 *K* 次模型训练的指标，这种评估方法鲁棒性较好不会受数据集划分的影响。

8.8.5 优化调参

很多模型在训练的时候存在很多超参数。超参数是在开始学习过程之前设置的参数，而不是通过训练得到的参数数据。通常情况下，需要对超参数进行优化，给模型选择一组最优超参数，以提高学习的性能和效果。

比如 k-means 算法中 *K* 的个数，SVM 算法中 C、gamma 超参数，决策树算法中最大深度限制，迭代模型的最大迭代次数。这些超参数并没有一种理论、系统的方法对其进行精确定位（毕竟目前机器学习算法大多数都是黑箱），但是仍旧可以通过一些经验方法来达到快速寻找最优超参组合的目的。

首先来介绍一下网格搜索法，它是一种简单尝试所有参数组合的方法，属于暴力求解法。拿 SVM 举例来说，当其核函数使用高斯核函数时，其有两个最重要的超参数 C、gamma。设置 C=[1,10,100,1000],gamma=[0.001,0.01,0.1,1], 这两个参数的 4 种取值总共会产生 16 种超参数组合，体现在二维矩阵上就好像一个网格。

由此也可以发现网格搜索的弊端，虽然其可以避免遗漏优秀的组合，但是当数据特征很多时其会面临高维灾难，产生的超参数组合数量会以指数级别增长，使得网格搜索成为不可能。另一种方法可以很好地解决该问题，即随机搜索，如图 8.22 所示。

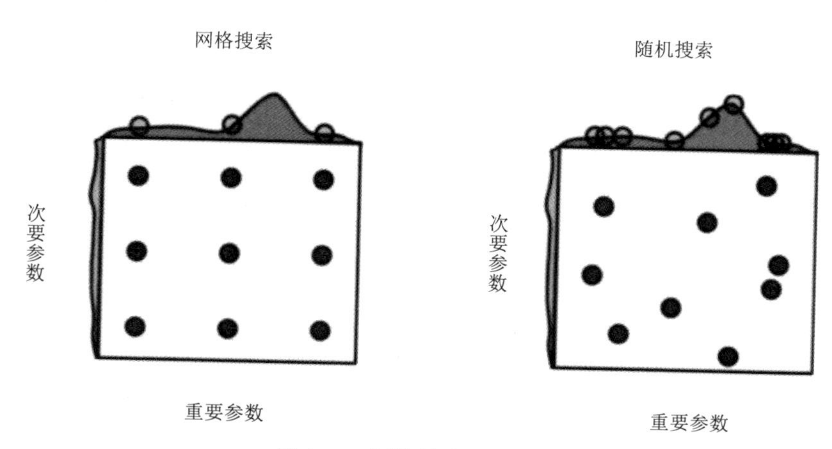

图 8.22　网格搜索和随机搜索

在网格搜索法种训练了 9 个模型，但每个变量只使用了 3 个值。在随机搜索法中多次选择相同变量的可能性微乎其微。如果用第二种方法，那么就会给每个变量使用 9 个不同的值来训练 9 个模型。

图 8.22 中，从每个布局顶部的空间搜索可以看出，使用随机搜索更广泛地研究了超参数空间，这将帮助我们在较少的迭代中找到最佳配置 (因为随机取了九个点，所以得以更快地找到波峰)。

有人可能会有疑问，既然是随机搜索，会不会出现效果特别不好的情况？当然完全会出现这种情况，但是会出现效果特别不好的情况就意味着也会出现效果特别好的情况，而在众多的参数组合中，只要取用最好的那个参数组合就可以了。也就是说，该方法对异常值并不敏感。

不幸的是，网格搜索和随机搜索有一个共同的缺点——每个新的猜测都独立于之前的运行。也就是说，每次进行搜索与之前的搜索完全没有关系，可是这其实是不合理的。

人工寻找最优参数时，是会根据前后参数给模型带来的变化来决定下一步如何选择的。比如，当发现参数越来越小，模型评估指标越来越好的时候，会继续按照该方向去寻找，否则反之。

接下来介绍一种更有用的寻参方法，贝叶斯参数优化。通过评估过去结果看起来更有希望的超参数，贝叶斯方法可以在较少的迭代中找到比随机搜索更好的模型设置。

所以贝叶斯方法的重点在于，如何设置评估标准来判断哪些点更有希望呢？本节来重点解释这个过程。

假设超参数组合为 x，以该超参数组合为基础的模型最后评估效果为 y。那么存在一种关系 $f(x)=y$，由于很多模型都是黑箱，不可能准确求得该关系式（如果真的可以求得该关系式，利用目前成熟的凸优化、最优化等理论可以精准求出解，那也不存在调参的问题了，而是求参），但是利用贝叶斯方法可以无限逼近这个曲线。

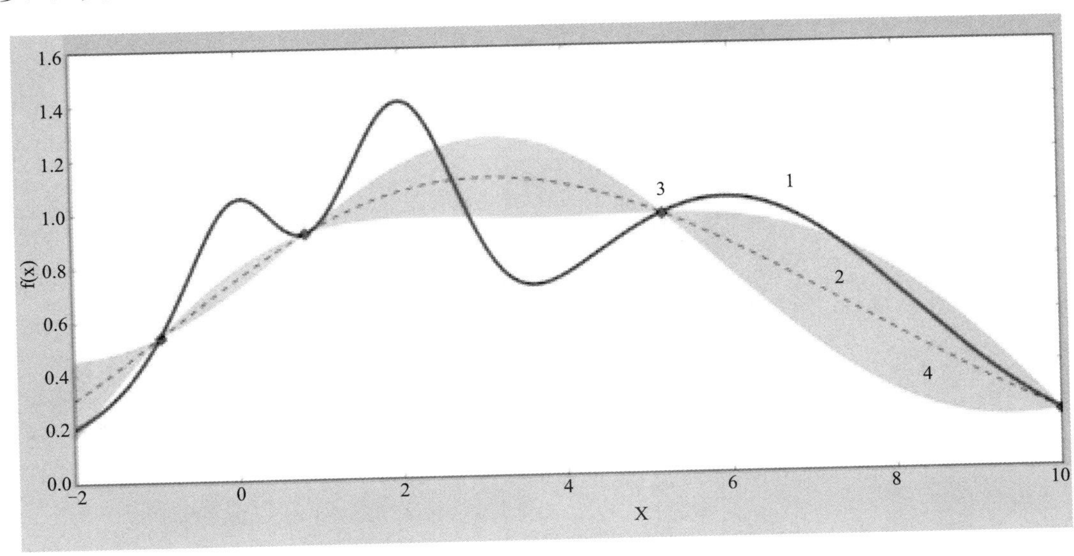

图 8.23　三个样本下的高斯分布

如图 8.23 中深色线 1 是真实的 $f(x)$, 虚线 2 是假设样本服从高斯分布从而预测的曲线，黑点 3 是三个真实的样本点，它分别对应了三组超参数组合以及带来的模型效果，浅色块 4 代表两个样本点之间预测曲线的方差。

毫无疑问，应该选择虚线上纵坐标的值比较大的点，因为值越大代表模型在该超参数组合下效果越好。但是只有这一个选择标准容易陷入局部最优，因此还需要另一个标准来对它做平衡，即也选择区间方差比较大的方向（方差大代表波动大，有可能值很小，或者很大）。这样最终在值最大与方差最大之间取得一个平衡，避免局部最优。

如图 8.24 所示，最终选择第二个样本和第三个样本中间一个点，因为这个点值与方差都比较大。选择后，以该超参数组合训练模型，这样就会又得到一个样本点。综合四个样本点更新高斯分布。

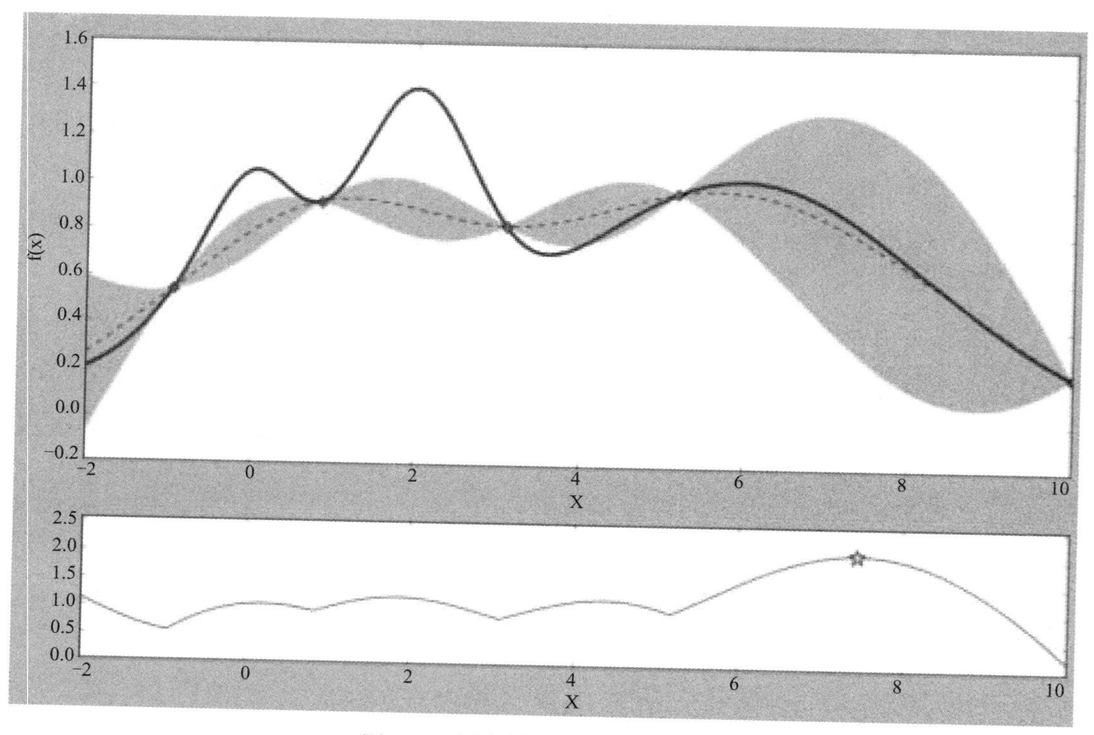

图 8.24　四个样本点下的高斯分布

不断重复该过程，就可以利用很少的点尽可能地去逼近真实曲线，最终求得近似最优解的超参数组合。这在模型训练耗时，超参数样本点少的情境下，可以发挥巨大的作用。

提醒大家需要注意超参数的问题，因为对于寻找最大值与寻找最大方差区间的平衡方程是需要人为的添加超超参数设定的。一般来说这些方程的参数不会很多，采用业界公认的标准参数即可。

第 9 章

豆瓣电影 TOP 250 数据分析

前几章的内容都是具体对某个知识点的讲解。从这章开始，进入实战演练阶段。一般实战的代码都会很长，就不把它完整地呈现在书上了，完整的程序可以在网站上直接下载。但我会分模块地分析代码，帮助大家更好地理解。

本章实战内容是对豆瓣 TOP 250 电影数据的分析与可视化，其中涉及的技术也是数据分析师的高频使用技能。比如爬虫、界面设计、字符串匹配等。这些知识点之所以不单独设置章节来讲，是因为这些技能虽然是数据分析师经常使用到的，但却并不是数据分析师的主体技能，一般了解即可。

把这些知识点和实战程序放在一起来讲，既让大家掌握了这些技能的大概，又锻炼了数据分析能力，一举两得。并且因为是实战环节，基本都是大篇幅的模块代码，不再使用 in、out 这样的标记方便读者观赏了。本章节内容流程如图 9.1 所示。

图 9.1　豆瓣电影 TOP 250 程序逻辑流程图

豆瓣是一个电影鉴赏评论社区，其子网站豆瓣电影 TOP 250 里包含了由豆瓣评出的前 250 部好电影。因此想要获取数据，首先就需要利用爬虫技术获取该子网站的数据。这些数据是包含 html 网页架构的数据，无法使用。此时利用字符串匹配等手段进一步提取、分离数据并存储在 Excel 表格中。之后再从 Excel 表格中读取数据、分析数据、数据可视化。

在数据分析环节加入了界面设计。想象一下，作为一个数据分析师，有时候用 PPT 展示结果，有时候可以做个小软件展现结果，但绝不会让一个外行人通过运行程序来看你的成果。因此，简单了解界面设计，提高软件与客户的可交互性是很重要的。

9.1 项目介绍

本节首先对爬虫做一个整体的介绍，然后具体介绍本实战中所体现的爬虫思想与使用的爬虫技术。

9.1.1 爬虫的简单介绍

爬虫是一项很实用的技能。即使你不是一位数据分析师，生活中也处处用的到爬虫技术，因为爬虫是获取实时数据的重要手段之一。例如，你目前准备买房子，如果精通爬虫技术，去找中介之前是不是可以先爬取房地产实时信息让自己心里有个底？由此说来，如果你是一位数据分析师就更有必要掌握爬虫技能了。

其实，如果只会爬虫技术是很难找到工作的，因为大部分公司对爬虫岗位的需求并不大。不过它却对很多岗位都可以起到锦上添花的作用。

爬虫本身并不难，也并不神秘，本质上就是把构成网页的 html 文件通过写程序的手段读取并存储下来。但是由于很多公司对于一些爬虫行为不厌其烦（频繁访问会增加公司维护网页的成本），使用了一些反爬虫技术。当你进行大规模、持续性爬取数据时，像越过验证码、代理访问、IP 池等这些技术就成为必须掌握的技能了。

因此作为一个数据分析师，本职工作并不是获取数据，并不需要精通爬虫技术，不过需要了解一些爬虫知识，以备不时之需。

9.1.2 网页的构成

想要学习爬虫，首先得了解网页的构成。大家有没有想过，日常浏览的网页是如何展现在我们面前的？

网页也是编写出来的，这个岗位叫作前端开发工程师。打开浏览器，输入特定网址的时候，就会从该网址上下载编写该网页的代码，这些代码通过一些编译结合浏览器就会以文字、图片、视频等纷繁复杂的形式呈现在眼前。

而爬虫就是通过编码将编写该网页的代码读取存储起来，以便后续提取、分析网页中的特定信息。编写该网页的语言叫作超文本标记语言，网页的本质其实也就是超文本标记语言，而爬虫的本质就是爬取超文本标记语言。

超文本标记语言与 Python、C 等有很大的不同，其所写即所得，是一种描述性语言。举例给大家说明。

现在，编写一个最简单的网页。首先，新建一个记事本，然后在记事本里写入如下代码。

```
<!DOCTYPE html>
```

```
<html>
<head>
<meta charset="utf-8">
<title>Python 与数据分析 </title>
</head>
<body>
    <h1>Python 与数据分析 </h1>
    <p> 第八章：实战 </p>
</body>
</html>
```

保存该记事本，将其文件扩展名从“txt”更改为“html”。双击打开该文件，一个简单的静态网页就展现在你面前了，如图 9.2 所示。

图 9.2　一个简单的网页

我用的是 chrome 浏览器。打开开发者工具，可以从网页上直接查看该网页对应的超文本标记语言，如图 9.3 所示。

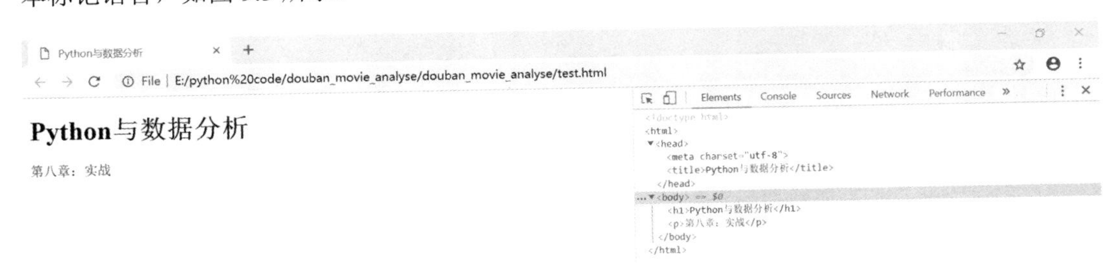

图 9.3　开发者工具下查看 html 语言

所谓所写即所得，就好比画画一样，你用蓝色的波浪代表河流，淡蓝色的涂鸦代表天空，青绿色的涂鸦代表草地。html 语言也一样，每一个标签都有相应的功能。

比如 title 标签里代表的就是网页的名字，h1 标签、p 标签里就是网页的具体内容。而落实到爬虫，就是将这些标签以及标签里的内容爬取下来，然后将标签里的内容提取出来。

9.1.3　实战中的爬虫技术介绍

在豆瓣电影 TOP 250 数据分析实战中，编写的第一个模块就是爬虫模块，代码如下。

```
    URL = 'http://movie.douban.com/top250'
    # 获取网页原始数据
    def download_page(url):
        headers = {
                'User-Agent': 'Mozilla/5.0 (Macintosh; Intel Mac OS X 10_11_2)
AppleWebKit/537.36 (KHTML, like Gecko) Chrome/47.0.2526.80 Safari/537.36'
```

```
    }
    data = requests.get(url, headers=headers).content
    return data
```

URL 就是豆瓣 TOP 250 电影的网址。然后编写了一个函数 download_page, 其功能就是将该网址里的 html 语言读取下来。

这里用到了一个用户代理技术。很多网站都有反爬虫技术，它们会对访问来源进行统计，当同一访问来源的访问次数超过某个阈值，网站就会限制它的访问。为了防止这种情况出现，爬虫时会搜集不同的 User-Agent，然后随机使用，伪装成很多不同的访问来源。

User-Agent 称为用户代理，简称 UA。其存放在 Headers 字段中，服务器就是通过查看 Headers 来判断是谁在访问。

Python 中有关爬虫的模块有很多，在这里使用的是 requests 模块。调用 requests 中的 get 函数，其有两个参数，一个是 url，即爬取网址，一个是 headers，即 Headers 字段。

通过 download_page 函数可以获取网页的原始数据。所谓原始数据即是 html 标签和目的数据杂糅的综合数据。接下来，从原始数据中提取出目的数据，需要用到字符串匹配技术。

有很多种方法可以实现字符串匹配，最基础的就是正则表达式。它是计算机科学的一个概念，正则表达式通常被用来检索、替换那些符合某个模式(规则)的文本。它很灵活也很强大，但其缺点是难以掌握。

本实战中使用的字符串匹配技术是 BeautifulSoup 库，它易于掌握，但是不如正则表达式灵活，且运行起来比较占内存。如下是字符串匹配的功能模块函数。

```
def get_information(doc):
    soup = BeautifulSoup(doc, 'html.parser')
    ol = soup.find('ol', class_='grid_view')
    name = []                                   # 电影名字
    film_reviewer = []                          # 影评人数
    score = []                                  # 影评分数
    quteo = []                                  # 短评
    year = []                                   # 电影上映年份
    country = []                                # 拍摄电影国家
    for i in ol.find_all('li'):
        #1 获取电影名字
        detail = i.find('div', attrs={'class': 'hd'})
        movie_name = detail.find( 'span', attrs={'class': 'title'}).get_text()
        name.append(movie_name)
        #2 获取影评人数
        star = i.find('div', attrs={'class': 'star'})
        star_num = star.find(text=re.compile(' 评价 '))
        film_reviewer.append(star_num)
        #3 获取评分
        level_star = i.find('span', attrs={'class': 'rating_num'}).get_text()
        score.append(level_star)
        #4 获取短评
        info = i.find('span', attrs={'class': 'inq'})
        if info:
            quteo.append(info.get_text())
        else:
            quteo.append(' 无 ')
```

```
            #56 获取电影的上映年份和拍摄国家
            detail = i.find('div', attrs={'class': 'bd'})
            label = detail.find('p')
            information = label.find(text = re.compile(r'\d{4}'))
            information = information.split()
            new_information = []
            for j in information:
                if (j!='/'):
                    new_information.append(j)
            year.append(new_information[0])
            country.append(new_information[1])
        # 获取下一页
        page = soup.find('span', attrs={'class': 'next'}).find('a')
        if page:
                return name, film_reviewer, score, quteo, year, country, URL +
page['href']
        return name, film_reviewer, score, quteo, year, country, None
```

首先将原始数据传入 BeautifulSoup 函数中，该函数第一个参数是原始数据，第二个参数是解析格式。‘html.parser’参数意味着以 html 格式来解析原始数据结构，将其解析成树结构方便检索。并把最后的结果赋值给 soup 变量。

BeautifulSoup 库的工作原理就是将传入的 html 代码解析成树结构，每个节点都是一个 Python 对象，通过树结构的某些性质准确查找到某个具体的节点。以之前编写的简单网页为例，如果用 BeautifulSoup 解析后，会形成如图 9.4 所示的树结构。

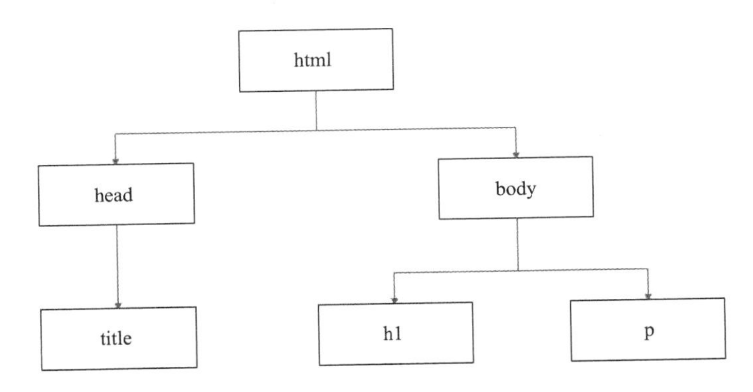

图 9.4　简单网页解析后的树结构

从根节点 html 出发，可以遍历该网页的所有节点，这样简单明了，初学者也可以很好地学习掌握。其缺点就是不太灵活，每次使用都会把 html 结构完整解析一遍，降低了程序运行效率。

一般使用 BeautifulSoup 之前，会将原始网页的结构手动画一遍，明确了想要获取内容对应的标签的位置，再使用 BeautifulSoup 精确查找提取。

现在来分析目的网址的网页结构。输入网址，打开开发者工具。最后可以发现想要获取的电影的名字、年份、国籍、评分、评价次数等信息在图 9.5 所示的标签里。

```
▼<div class="article">
  ▶<div class="opt mod">…</div>
  ▼<ol class="grid_view">
    ▼<li>
      ▼<div class="item">
        ▼<div class="pic">
            <em class>1</em>
          ▶<a href="https://movie.douban.com/subject/1292052/">…</a>
          </div>
        ▼<div class="info"> == $0
          ▶<div class="hd">…</div>
          ▼<div class="bd">
            ▼<p class>
               "
                                              导演: 弗兰克·德拉邦特 Frank Darabont   主演: 蒂
               姆·罗宾斯 Tim Robbins /..."
               <br>
               "
                                              1994 / 美国 / 犯罪 剧情
                                          "
             </p>
            ▼<div class="star">
               <span class="rating5-t"></span>
               <span class="rating_num" property="v:average">9.6</span>
               <span property="v:best" content="10.0"></span>
               <span>1326490人评价</span>
             </div>
            ▼<p class="quote">
               <span class="inq">希望让人自由。</span>
             </p>
           </div>
         </div>
       </div>
     </li>
    ▶<li>…</li>
```

图 9.5　目的网址的网页结构

手动画出该网页结构的树状图，如图 9.6 所示（该树状结构图省略了很多与本实战所需信息无关的树分支）。

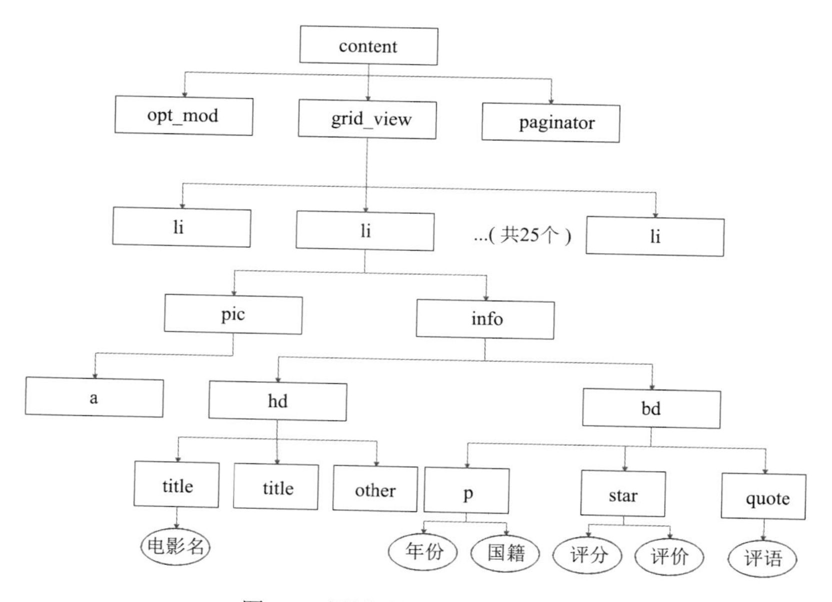

图 9.6　解析后的树状结构图

豆瓣 TOP 250 电影网页的结构大致如图所示。每一个名叫 li 的标签，包含了一个电影的所有信息。一个网页里共有 25 部电影，该子网站共有 10 个网页，共包含了豆瓣评分前 250 名的电影。

在图 9.6 的最下端，终于定位到了包含目的信息的标签位置。现在可以开始从原始数据中通过字符串匹配提取出目的信息了。

通过图 9.6 可知，所有的信息都包含在一个叫做 grid_view 的标签里。利用 soup 变量调用 find 方法，寻找到名叫 grid_view 的 ol 标签，并把内容赋值给叫 ol 的变量。紧接着设置一系列空列表，方便之后存储信息。

接下来就是循环，遍历每一页中的每一个 li 标签。以获取电影名字来说，电影名字该信息内容在名为 hd 标签节点的子节点 title 中。因此在程序中就体现为先寻找到 hd 标签，再寻找到 hd 标签里的 title 标签。最后利用 get_text 函数得到电影名称文本。

大家会注意到，循环中用的寻找函数是 find_all, 别处是 find。两者的不同之处在于 find 寻找的结果是第一个符合查找条件的标签，find_all 找到的结果是所有符合查找条件的标签。

获取其他信息的思路也大同小异。不过在获取电影拍摄国家和年份的时候处理起来更复杂一些，因为由图 9.5 所知，该信息不像其他信息直接利用 get_text 便可提取，其要处理换行、空格等不想要的符号才能获得目的信息。

首先找到 p 标签，赋值给 label 变量。利用 Python 的 re 模块，使用正则表达式提取出部分信息，再按空格将信息分成多块，最后去掉‘/’，就得到了想要的信息。

到目前为止，已经将所有目的信息存储到了空列表里。该函数最后几行代码实现了爬虫时的自动翻页功能。程序逻辑为，如果有下一页，便返回下一页的网址，否则返回 None。

9.1.4　实战中数据存储与读取

现在到数据存储和读取环节，代码如下：

```
    def get_all_information():                                    # 存储数据函数
        url = URL
        name = []                                                 # 电影名字
        film_reviewer = []                                        # 影评人数
        score = []                                                # 影评分数
        quteo = []                                                # 短评
        year = []                                                 # 电影上映年份
        country = []                                              # 拍摄电影国家
        while url:
            doc = download_page(url)
               name1, film_reviewer1, score1, quteo1, year1, country1, url = get_
information(doc)
            # 进行数组合并
            name = name + name1
            film_reviewer = film_reviewer + film_reviewer1
```

```
            score = score + score1
            quteo = quteo + quteo1
            year = year + year1
            country = country + country1
        L = len(name)
        data = [name, film_reviewer, score, quteo, year, country]
        data_csv = DataFrame(data, index=['name', 'film_reviewer', 'score', 'quteo',
'year', 'country'],columns=np.array(range(L)))
        data_csv = data_csv.T
        if not os.path.exists(path_result):
            os.makedirs(path_result)
        filename = path_result + 'result.csv'
        data_csv.to_csv(filename, index=False,encoding='utf-8-sig')
    # 读取数据函数
    def get_data():
        filename = path_result + 'result.csv'
        data_csv = pd.read_csv(filename, encoding='utf-8')
        return data_csv
```

因数据量较少，数据存储在 Excel 中即可。先解释数据存储函数 get_all_information。

（1）生成空列表便于后续存储数据。

（2）调用上一节解释的 get_information 函数来获取数据，因为数据并非只存储在一个网页中，需用使用循环来进行自动翻页操作。当 url 不为 None 的时候，循环继续下去，否则跳出循环。

（3）将数据规整好，存储到 csv 格式的 Excel 文件中。这部分知识点在第四章详细解释过，不再过多讲解。

get_data 函数的作用是从存储的 Excel 文件中读取数据。

9.1.5 实战中的界面设计

现在就来到了实战的界面设计环节。前面说过，作为一个数据分析师，自己开发一个系统分析数据会大大提高与客户的交互性，这样的东西也才能称之为数据产品。比如，点击一个按钮就能出现对应的图片，在查找框里输入查询项就能从数据库里提取到想要的信息，本节就来实现这些功能。

在此之前，先来介绍一下界面设计的基本知识。在本实战中采用 Python 的 tkinter 库来实现界面设计。tk 其实并不像网络上说的那样一文不值，它确实不如 QT、Wxpython 功能强大，但是这也意味着它比较简单。如果需要做一个小工具，或者以功能为主不注重界面美观的时候，tkinter 是我们的首选。

先提一个注意点，Python 2 与 Python 3 关于 tkinter 有不少不同之处，比如引入包的时候，“2”需要大写，“3”却是小写。在这里是用 Python 3.6 开发的。tkinter 库的主要控件见表 9.1。

表 9.1　tkinter 库主要控件

控件名称	功能
Button	按钮
Entry	输入框
Label	标签
Text	文本，显示多行文本
ScrolledText	带滚动条的文本，功能同上
Frame	框架，作为容纳控件的容器
Menu	下拉菜单

上面是界面设计时经常使用的控件，接下来介绍如何布局，即如何美观地将一个个控件摆放在适合的位置。

Python 的 tkinter 库主要有三种布局方式，分别为 pack、grid、place。pack 过于简单，place 较为复杂，grid 难度适中比较实用。下面是使用 grid 布局时经常使用的一些参数，如表 9.2 所示。

表 9.2　grid 布局常见参数

布局参数	功能
row	控件坐标行号
column	控件坐标列号
rowspan	一般一个控件只一行，通过改参数可指定该控件合并数行
columnspan	同上，改为列
ipadx	水平方向内部填充
ipady	竖直方向内部填充
padx	水平方向与其他控件的间距
pady	竖直方向与其他控件的间距
sticky	控件在该网格坐标内居中、左、右、上、下的选择

grid 布局的思路是这样的，它将界面通过网格分成一小块一小块，每一小块就是一个控件可以安放的区域。通过指定行列参数可以精确指定控件在界面中的位置，其他参数可以微调控件大小、背景颜色、行间距等。接下来分析实战中的界面设计代码。

```
    root = Tk()
    root.title("豆瓣分析系统")
    root.minsize(800, 700)
    # 数据分析模块界面设计
    label_analyse = Label(root, text='数 据 分 析', background='red').
grid(row=1,column=0,padx=50)
    anaylse_button1 = Button(root, text='国家分布',command = lambda: data_analyse_
button1_figure(country_name,country_count)).grid(row=2,column=1)
    anaylse_button2 = Button(root, text='年代分布',command= lambda: data_analyse_
button2_figure(movie_year, movie_count)).grid(row=3,column=1)
    anaylse_button3 = Button(root, text='评分分布',command= lambda: data_analyse_
button3_figure(movie_score, movie_score_count)).grid(row=4,column=1)
```

```
    anaylse_button4 = Button(root, text='词云可视化',command= lambda: work_cloud_visualization(data)).grid(row=5,column=1)
    anaylse_button5 = Button(root, text='平均评分国家对比', command=lambda: data_analyse_button5_figure(country_name, score_average)).grid(row=6,column=1)
    # 数据查询模块
    label_inquire = Label(root, text='数 据 查 询', background='yellow').grid(row=1,column=2,padx=50)
    inquire_label1 = Label(root, text='按年代查询').grid(row=2,column=3)
    inquire_label2 = Label(root, text='按国家查询').grid(row=3,column=3)
    inquire_label3 = Label(root, text='按评分查询').grid(row=4,column=3)
    inquire_label4 = Label(root, text='按片名查询').grid(row=5,column=3)
    #数据查询输入模块
    e1 = StringVar()
    en1 = Entry(root, validate='key', textvariable=e1)
    en1.grid(row=2, column=4)
    en1.bind('<Return>', data_inquire_entry1)
    e2 = StringVar()
    en2 = Entry(root, validate='key', textvariable=e2)
    en2.grid(row=3, column=4)
    en2.bind('<Return>', data_inquire_entry2)
    e3 = StringVar()
    en3 = Entry(root, validate='key', textvariable=e3)
    en3.grid(row=4, column=4)
    en3.bind('<Return>', data_inquire_entry3)
    e4 = StringVar()
    en4 = Entry(root, validate='key', textvariable=e4)
    en4.grid(row=5, column=4)
    en4.bind('<Return>', data_inquire_entry4)
    # 数据显示模块
    text = scrolledtext.ScrolledText(root, width=120, height=20)
    text.grid(row=6, columnspan=5,padx=20,pady=10)
    root.mainloop()
```

经该代码设计成的界面如图 9.7 所示。

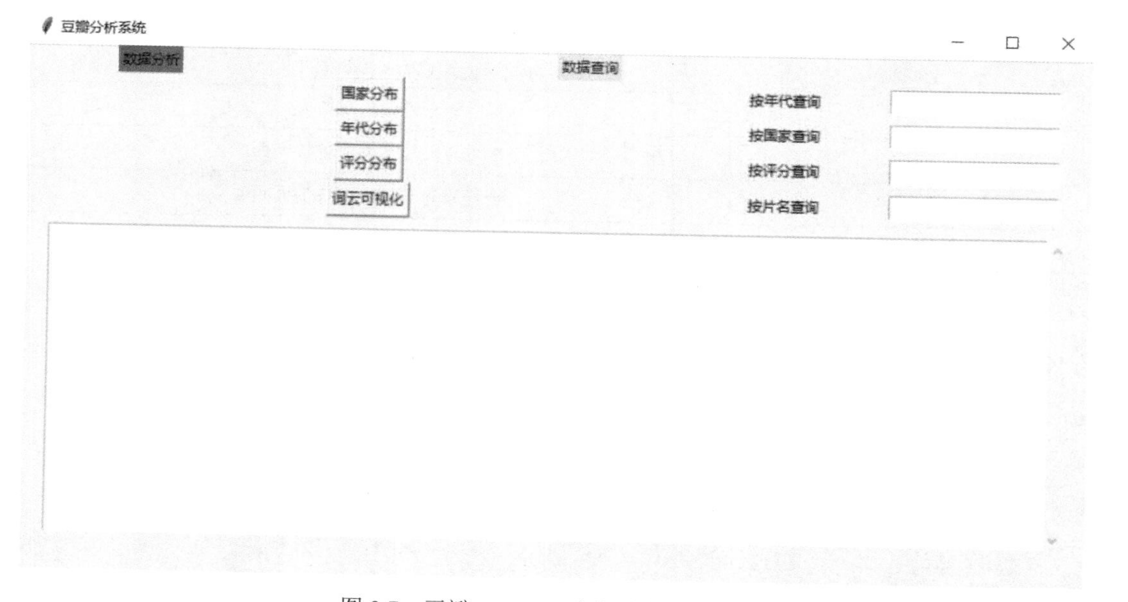

图 9.7　豆瓣 TOP 250 电影分析系统界面

该界面虽然比较简陋，但是布局合理，简约大气，作为一个小系统的界面已经足够了。在日常的数据分析工作中，做出这样的界面能够满足客户的需求。

数据分析模块由四个按钮组成，数据查询模块由四个查询输入框组成，查询到的数据会在界面下方的文本框里显示。前面也说过，通过对 grid 函数中的各种参数进行设定，进而指定控件的位置、颜色、大小、间距等。

界面设计的程序与前端网页设计的程序大同小异，所写即所得，不需要做过多解释，在理解代码时如果读者不理解，可手动调节某些参数进一步了解参数功能。这里主要解释一下前端与后端相连的部分。即如何实现通过一按按钮，就能出现图片？如何实现在查询框里输入文本，就在文本框里显示多行字段？

大家注意按钮控件里的 command 参数，该参数实现一旦触发按钮，就执行该参数对应函数的功能。至于这些后续函数的功能实现，后续小节会介绍。往往称这种参数对应的函数为事件触发函数。

再来看数据查询输入模块，Entry 是个输入控件，在该输入框中的数据传给了 e1、e2、e3、e4 这四个变量（下一小节会用到）。该控件绑定事件触发函数的方式与按钮控件所使用的不同(并不是不同的控件必须采用不同的方式，只是希望多使用一些方法让读者更多了解)。它是通过 bind 函数来进行绑定，绑定的方式为 return，即将输入框里输入的值传给事件触发函数，留其后续使用。

bind 函数的第二个参数就是事件触发函数名。需要注意，利用 command 绑定事件触发函数需要写出该函数的形参，利用 bind 绑定事件触发函数时连括号都不需要写，直接写个函数名即可。界面控件就是通过 command 参数、bind 函数实现与后端函数的沟通的。

9.1.6　实战中的数据可视化

这是本章最后一节，也是数据产品诞生的最后一个环节，数据可视化。数据分析模块中，前三个按钮对应的可视化功能的后端逻辑是一样的，只有词云可视化稍有不同，数据查询模块中四个输入框对应的文本可视化的后端逻辑都是一样的。因此，这一节分三部分来介绍，每一个部分选一个代表控件来介绍。

先介绍“国家分布”这个按钮是如何实现数据可视化功能的，代码如下。

```
    def data_analyse_button1(data):
        country_count = []
        country_name = []
        country_dict = {'美国': 0, '中国': 0, '法国': 0, '意大利': 0, '日本': 0, '
印度': 0,'韩国': 0, '德国': 0,
                        '英国':0, '新西兰':0,,'西班牙':0, '澳大利亚':0, '丹麦':0, '巴
西':0, '阿根廷':0, '伊朗':0, '爱尔兰':0,
                        '瑞典':0, '泰国':0, '博茨瓦纳':0 }
        country_list = ['美国', '法国', '意大利', '日本', '印度', '韩国', '德国',
                        '英国', '新西兰', '西班牙', '澳大利亚', '丹麦', '巴西', '阿根廷',
'伊朗', '爱尔兰',
                        '瑞典', '泰国', '博茨瓦纳']
        for i in data.country:
```

```
        if i in country_list:
            country_dict[i] = country_dict[i] + 1
    for i in range(len(country_list)):
        country_count.append(country_dict[country_list[i]])
    for i in country_dict:
        country_name.append(i)
    return country_name, country_count
def data_analyse_button1_figure(country_name, country_count):
    fig = plt.figure(1)
    ax1 = plt.subplot(111)
    data = country_count
    width = 0.5
    x_bar = np.arange(len(country_count))
    rect = ax1.bar(left=x_bar, height=data, width=width, color="lightblue")
    for rec in rect:
        x = rec.get_x()
        height = rec.get_height()
        ax1.text(x + 0.1, 1.02 * height, str(height))
    ax1.set_xticks(x_bar)
    ax1.set_xticklabels(country_name)
    ax1.set_ylabel("num")
    ax1.set_title("TOP 250 movie country distribution")
    ax1.grid(True)
    ax1.set_ylim(0, 150)
    plt.show()
```

这部分总共有两个函数，分别为 data_analyse_button1 和 data_analyse_button1_figure。

第一个函数功能为形成一个字典，该字典键为国家名，值为每个国家拍摄电影上榜 TOP 250 的个数。最后利用该字典返回两个列表，一个列表内容为国家名，另一个列表内容为对应的每个国家拍摄电影上榜 TOP 250 的个数。

第二个函数的两个形参正好接受上一个函数返回的两个数组。该函数功能为利用上一个函数传递来的数据进行可视化。

这两个函数的功能的具体实现步骤即是对以前章节知识的运用，不再做赘述。最后效果为点击“国家分布”按钮，出现一张条形图，如图 9.8 所示。

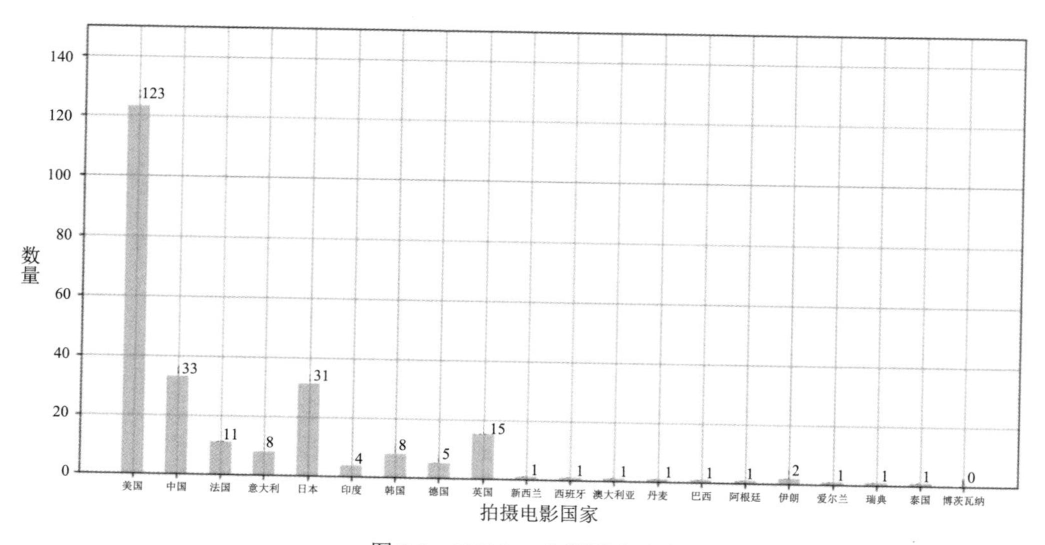

图 9.8　TOP250 电影国家分布图

从图 9.8 中可以看出来，在国内比较权威的电影评鉴社区豆瓣，评分最高的前 250 名电影中美国占了一半，一骑绝尘稳坐第一宝座。日本排在第二、第三。然后是英国，中国与法国并列第五。这五个国家共占了 83.2%。

年代分布如图 9.9 所示。

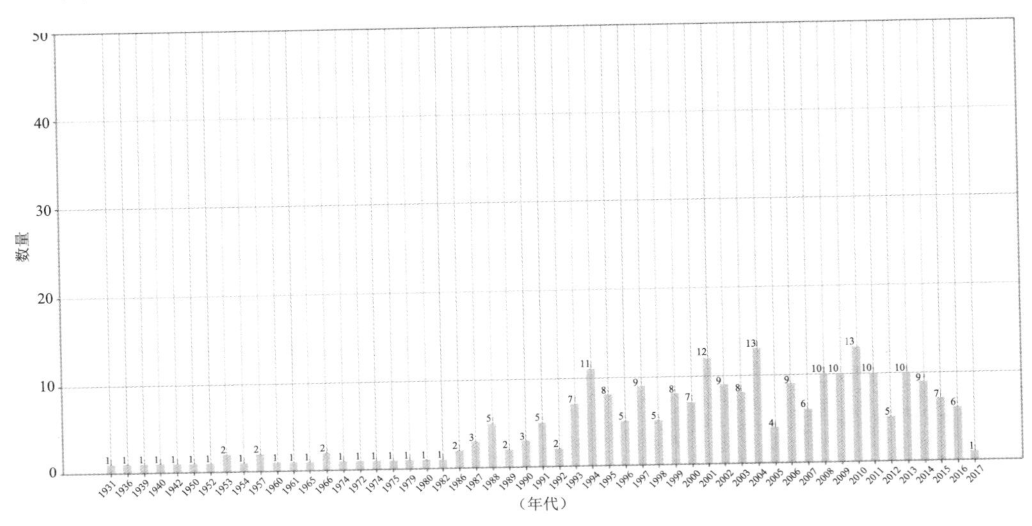

图 9.9　TOP 250 电影年代分布

可以看出，以 20 世纪 90 年代初期为非常明显的分界线，之前的年份电影很少，之后的入榜电影数量偏多。是不是因为电影越拍越好了呢？也不一定，这也和豆瓣的使用群体很相关。进一步分析需要获取更多的信息，才能做出更有说服力的推断。

评分分布如图 9.10 所示。

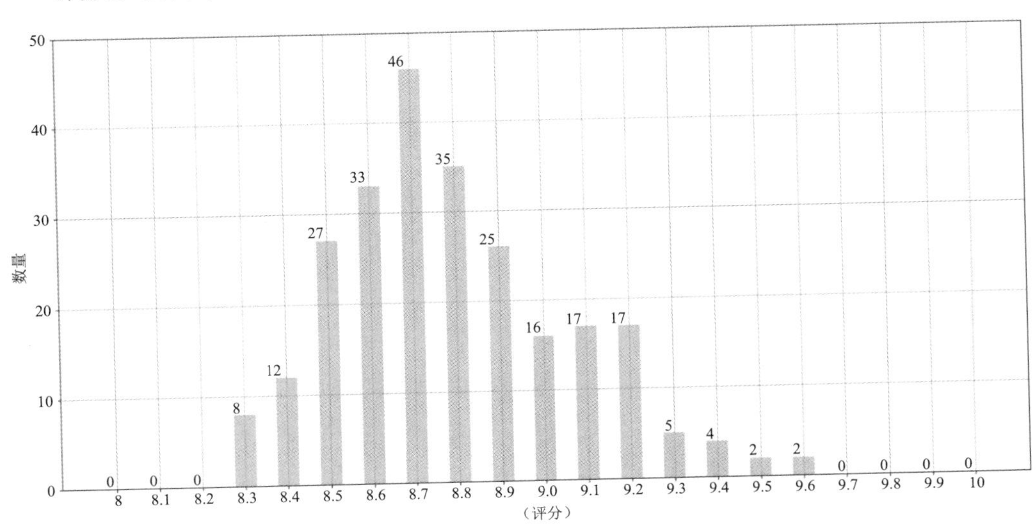

图 9.10　TOP 250 电影评分分布

如图 9.10 所示，这前 250 部电影中，居然没有一部在 9.7 评分以上。排名第一的电影《肖申克的救赎》评分 9.6，看来豆瓣群体对电影的评价还是很严格的。评分 8.7 的电影是最多的，占所有电影的五分之一。另外评分分布近似正态分布。接下来介绍词云可视化的程序实现。

```
def work_cloud_visualization(data):
    words = ''
    word_list = []
    girl_image = plt.imread('girl.jpg')
    wc = WordCloud(background_color='white',  # 背景颜色
                   max_words=1000,  # 最大词数
                   mask= girl_image,
# 以该参数值作图绘制词云，这个参数不为空时，width 和 height 会被忽略
                   max_font_size=100,  # 显示字体的最大值
                   font_path="C:/Windows/Fonts/STFANGSO.ttf",
# 解决显示口字型乱码问题，可进入 C:/Windows/Fonts/ 目录更换字体
                   random_state=42,  # 为每个词返回一个 PIL 颜色
                   # width=1000,  # 图片的宽
                   # height=860   # 图片的长
                   )
    for i in data.quteo:
        words = words + i
    word_generator = jieba.cut(words, cut_all=False)
    for word in word_generator:
        word_list.append(word)
    text = ' '.join(word_list)
    wc.generate(text)
    # 基于彩色图像生成相应彩色
    image_colors = ImageColorGenerator(girl_image)
    # 显示图片
    plt.imshow(wc)
    # 关闭坐标轴
    plt.axis('off')
    # 绘制词云
    plt.figure()
    plt.imshow(wc.recolor(color_func=image_colors))
    plt.axis('off')
    wc.to_file('19th.png')
    plt.show()
```

代码运行效果如图 9.11 所示。

图 9.11　电影寄语词云图

该词云所用语料来自这 250 部电影的主题。比如《肖申克的救赎》的主题是“希望让人自由”，《泰坦尼克号》的主题是“失去的才是永恒的”。将这些句子分词后，统计出现频率。出现频率越高，词云图中的字就越大。

这 250 电影中，出现频率最高的词汇是我们、自己、世界、人生、永远等。接下来介绍最后一部分，数据查询模块的实现过程，以按片名查询该功能举例来说。代码如下。

```
def data_inquire_entry4(event=None):
    filename = path_result + 'result.csv'
    data = pd.read_csv(filename, encoding='gbk')
    temp = e4.get()
    inquire = data[data['name'] == temp]
    print(inquire)
    head = list(inquire)
    data_inquire = [head]
    content = inquire.values.tolist()
    for i in range(len(content)):
        data_inquire.append(content[i])
    data_inquire = AsciiTable(data_inquire)
    text.insert(INSERT, data_inquire.table)
```

该函数实现的功能为读取到从输入框输入的信息，然后从 excel 数据库中匹配到与输入信息条件相匹配的数据，最后把数据打印到控制台以及界面中的 Text 文本框里（打印到控制台是为了开发软件时方便发现错误）。

（1）从 Excel 中读取数据。

（2）利用 e4 这个变量（上一节让大家注意了），获得从输入框输入的信息，e4 变量调用 get 函数即可实现。

（3）利用第 4 章讲过的 pandas 表格数据过滤操作获取条件匹配的信息。

（4）分别用 print、insert 函数将信息打印到控制台以及文本框中。

最后的效果是这样的，如图 9.12 所示。该代码中 7 ～ 12 行实现了打印格式的规整，在第 4 章中也有提及，不知道大家有没有忘记？

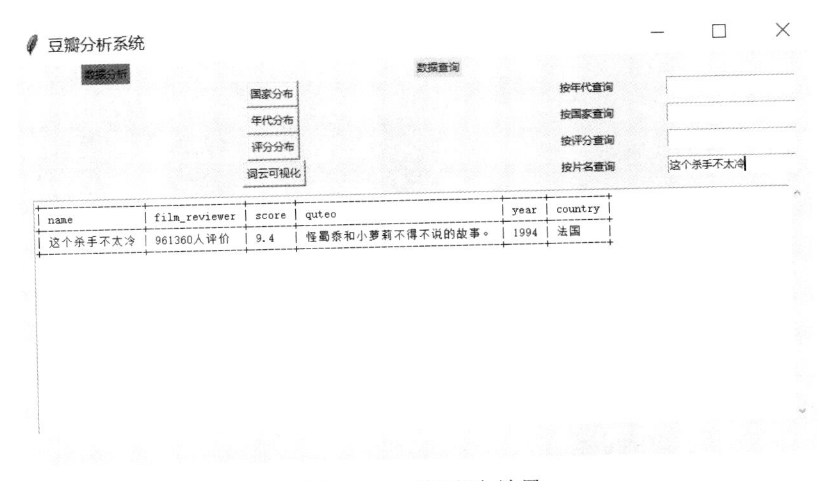

图 9.12　系统查询效果

当查询内容过多，该文本框无法完整显示时，会出现滚动条，保证使用者可以完整读取到信息。效果如图 9.13 所示。

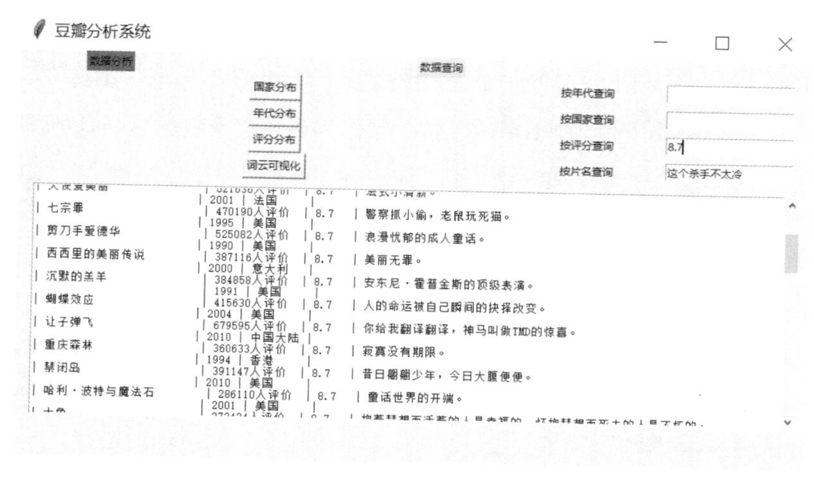

图 9.13　滚动条效果

9.2　数据库操作

本书大部分数据的增删改查功能都是使用 Python+csv 格式文件来完成的，这样做的好处是方便、简单、所占空间小。

其实计算机发展早期，很多应用程序都是通过文件来进行数据管理。但随着应用程序需求类型增多、数据量日益增大、私密信息安全等问题的出现，发展出了统一管理、共享数据的数据库系统。

举一个例子来说，数据库的存储操作，对数据类型有着严格一致的要求。而文件只要有数据，就可以存进去。当数据量很大时，如果一个列表下，某一列的数据类型不一致时可能会给开发带来不必要的麻烦。

从整体层面抽象来说，数据库管理系统自带了对数据的管理，相当于包装了很多操作数据的 API，只需要应用层面调用即可。而文件就仅仅只是一个容器，应用程序还要对数据存储、数据管理等进行个性化开发，降低了编程效率。

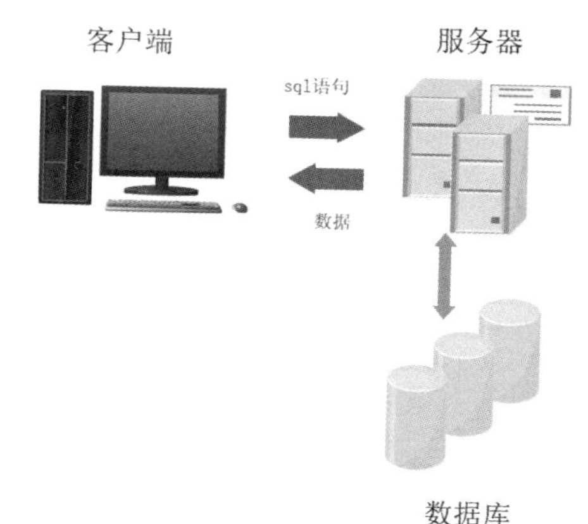

图 9.14　数据库关系

因此，与数据打交道，就不得

不了解数据库知识，如图 9.14 所示。但本书并不是针对数据库操作的书籍，所以在该实战中浅尝辄止得提及，使得读者对数据库有个入门了解，并学会基本的增删改查功能。在本实战中，使用 Pycharm+MongoDB+RoBoMongoDB 进行数据库的存储操作。

9.2.1　数据库的安装与配置

MongoDB 是一个基于分布式文件存储的数据库。由 C++ 语言编写。旨在为 Web 应用提供可扩展的高性能数据存储解决方案。

MongoDB 是一个介于关系数据库和非关系数据库之间的产品，是非关系数据库当中功能最丰富，最像关系数据库的。

从官网上下载适合的版本进行傻瓜式安装即可，并没有太多需要注意的地方。安装方面需要注意一点的是，下载最新版本时出现错误，因此选择了之前使用过的比较稳定的 3.4 版本。

主要介绍配置过程以及 MongoDB 数据库的可视化。

（1）安装数据库。在 E 盘中建立 MongoDB 文件夹（这个可以随意选择，但是一定要注意前后要一致），将 MongoDB 数据库安装在该文件夹下。

（2）创建数据库文件存放位置。在 MongoDB 文件夹下创建 data 文件夹，再在 data 文件夹下创建 db 文件夹。这是因为启动 mongodb 服务之前需要必须创建数据库文件的存放文件夹，否则命令不会自动创建，而且不能启动成功。

（3）启动 MongoDB 服务。打开命令行，输入如下命令。

```
>cd e:
>cd e:/MongoDB/bin
>mongod --dbpath E:/:/MongoDB/data/db
```

在浏览器输入“http://localhost:27017”（27017 是 mongodb 的端口号）查看，显示若如图 9.15 所示，则说明启动服务成功！

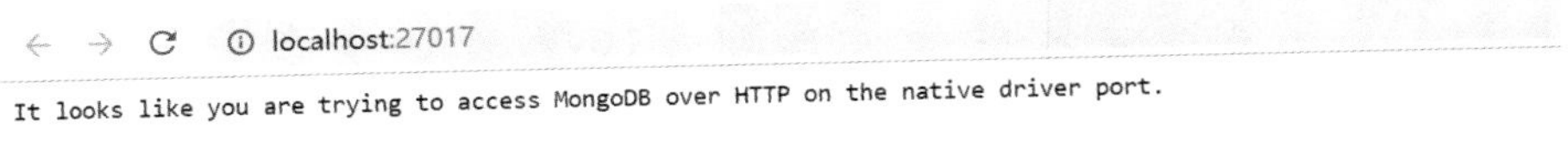

```
← → C  ⓘ localhost:27017
It looks like you are trying to access MongoDB over HTTP on the native driver port.
```

图 9.15　数据库启动成功

（4）配置本地 MongoDB 服务。按照 E:/MongoDB/data/log 路径创建 log 文件夹。按照 E:/MongoDB/mongo.config 路径创建配置文件。在该配置文件中输入如下两段代码。

```
dbpath=E:\MongoDB\data\db
logpath=E:\MongoDB\data\log\mongo.log
```

然后以管理员身份打开命令行，运行如下代码。

```
>cd e:
```

```
>cd e:/MongoDB/bin
>Mongod -config e:/MongoDB/mongo.config -install -serviceName "MongoDB"
```

在运行该步之前，要注意一定在我的电脑→属性→环境配置→ Path 中添加环境变量：E:\MongoDB\bin。

执行完以上四步以后，MongoDB 数据库就配置完成了。以后想使用的时候，就需要通过管理员身份运行命令行，然后输入如下代码开启服务。

```
>net start MongoDB
```

当使用完成后，别忘了关闭服务，这样可以节省资源。

```
> use admin;
switched to db admin
> db.shutdownServer();
```

接下来，安装 MongoDB 的可视化操作界面 RoBoMongoDB。下载相应资源，安装完成后，出现如图 9.16 所示的画面。

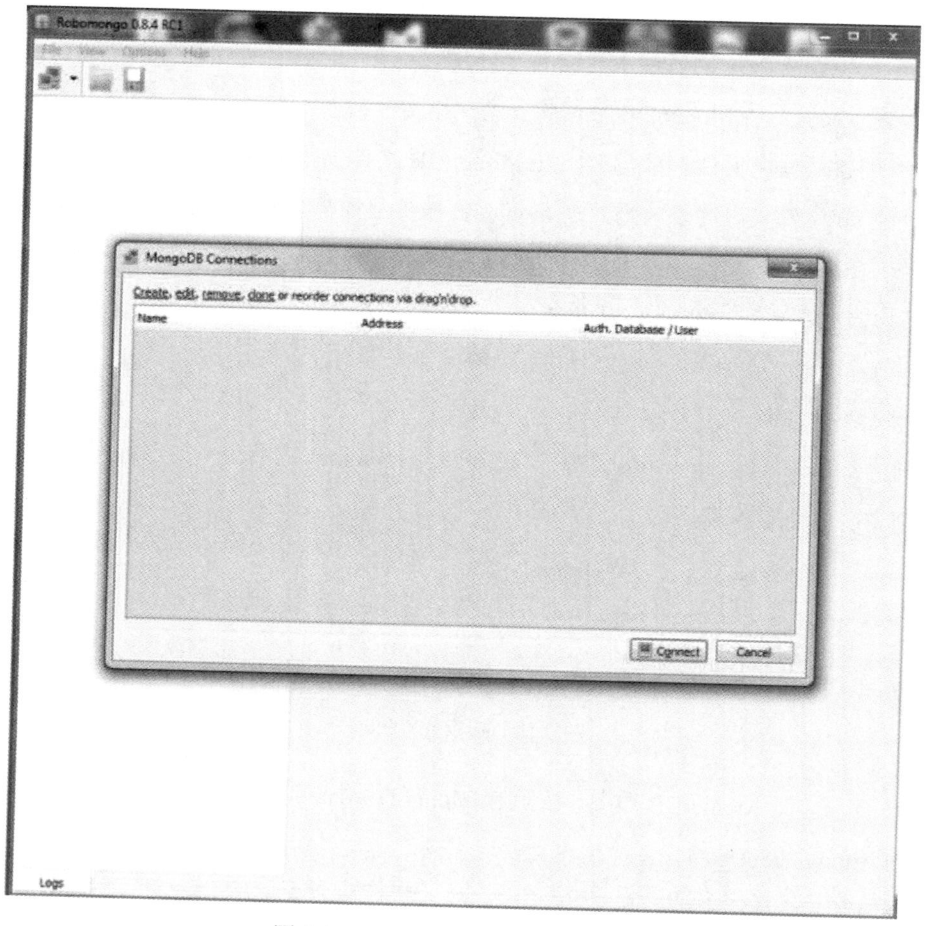

图 9.16　RoBoMongoDB 初始界面

经过一系列傻瓜操作，连接好数据库后，就可以开始数据存储的代码开发了。

9.2.2　数据存储到数据库

首先安装 Python 与 MongoDB 相关的第三方库，pymongo。然后编写存储数据函数 store_mongodb，代码如下。

```
import pymongo
def store_mongodb():
    data = pd.read_csv('result.csv')
    print('~~~~~~~~~~~~~~~~~~` 开始连接数据库，请等待 ~~~~~~~~~~~~~~~~~~~~~~~~')
    client = pymongo.MongoClient('mongodb://localhost:27017/')    # 创建连接
    db = client.db                                       # 创建数据库
    collection = db.movie                                # 创建表格
    for i in range(len(data.loc[:,'name'])):             # 依次读取 Datafrme 中的每行数据
        one_data = data.loc[i,:]
        one_dict = dict(one_data)                        # 将 Series 字典化
        collection.insert_many([one_dict])               # 多行插入
    print('~~~~~~~~~~~~~~~~~~~ 数据库连接完成，已经存储 ~~~~~~~~~~~~~~~~~~~~~~')
 store_mongodb()
```

可以看到 Python 与数据库的连接也是很简单，并且 MongoDB 数据库的数据存储也比 Mysql 等其他数据库要简单。全是以字典的形式进行数据的插入，并且存储也是。最后可在数据库可视化界面看到效果如图 9.17 所示。

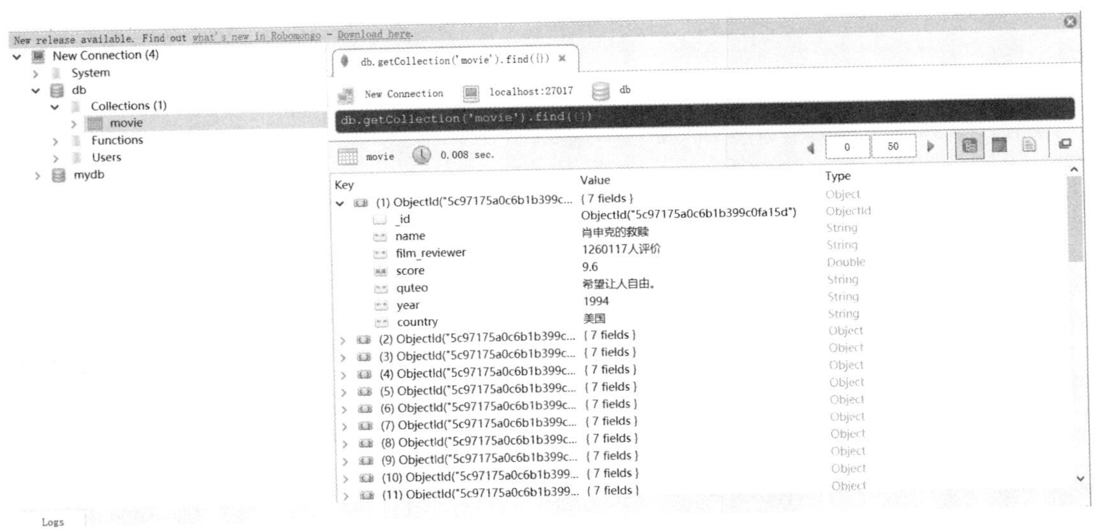

图 9.17　MongoDB 数据库可视化界面

从该界面中可以看到，数据存在 db 数据库中的 movie 表格下，可以通过一些语句直接在数据库中进行增删改查操作。

（1）常规查询。

```
db.getCollection('集合名').find({'字段名':'字段属性'})
```

（2）查找某个字段不存在的文档。

```
db.getCollection('集合名').find({'字段名':{$exists:false}})
```

（3）嵌套字段的操作。

例如：字段 name 是嵌套在 people 下的字段，即 name 是 people 的子字段。查找所有 name 为“lucy”的文档，则在 people 和 name 之间加点“.”表示。

```
db.getCollection('集合名').find({'people.name':'lucy'})
```

（4）查找大于（大于、小于等方法）某个值的文档。

```
db.getCollection('集合名').find({'字段名':{'$gt':数值}})
```

$gt: 大于；$lt: 小于；$gte: 大于或等于；$lte: 小于或等于；$ne: 不等于，注意使用不等于时，“$ne”后面可以跟非数值型的数据，例如 str 类型。

（5）update 更新字段属性。

```
db.getCollection('集合名').update({'字段名':'原属性'},{'$set':{'字段名':'目标属性'}},{multi:true})
```

（6）按照指定排序输出显示。

```
db.getCollection('集合名').find().sort({"字段名":-1})
其中 1 为升序排列，而 -1 是用于降序排列
```

输入相应的功能语句，然后点击左上角的绿色三角按钮，就可以实时更新数据库。

9.3 数据库标准语言

前面说过，数据库系统的开发初衷是为了统一管理、共享数据。那么标准的 SQL 语言就会应运而生，因为如果不同的数据库有着不同的数据库语言，不同的开发语言 (Python、Java 等) 也只兼容某一特定数据库语言，那开发出的数据库系统就失去意义了。

事实上，在数据库系统开发早期，尽管 ISO（国际标准化组织）为 SQL 语言制订了相应的标准，但是其所制订的标准并不完善，各大数据库公司为了满足客户需求，自行开发了许多功能。于是出现了百花齐放的局面，尽管每个数据库对应的语言大致差不多，但是具体到细节千差万别。比如 9.2 节最后针对 MongoDB 的操作语言，尽管大致差不多，但放到其他数据库是不适用的。

但是后来，ISO 组织不断跟进，完善了很多细节，增添了许多标准，很多客户也意识到代码不兼容造成的不可复用的问题严重降低了开发效率。所以目前主流的 SQL 语言还是 ISO 组织开发的标准 SQL。

作为一名数据分析工作者，标准 SQL 语言是不可或缺的技能。因为任何产品的数据都是存放在数据库中的，SQL 语言好比是一个通道，你只有把数据从仓库里经过通道取出来，之后才能用强大的 Python 对其进行后续的分析处理。

9.3.1　创建数据库、表

首先是创建数据库，以创建股票数据库为例。

```
CREATE DATABASE stock;
```

然后是创建表格，代码如下。

```
CREATE TABLE Stock
      (stock_id CHAR(4) NOT NULL,
      name VARCHAR(20) NOT NULL,
      current_price INTEGER,
      rise_fall INTEGER,
      rise_fall_rate INTEGER,
      turnover INTEGER,
      turnover_money INTEGER,
      amplitude INTEGER,
      highest INTEGER,
      lowest INTEGER,
      PRIMARY KEY (stock_id));
```

标准数据库常用的数据类型有数字型、字符型、日期型等。

比如 INTEGER、DECIMAL(M,N) 是数字型。其中前者代表整型，后者代表浮点型。后者的两个参数，M 代表数字位数，后者代表小数点精度。

CHAR、VARCHAR 是字符型，它们的区别一个是定长字符串，一个是可变长字符串。比如定义 CHAR(20)，那么即使数据存入进去没有占满 20 个单位长度，其也会用半角空格补齐，后者与其相反。

DATE 是日期类型。

SQL 语句是不分大小写的，但是为了标准化，声明关键字必须大写，表的首字母大写，其余小写。

9.3.2　表的删除与更新

删除语句的代码如下。

```
DROP TABLE Stcok;
```

表的删除是无法恢复的，所以使用该语句时千万要注意。

有时候数据库的一张表中列有很多，好不容易建好了发现少建或多建了几列，这时候可以使用更新功能。

```
ALTER TABLE Stock ADD (per_close,tom_open);
ALTER TABLE Stcok DROP COLUMN per_close;
```

9.3.3 查询

查询表中所有列。

```
SELECT * FROM Stock;
```

查询时删除某列中的重复行。

```
SELECT DISTINCT stock_name FROM Stock;
```

当该列存在多行 NULL 时，使用该语句多条 NULL 也会被合并为一条 NULL 数据。

还可以使用条件判断来进行数据过滤选择。

```
SELECT open FROM Stock WHERE open > 20;
```

该句意思为从表中取出开盘价高于 20 的数据。需要注意的是，SQL 语句中的书写顺序是固定语法，比如 WHERE 必须写在 FROM 后面。

多个查询条件联合查询可以使用逻辑运算符。

```
SELECT open FROM Stock WHERE open > 20 AND close >22;
```

9.3.4 聚合与排序

SQL 语言中常用的聚合函数见表 9.3。

表 9.3　常用聚合函数

函数	表达含义
COUNT	计算表中的行数
SUM	计算表中数值列的和
AVG	计算表中数值列的平均值
MAX	计算表中任意列的最大值
MIN	计算表中任意列的最小值

假如想查询表中某列非 NULL 数据有多少条，可以这么写：

```
SELECT COUNT(open) FROM Stock;
```

此外 SQL 语句中也有 GROUP BY 可以对数据进行分组聚合。假设股票表格中有一列叫作股票种类，A 股、B 股、H 股等，此列叫作 stock_class。那么可有如下语句：

```
SELECT stock_class ,COUNT(*) FROM Stock GROUP BY stock_class;
```

该语句的功能为输出不同种类的股票个数总和，比如 A 股 50 只，B 股 100 只诸如此类。

如果想使用 WHERE 对条件进行过滤的话，WHERE 在 FROM 之后，在 GROUP BY 之前。

排序操作需要使用 ORDER BY。

```
SELECT open FROM Stock ORDER BY open;
```

该语句的意思就是抽取表中的 open 列，并将其按照从小到大的顺序排序。

如果想指定的是降序，需要在语句最后，列名后面加一个关键字 DESC。

如果不加，默认升序排序。

如果想多列组合排序，只需要在 ORDER BY 后面加上要排序的列即可。不过其有优先级的存在，即优先考虑在左侧的列，如果在最左侧的列的数值是相同的，再往后面的列考虑继续排序。

如果排序时存在 NULL 值，NULL 会在结果的开头或者末尾汇总显示。

9.3.5 数据更新

创建了表格之后，表格就像一个空盒子，里面什么也没有，需要插入数据，插入指令主要是 INSERT，代码如下。

```
INSERT INTO Stock (stock_name, open, close) VALUES ('皖北煤电', 20, 25);
```

该语句插入了一只皖北煤电的公司的股票的股票名、开盘价、收盘价。执行一个插入语句，插入一条数据，因此想要多行插入需要循环语句。如果用到循环插入，则插入的信息是改变的，就需要用到变量。

```
for i in range(len(data.loc[:,'股票名'])):
    stock_id = str(i)
    name = data.loc[i,'股票名']
    current_price = data.loc[i, '最新价']
    rise_fall = data.loc[i, '涨跌额']
    rise_fall_rate = data.loc[i, '涨跌幅']
    turnover = data.loc[i, '成交量']
    turnover_money = data.loc[i, '成交额']
    amplitude = data.loc[i, '振幅']
    highest = data.loc[i, '最高']
    lowest = data.loc[i, '最低']
     sql="INSERT INTO stock (stock_id,name,current_price,rise_fall,rise_fall_
rate,turnover,turnover_money,amplitude,highest,lowest) VALUES ('%s','%s',%d,%d
,%d,%d,%d,%d,%d,%d);"%(stock_id,name, current_price,rise_fall, rise_fall_rate,
turnover,turnover_money,amplitude,highest,lowest)
    try:
        cursor.execute(sql)
        print('插入数据成功')
    except:
        print("Error: unable to fecth data")
cursor.connection.commit()# 执行 commit 操作，插入语句才能生效
```

以上代码就利用 for 循环，多次插入信息。VALUES 后面跟的括号，括号里面是需要插入的数据类型，如果是字符串类型，需要外加引号；如果是数字类型则不需要。分号结尾后跟着一个“%”，其后面括号里的内容才是真正要插入的变量。

需要提及一点，执行 INSERT 语句时，最后一定要加上 commit 函数，不然插入语句无法生效，这是插入语句比较特殊的地方。

针对数据删除使用 DELETE。它与 DROP 不同的是，DROP 会连表一起删除，而 DELETE 仅仅会删除表中的数据，不会删除表。

```
DELETE FROM Stock;
```

DELETE 也可以同 SELECT 一样，利用 WHERE 来进行选择性删除。

如果向表中插入数据，发现插入错了，这时候把表数据进行删除再插入会比较烦琐，这时可以使用 UPDATE 语句。

```
UPDATE Stcok SET open = 21 WHERE stokc_name = '皖北煤电';
```

之前插入的开盘价为 20，现在发现插入错了，可以通过该语句进行更新，同样可以用 WHERE 来实现条件筛选。

9.3.6 表的集合运算

以上 4 个小节都只是对单个表格进行运算，本小节来讲解一下表格的集合运算。有时候，要同时操作的表格不止一张，分开来写 SQL 语句又显得太过烦琐。

```
SELECT stock_name,open FROM Stock1 UNION SELECT stock_name,open FROM Stock2;
```

这个语句的功能就是同时从两张表中提取股票名、开盘价两个字段，通过 UNION 关键字来实现不同表的连接。

在进行这种多张表的集合运算的时候，需要注意的是，作为运算对象的记录的列数必须相同，列的类型也必须一致。大家也许有疑问，如果两张表中有重复数据，该语句会如何呢？它会自动去除重复数据，保证每条数据只出现一次，其实就等同于集合运算中的并集。

如果你不想去除重复数据，可以在关键字 UNION 后面加上 ALL，代码如下。

```
SELECT stock_name,open FROM Stock1 UNION ALL SELECT stock_name,open FROM Stock2;
```

接下来，学习一下如何进行表之间的交集。

```
SELECT stock_name,open FROM Stock1 INTERSECT SELECT stock_name,open FROM Stock2;
```

很简单，就是将关键字 UNION 替换为 INTERSECT，就可以实现只提取出两个表中相同的数据，等同于集合运算的交集。

重点学习一下表的联结。联结是数据库操作中一个专有的名词，并不是为了想表达它的功能而随意捏造的词汇，在数据库界是通用的。所谓联结就是将其他表中的列添加过来，即进行添加列的集合运算。

与 UNION 不同，UNION 是将不同表中包含不同信息的行组合在一起。联结分为内联结与外联结两种，内联结如图 9.18 所示。

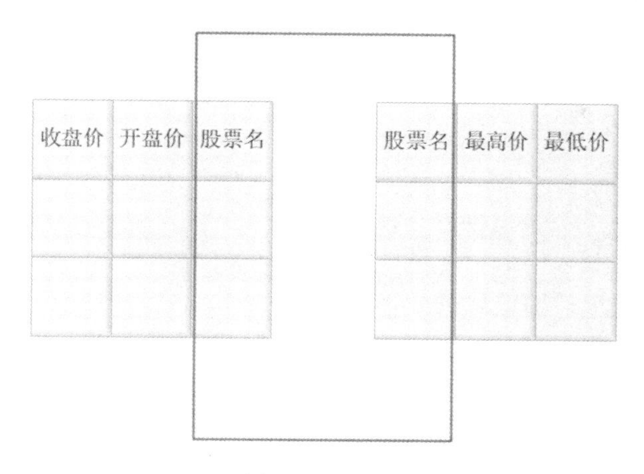

图 9.18　内联结

所谓内联结即假设有两张表，它们有一列是重复的，想以该列为主键，将其他列汇聚在一张表格里。具体语法如下所示：

```
    SELECT Stock1.close,Stock1.open,Stock1.name,Stock2.high,Stock2.low,Stock2.name
FROM
    Stock1 INNER JOIN Stock2 ON Stock1.name = Stcok2.name;
```

最后可得到表格如图 9.19 所示。

股票名	开盘价	收盘价	最高价	最低价

图 9.19　内联结效果

外联结和内联结的功能大致相同，但是外联结和内联结好似并集与交集的差别（尽管这么说也不足够准确），内联结会将两张表中不同列汇聚在一张表中，但是行信息来自这两张表内联结时指定主键中的共同部分。

比如，在上面的例子中，比如左边的表有股票名为皖北煤电的行信息，右边列中有股票名为皖北煤电的行信息，该行才会表现在汇聚的那张表中。

而外联结不同，外联结将两张表汇聚在一起的时候，会显示指定主表的所有信息，不管它是否为两张表所共同包含。指定主表的关键字是 LEFT 和 RIGHT，具体语法如下所示。

```
    SELECT Stock1.close,Stock1.open,Stock1.name,Stock2.high,Stock2.low,Stock2.name
FROM
    Stock1 RIGHT OUTER JOIN Stock2 ON Stock1.name = Stcok2.name;
```

在该小节的最后，介绍数据库表与表之间的除法运算。这种运算很复杂但是也很普遍，因此同样用图表说明，如图 9.20 所示。

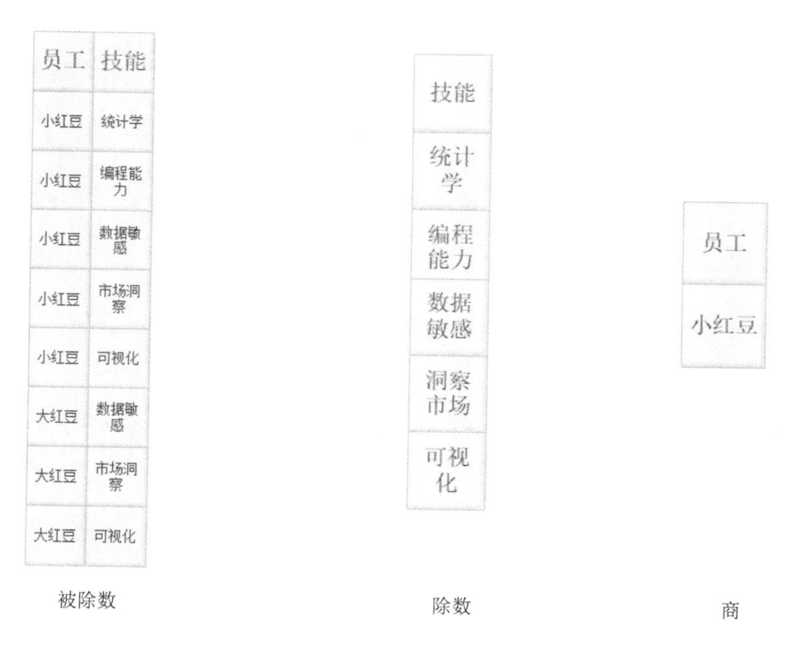

图 9.20 数据库除法

由该图可以很清晰地得知，该除法所实现的功能为，从被除数表中筛选出具备除数表中所有技能的员工。

9.3.7 Python 和数据库语言的关系

这里其实用了相当多的篇幅来讲述标准数据库语言增删改查数据的语法，还有一个用意，就是想让大家将 Python 中对数据的处理方式与 SQL 语言对数据的处理方式进行对比。

细心的读者会发现，其实 SQL 语言和 Python 中 pandas 库操作 Dataframe 结构化数据的语法极为相似。比如刚刚重点讲解的内联结，在 pandas 库中对应着表格合并的 merge 函数的使用，它在 pandas 库的学习中也是一个难点。

其实pandas库中对Dataframe结构化数据的操作语法就是仿照SQL语言的语法来开发的，现在主流的数据库基本都是关系型数据库（虽然现在图数据库已经开始崛起了），pandas 中表格合并中的 merge 函数也是利用表格之间关系操作数据，类似的地方还有很多。

以前去阿里巴巴公司面试，面试官问了这么一个问题："你说你擅长利用 Python 进行数据处理，现在这里都是用 spark 跑一些任务，用 SQL 语言进行数据沟通，你觉得 Python 可以在其中扮演什么样的角色呢？"

尽管 Python 与 SQL 在数据处理的方式上很相似，但是它们之间并不冲突。一个公司开发一款数据产品，则必须用数据库对数据进行存储、更新、查询、删改等操作，这是毋庸置疑的。毕竟数据库管理系统是一套成熟的系统，再用 Python 开发一遍既增大了工作量，又不见得比别人专业的数据库管理系统质量好。

但是，当数据走出数据库的那一刻之后的分析、挖掘工作就可以交给 Python 了。Python 在数据查询、存储方面的效率，远不如 SQL。但是当数据提取出来之后，利用算法对数据进行深度挖掘，得到客户需要的服务与信息，是 Python 比 SQL 更加擅长的。

第 10 章

Python 丰富的可视化案例

在第 6 章中介绍了 Python 丰富强大的可视化功能，这一章利用这些工具，来实现一些可视化实例，帮助大家更深刻、直观地体会 Python 作为一门语言独特的优势

10.1 turtle 库的简单使用

turtle 绘图库在第 6 章中并没有介绍，主要是因为其在可视化领域并不常用。数据分析及可视化主要还是使用 matplotlib、pyechart 等库，但是 turtle 独特灵活的绘图功能，还是可以对 Python 的可视化功能做一些补充与润色。

turtle 库非常简单，也很好理解，因为其类比了人类绘画的思路与动作。本小节先介绍 turtle 库，并最后实现一个绘制小猪佩奇的实例，算是为本章热身。

turtle 不像 matplotlib 库擅长绘制条形图、折线图等针对数据分析的图表，其实现了很多绘画动作函数。在生成一个画笔对象后，可使用顺时针、逆时针、将画笔移动多远、提笔（即将画笔从画布上拿开，停止绘图）、画圆等动作来实现具体对象的绘制。

这感觉就好像你真的在画布上绘画一样，常用的 turtle 库动作函数如表 10.1 所示。

表 10.1 turtle 常用绘图动作函数

函数名	功能
forward	向当前方向移动指定像素
backward	向当前反方向移动指定像素
right	顺时针移动指定角度
left	逆时针移动指定角度
pendown	下笔
goto	将画笔移动到指定位置
penup	提笔
speed	指定速度绘画
circle	画圆

画笔主要的控制命令，如表 10.2 所示。

表 10.2　画笔主要控制命令

函数名	说明
pensize	画笔粗细
pencolor	画笔颜色
fillcolor	填充颜色
filling	返回填充状态
hideturtle	隐藏画笔箭头
showturtle	显示画笔箭头

主要全局命令如表 10.3 所示。

表 10.3　主要全局命令

函数名	说明
clear	清空
reset	重置
undo	撤销上一个动作
stamp	复制当前图形
write	书写注释文本

下面，先来举个小例子。

```
import turtle
import time
turtle.pensize(5)              # 设置画笔粗细
turtle.pencolor("yellow")      # 设置画笔颜色
turtle.fillcolor("red")        # 设置填充颜色
turtle.begin_fill()            # 开始填充
for _ in range(5):             # 绘制五次，每次改变如下
    turtle.forward(200)
    turtle.right(144)
turtle.end_fill()              # 结束绘制
```

效果如图 10.1 所示。

图 10.1　一个简单的 turtle 绘制的图形

10.2 北上广深租房分析可视化案例

比起铁路交通，北上广深租房行情的数据分析以及可视化与平民百姓的生活关系更加密切。本案例爬取了某家网上的北上广深四个一线城市的租房行情，本小节将会进行数据爬取、数据清洗、探索性数据分析等数据分析的全链路过程。

10.2.1 数据爬取

通过分析某家网站，为了更加方便快捷地爬取网址，首先写一个包含各大城市行政区的字典以北京为例，其他几个城市请读者试着自己写出来，利于之后的循环爬虫操作，代码如下。

```
    rent_type = {'整租': 200600000001, '合租': 200600000002}
    city_info = {'北京': [110000, 'bj', {'东城': 'dongcheng', '西城': 'xicheng', '朝阳': 'chaoyang', '海淀': 'haidian',
                                        '丰台': 'fengtai', '石景山': 'shijingshan', '通州': 'tongzhou', '昌平': 'changping',
                                                '大兴': 'daxing', '亦庄开发区': 'yizhuangkaifaqu', '顺义': 'shunyi', '房山': 'fangshan',
                                        '门头沟': 'mentougou', '平谷': 'pinggu', '怀柔': 'huairou', '密云': 'miyun',
                                        '延庆': 'yanqing'}]}
```

该文件取名叫 info.py，意为索引。这里包含了四个一线城市区以及它们对应的拼音。接下来写爬虫的主文件，取名为 house_data_crawler.py，同时在该文件中要引入 info 文件。

```
    import os
    import re
    import time
    import requests
    from pymongo import MongoClient
    from info import rent_type, city_info
    class Rent(object):
        # 初始化函数，获取租房类型（整租、合租）、要爬取的城市分区信息以及连接 mongodb 数据库
        def __init__(self):
            self.rent_type = rent_type
            self.city_info = city_info
            host = os.environ.get('MONGODB_HOST', '127.0.0.1')      # 本地数据库
            port = os.environ.get('MONGODB_PORT', '27017')          # 数据库端口
            mongo_url = 'mongodb://{}:{}'.format(host, port)
            mongo_db = os.environ.get('MONGODB_DATABASE', 'Lianjia')
# 连接链家数据库，如果没有则创建
            client = MongoClient(mongo_url)
            self.db = client[mongo_db]
            self.db['zufang'].create_index('m_url', unique=True)
# 以链接为主键进行去重，如果没有 zufang 表就创建它
        def get_data(self):
            # 爬取不同租房类型、不同城市各区域的租房信息
            for ty, type_code in self.rent_type.items():    # 整租、合租
                for city, info in self.city_info.items():   # 城市、城市各区的信息
                    for dist, dist_py in info[2].items():   # 各区及其拼音
                        res_bc = requests.get('https://m.lianjia.com/chuzu/{}/zufang/{}/'.format(info[1], dist_py))
                        pa_bc = r"data-type=\"bizcircle\" data-key=\"(.*)\" class=\"oneline \">"
                    bc_list = re.findall(pa_bc, res_bc.text)
                    self._write_bc(bc_list)
```

```
                bc_list = self._read_bc()                    # 先爬取各区的商圈，最终以各
区商圈来爬数据
                if len(bc_list) > 0:
                    for bc_name in bc_list:                  # 按照每个商圈的名字来爬
                        idx = 0
                        has_more = 1
                        while has_more:
                            try:
                                url = 'https://app.api.lianjia.com/Rentplat/
v1/house/list?city_id={}&condition={}' \
                                     '/rt{}&limit=30&offset={}&request_
ts={}&scene=list'.format(info[0],bc_name,

type_code,

idx*30,

int(time.time()))
                                res = requests.get(url=url, timeout=10)
                                 print('成功爬取{}市{}-{}的{}第{}页数据！'.
format(city, dist, bc_name, ty, idx+1))
                                  item = {'city': city, 'type': ty, 'dist':
dist}              # 构造字典
                                     self._parse_record(res.json()['data']
['list'], item)             # 调用解析内容的函数
                                total = res.json()['data']['total']
                                idx += 1
                                            if total/30 <= idx:
# 靠该判断条件来控制循环
                                                 has_more = 0
# 满足条件置 0，跳出循环
                            except:
                                print('链接访问不成功，正在重试！')
    # 对爬取回来的函数，进行解析
    def _parse_record(self, data, item):
        if len(data) > 0:
            for rec in data:
                # 以下为整理字段，修改字段名称
                item['bedroom_num'] = rec.get('frame_bedroom_num')
                item['hall_num'] = rec.get('frame_hall_num')
                item['bathroom_num'] = rec.get('frame_bathroom_num')
                item['rent_area'] = rec.get('rent_area')
                item['house_title'] = rec.get('house_title')
                item['resblock_name'] = rec.get('resblock_name')
                item['bizcircle_name'] = rec.get('bizcircle_name')
                item['layout'] = rec.get('layout')
                item['rent_price_listing'] = rec.get('rent_price_listing')
                    item['house_tag'] = self._parse_house_tags(rec.get('house_
tags'))
                item['frame_orientation'] = rec.get('frame_orientation')
                item['m_url'] = rec.get('m_url')
                item['rent_price_unit'] = rec.get('rent_price_unit')
                try:
                    res2 = requests.get(item['m_url'], timeout=5)
                    pa_lon = r"longitude: '(.*)',"       # 经纬度获取
                    pa_lat = r"latitude: '(.*)'"
                    pa_distance = r"<span class=\"fr\">(\d*)米</span>" # 距离获取
                    item['longitude'] = re.findall(pa_lon, res2.text)[0]
                    item['latitude'] = re.findall(pa_lat, res2.text)[0]
                    distance = re.findall(pa_distance, res2.text)
                    if len(distance) > 0:
                        item['distance'] = distance[0]
                    else:
                        item['distance'] = None
```

```
                    except:
                        item['longitude'] = None
                        item['latitude'] = None
                        item['distance'] = None
                    # 以上都为对数据获取，通过字典的形式添加字段获取数据，下面这句话以字典的形式
将数据存入 MongoDB 数据库
                    self.db['zufang'].update_one({'m_url': item['m_url']}, {'$set':
item}, upsert=True)
                    print('成功保存数据：{}!'.format(item))    # 循环打印插入数据库的数据
    # 对 house_tage 字段的数据进行处理
        @staticmethod
        def _parse_house_tags(house_tag):
            if len(house_tag) > 0:
                st = ''
                for tag in house_tag:
                    st += tag.get('name') + ' '
                return st.strip()
    # 将爬取的商圈写入 txt 文件
        @staticmethod
        def _write_bc(bc_list):
            with open('bc_list.txt', 'w') as f:
                for bc in bc_list:
                    f.write(bc+'\n')
    # 读入商圈
        @staticmethod
        def _read_bc():
            with open('bc_list.txt', 'r') as f:
                return [bc.strip() for bc in f.readlines()]
    if __name__ == '__main__':
        rent = Rent()
        rent.get_data()
```

关键注释已经注明。该主文件实现链家网租房数据的爬取，并将文件存入数据库中。前面第 8 章也介绍过爬虫，想必读者应该可以很轻松地阅读该代码。

请大家注意一点，写爬虫的时候，尤其是构建大型爬虫项目，最好写抛出异常语句，这样你可以清晰地知道自己哪里错了。有时候爬虫可能会爬一天数据，如果中间突然网断了，并且没有写抛出异常语句的话，还得重新开始。

另外，建议大家在夜间爬取数据，这样可以减轻白天网站的访问负担。

10.2.2 读取数据

数据存在数据库中，需要提取出来使用，现在就进行这一步操作。

```
from pymongo import MongoClient
import pandas as pd
from pandas.io.json import json_normalize
conn = MongoClient(host='127.0.0.1', port=27017) # 实例化 MongoClient
db = conn.get_database('Lianjia')                # 连接到 Lianjia 数据库
zufang = db.get_collection('zufang')             # 连接到集合 zufang
mon_data = zufang.find()                         # 查询这个集合下的所有记录
data = json_normalize([comment for comment in mon_data])
raw_data = pd.concat([data[data['city']==city] for city in ['北京', '上海', '广
州', '深圳']]) # 读取该四个城市信息
raw_data.to_csv('data.csv')
```

将数据从数据库中读取出来，并存入 csv 文件，方便进行下一步的数据分析处理。最后

得到的数据文件（部分显示）如图 10.2 所示。

bizcircle_n	city	dist	house_title	latitude	layout	longitude	rent_area	rent_price_	resblock_n	type
上地	北京	海淀	整租 · 上地	40.039	3室2厅2卫	116.3178	137	15000	上地西里	整租
北大地	北京	丰台	整租 · 丰台	39.85666	2室1厅1卫	116.2923	57	4500	电报局街	整租
燕莎	北京	朝阳	整租 · 远洋	39.96323	1室1厅1卫	116.4662	56	10500	远洋新干纟	整租
阜成门	北京	西城	南露园 1室	39.93066	1室1厅1卫	116.3485	43	5600	南露园	整租
和平里	北京	朝阳	和平里东彳	39.95708	2室1厅1卫	116.4314	56	6300	和平里东彳	整租
奥林匹克么	北京	朝阳	整租 · 澳林	40.01826	2室2厅1卫	116.3807	111	12000	澳林春天[	整租
顺义城	北京	顺义	整租 · 义宾	40.13922	2室1厅1卫	116.6553	65	3600	义宾北区	整租
农展馆	北京	朝阳	九号公寓	39.94515	3室2厅3卫	116.4805	272	32000	九号公寓	整租
玉桥	北京	通州	京艺天朗豸	39.89617	2室1厅1卫	116.6953	89	5000	京艺天朗豸	整租
亦庄	北京	亦庄开发区	林肯公园 2	39.81012	2房间1卫	116.4975	49	5200	林肯公园	整租
蒲黄榆	北京	丰台	蒲安西里 2	39.8704	2室1厅1卫	116.4227	62	5500	蒲安西里	整租
首都机场	北京	朝阳	南平里 2室	40.05116	2室1厅1卫	116.605	59	4000	南平里	整租
广渠门	北京	朝阳	整租 · 保利	39.89667	1室1厅1卫	116.4425	49	6600	保利蔷薇	整租
和平里	北京	朝阳	整租 · 和平	39.96693	2室1厅1卫	116.4338	56	8000	和平街十[	整租
六铺炕	北京	西城	德胜门，六	39.95917	1室1厅1卫	116.387	51	6500	教场口6号	整租
北京南站	北京	丰台	翠林三里 2	39.86381	2室1厅1卫	116.374	62	5500	翠林三里	整租
双榆树	北京	海淀	整租 · 精装	39.97783	1室1厅1卫	116.3295	37	6500	双榆树北里	整租
大兴其它	北京	大兴	格林云墅 4	39.71456	4室2厅2卫	116.4079	138	4500	格林云墅	整租
长阳	北京	房山	整租 · 首创	39.77885	3室1厅1卫	116.1924	88	4000	首创新悦者	整租
小西天	北京	海淀	整租 · 红联	39.96058	3室2厅1卫	116.3658	84	9500	红联北村	整租
清河	北京	海淀	整租 · 宝	40.0421	2室1厅1卫	116.3756	72	5700	宝盛里	整租

图 10.2 某家网租房行情数据集

10.2.3 数据分析

接下来对该数据集进行分析。本数据集共包含了十万多条数据，是本书举的例子当中遇到的最大数据集了。

为了保证汉字能够正常显示，需要引入 ch.py 文件，该文件代码如下。

```
def set_ch():
    from pylab import mpl
    mpl.rcParams['font.sans-serif'] = ['FangSong']        # 指定默认字体
    mpl.rcParams['axes.unicode_minus'] = False            # 解决保存图像是负号 '-' 显
示为方块的问题 </span>
```

先分析一下四大城市租房数量分布。

```
import pandas as pd
from pandas import Series,DataFrame
from matplotlib import pyplot as plt
import numpy as np
import ch
ch.set_ch()
data = pd.read_csv('data.csv',encoding='gbk')
citys = ['北京','上海','广州','深圳']
citys_num = []
for i in citys:
    citys_num.append(len(data[data['city']==i]))
fig = plt.figure()
ax1 = fig.add_subplot(111)
citys_num = Series(citys_num)
citys_num.plot(kind='bar',ax=ax1)
ax1.set_xticklabels(citys)
ax1.set_title('一线城市租房数量比较图')
ax1.set_xlabel('城市')
ax1.set_label('租房数量')
plt.show()
```

效果如图 10.3 所示。

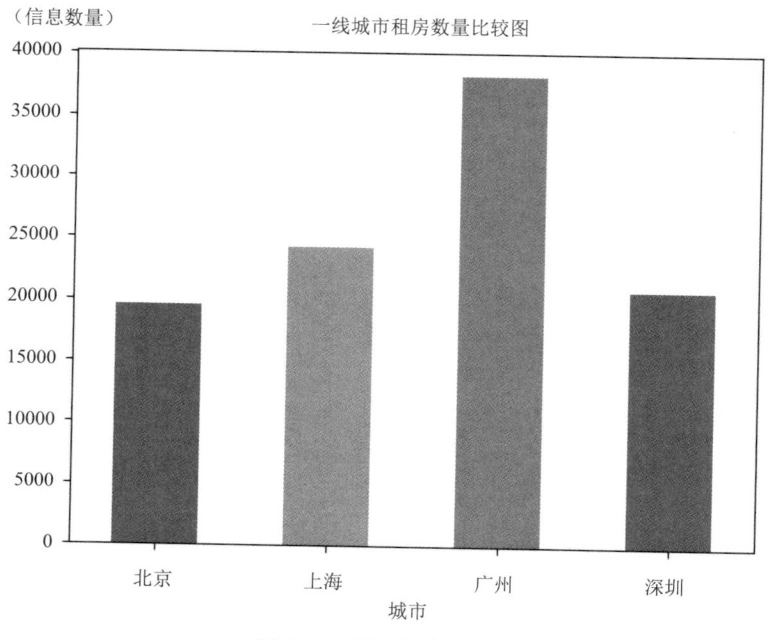

图 10.3　四大城市租房数量

可见，广州发布的租房信息是最多的，达到了近 40000 条，北京反而是四座城市中租房信息最少的，不到 20000 条。

接下来看看具体租房的位置、租金等情况，以北京为例来说。

```
import pandas as pd
from pandas import Series,DataFrame
from matplotlib import pyplot as plt
import numpy as np
import ch
ch.set_ch()
data = pd.read_csv('data.csv',encoding='gbk')
data = data[data['city']==' 北京 ']                          # 筛选出北京的数据
beijing_bizcircle = []
beijing_bizcircle_dict = {}                                  # 初始化字典与列表
for i in data.loc[:,'bizcircle_name']:
    if i not in beijing_bizcircle:
        beijing_bizcircle.append(i)
        beijing_bizcircle_dict[i]=0
for i in data.loc[:,'bizcircle_name']:                       # 构造商圈 - 租房数量字典
    if i in beijing_bizcircle:
        beijing_bizcircle_dict[i] = beijing_bizcircle_dict[i] + 1
beijing_bizcircle_frame = Series(beijing_bizcircle_dict)                 # 表格化
beijing_bizcircle_frame.sort_values(inplace=True,ascending=False)        # 排序
fig = plt.figure()
ax1 = fig.add_subplot(111)
Top20 = beijing_bizcircle_frame[0:20]
Top20.plot(kind='bar')
ax1.set_xlabel(' 商圈 ')
ax1.set_ylabel(' 租房个数 ')
ax1.set_title(' 北京商圈租房数量 TOP20')
plt.xticks(rotation=360)
plt.show()
```

效果如图 10.4 所示。

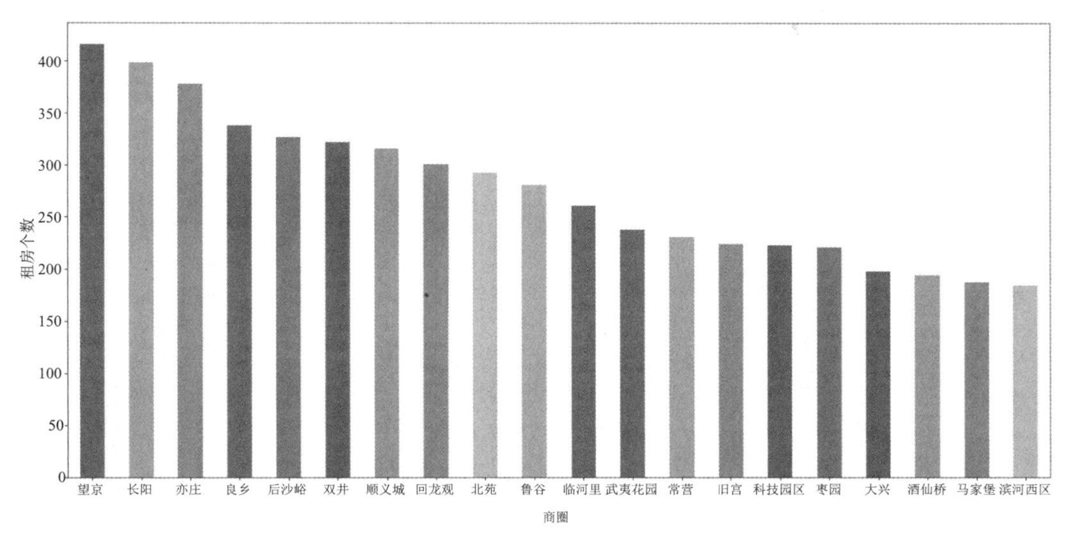

图 10.4　北京商圈租房数量 TOP 20

可见租房数量排在第一位的是望京，有超过 400 个租房信息。接下来分析北京哪里的房子最贵。

```
    import pandas as pd
    from pandas import Series,DataFrame
    from matplotlib import pyplot as plt
    import numpy as np
    import ch
    ch.set_ch()
    data = pd.read_csv('data.csv',encoding='gbk')
    data = data[data['city']==' 北京 ']
    data['single_price'] = data['rent_price_listing']/data['rent_area']
# 租房价格除以租房面积
    circle_price = data['single_price'].groupby(data['bizcircle_name'])
    beijing_bizcircle = []
    beijing_bizcircle_dict = {}                          # 初始化字典与列表
    for i in data.loc[:,'bizcircle_name']:
        if i not in beijing_bizcircle:
            beijing_bizcircle.append(i)
            beijing_bizcircle_dict[i]=0
    for i in data.loc[:,'bizcircle_name']:               # 构造商圈 - 租房数量字典
        if i in beijing_bizcircle:
            beijing_bizcircle_dict[i] = beijing_bizcircle_dict[i] + 1
    beijing_bizcircle_frame = Series(beijing_bizcircle_dict)       # 表格化
    circle_single_price = circle_price.sum()/beijing_bizcircle_frame
    print(circle_single_price)
    circle_single_price.sort_values(inplace=True,ascending=False)
    fig = plt.figure()
    ax1 = fig.add_subplot(111)
    Top20 = circle_single_price[0:20]
    Top20.plot(kind='bar')
    ax1.set_xlabel(' 商圈 ')
    ax1.set_ylabel(' 租房单价 ')
    ax1.set_title(' 北京商圈租房单价 TOP20')
    plt.xticks(rotation=360)
    plt.show()
```

效果如图 10.5 所示。

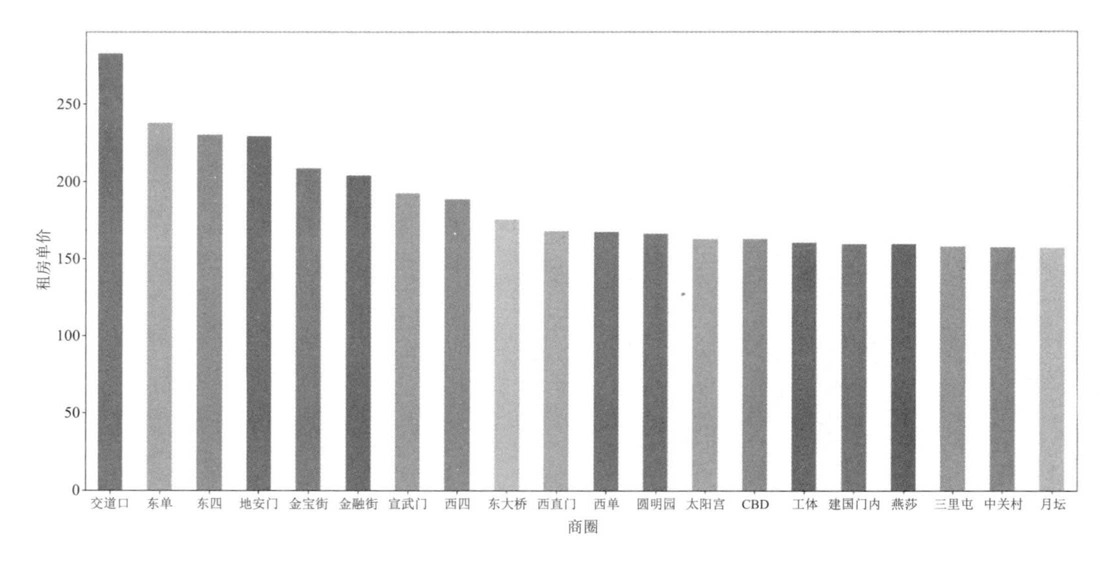

图 10.5　北京商圈租房单价 TOP 20

北京的房价可谓寸土寸金，排名第一的商圈交道口，其租房价格平均为近 300 元 / 平方米。程序员聚集的中关村地区，房租也达到了 160 元 / 平方米。

还可以调用高德地图的 API, 进行热力图的绘制。具体制作过程就是将高德地图指定的数据格式传入其 API 中，高德地图要求，经纬度需要放在一列中，并且如果是 csv 文件不允许将经纬度通过合并单元格的方式放在一列中，格式文件必须为 utf-8 格式。

处理好数据后，就可以直接观赏高德地图 API 生成的北京租房热力图了，处理数据的代码如下。

```
import pandas as pd
from pandas import Series,DataFrame
data = pd.read_csv('data.csv')
data = data[data['city']==' 北京 ']
lon_lat_list = []
for i in range(len(data.loc[:,'lon'])):
    lon_lat = [data.loc[i,'lon'],data.loc[i,'lat']]
    lon_lat_list.append(lon_lat[1:-1])
single = list(data['rent_price_listing']/data['rent_area'])
data_single_location = DataFrame(single,lon_lat_list)
data_single_location.to_csv('GAODE_api.csv')
```

导入网页 API 后得到效果如图 10.6 所示。

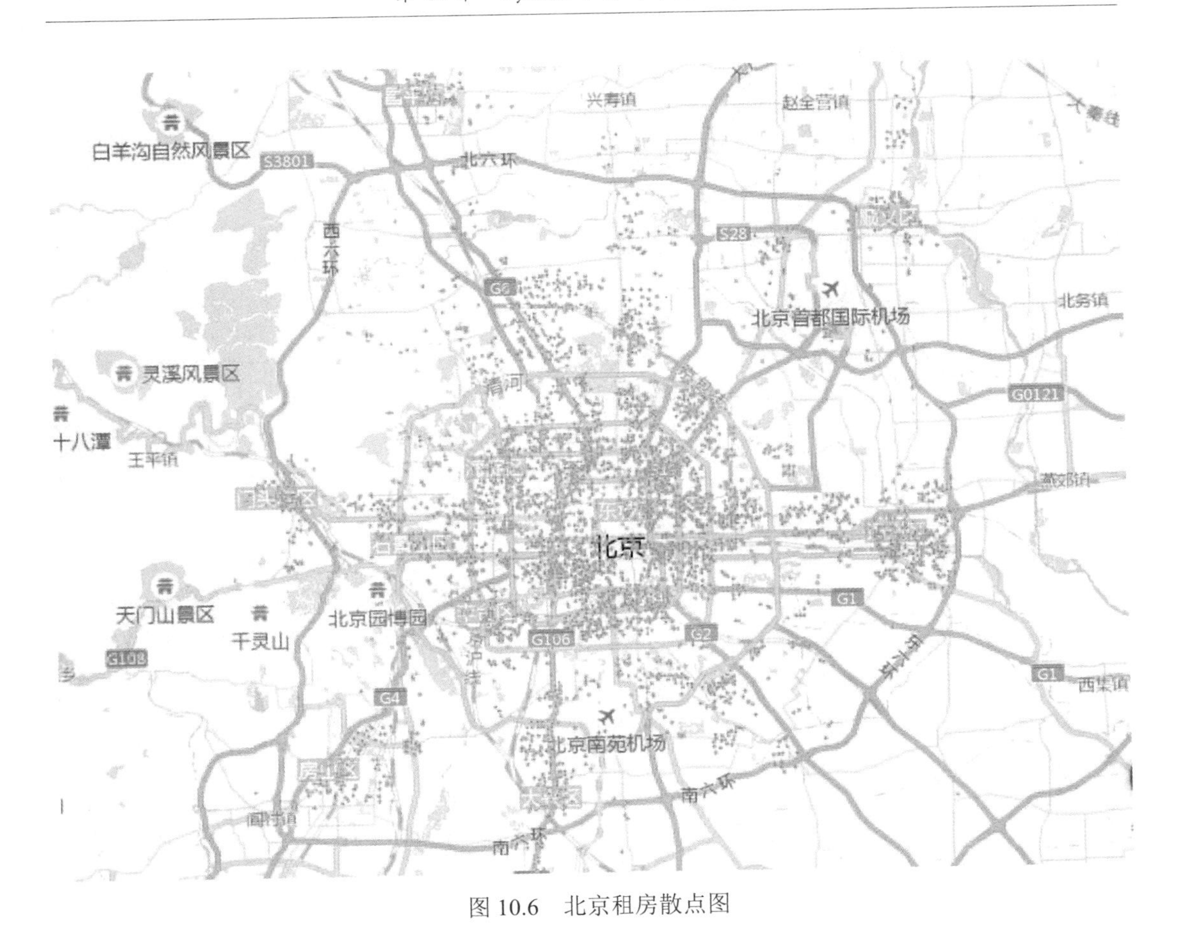

图 10.6　北京租房散点图

还可以按照相同的思路去分析上海、深圳、广州，具体代码过程基本一样，这里不再赘述了。

第 11 章 Python 预测应用——SVM 预测股票涨跌

数据分析应用广泛，金融分析就是其重要分支之一。股票市场是一个混沌系统（如蝴蝶效应，目前小小的改变在以后会引起很大的不同）。影响其价格涨跌的因素有很多，比如国家政策、公司行情、投资者心理等。对股票的长期预测基本是不可能的，但是在短线预测方面，在统计建模的基础上，发展出了一系列模型，极大提高了预测的准确率。

新手学习建模分析往往都会拿预测股票来练手，一方面数据较好获取，一方面贴近生活，能引起新手的兴趣。这一章介绍 SVM 预测股票的全过程，并重点介绍超参数优化的方法。

11.1 SVM 介绍

因为本书侧重数据分析，虽然也会涉及一些数学原理的介绍，但是对于具体模型的数学推导不作深究。在对本章的 SVM 介绍时，基本不会出现令人头疼的公式，力求让读者定性得了解模型的思路，掌握利用代码建模的要点，达到学会使用模型工具分析数据的目的。

11.1.1 SVM 原理

SVM 全称 Support Vector Machine，即支持向量机。属于监督学习方法的一种，主要用于解决模式识别中的二分类问题。

如图 11.1（a）所示，二维坐标系中分布着两种点，一类为红点（较浅）一类为蓝点（较深）。这两种点显然可以被一条直线线性分开，如图 11.1（b）所示，同时能够将这两种点分开的直线显然不止一条，如图 11.1（c）所示。但是，我们认为，图 11.1（b）中的实线 A 的分类效果要好于图 11.1（c）中的实线 B。这是因为实线 A 的分类效果鲁棒性更好，该实线距离边缘点的距离更远，当有潜在的比边缘点离实线更近的点出现时，A 更有可能将该点正确分类。

SVM 就是在寻找这样一条直线。当把这样的定义用数学等式描述出来，并转化为求最优分类直线时，该模型就成了一个最优化问题。具体的数学推导本书不做阐述，感兴趣的读者可以阅读相关专业书籍，比如《统计学习方法》和《机器学习》。

为了方便可视化，这里举一个二维点分布的例子，现实情况中，数据基本都不是二维分布的（有几个特征就有几个维度），在三维场景中寻找的是一个平面，在四维场景中寻找的是一个超平面。

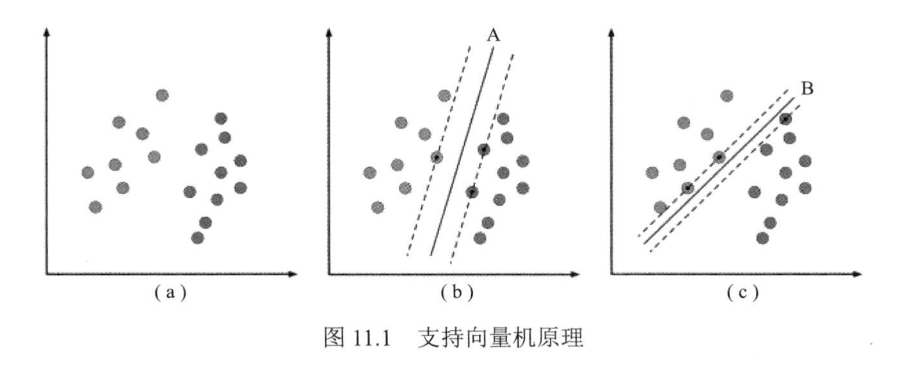

图 11.1　支持向量机原理

11.1.2　核函数

核函数是一种数学技巧，应用在 SVM 模型中可以解决两个问题。其一，低维映射到高维解决线性不可分的问题。其二，降低计算复杂度。

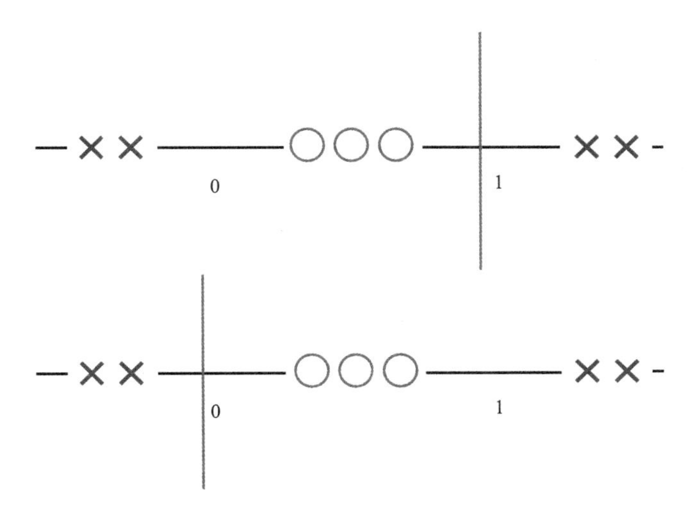

图 11.2　低维线性不可分

如图 11.2 所示，在一维空间中，这七个点是线性不可分的，无论如何划分都无法用一条直线将两种点完美分隔开。如果通过某种函数关系将低维空间的点映射到高维可以解决这个问题，如图 11.3 所示。

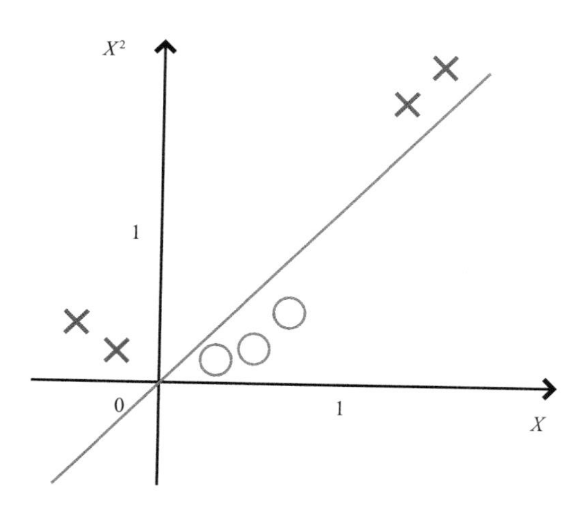

图 11.3　高维解决线性不可分的问题

通过建立一个函数关系式，将低维空间的点映射到高维空间，解决线性不可分的问题。这个映射的白箱工具就是核函数。

同时核函数还可以降低映射过程中的复杂计算。举个例子来说。假设 x 是一个二维向量：

$$x=[x_1,x_2]^{\mathrm{T}}$$

然后它在二维空间中是线性不可分的，于是定义了一个映射，将其映射到四维空间，映射关系如下。

$$\phi(x)=[x_1x_1,x_1x_2,x_2x_1,x_2x_2]^{\mathrm{T}}$$

定义核函数为：

$$\begin{aligned}
k(x,m)&=\phi(x)^{\mathrm{T}}\phi(m)\\
&=\sum_{i=1}^{2}\sum_{j=1}^{2}(x_ix_j)(l_il_j)\\
&=\sum_{i=1}^{2}\sum_{j=1}^{2}x_ix_jl_il_j\\
&=(\sum_{i=1}^{2}x_il_i)(\sum_{j=1}^{2}x_jl_j)\\
&=(\sum_{i=1}^{2}x_il_i)^2\\
&=(x^{\mathrm{T}}l)^2
\end{aligned}$$

通过以上的推导可以发现，先将低维度点映射到高维度，然后再进行内积运算，和直接进行内积运算再平方，效果是一样的。

但是计算量是不同的。在这个例子中，是将二维变量映射成四维变量。前者的计算量为先对这两个变量分别进行四次乘法，然后再进行四次乘法和三次加法。后者的计算量为四次乘法和一次平方。

类似的，如果变量的维度为 n，映射的阶数为 d，那么前者的计算复杂度为 $O(\mathrm{nd})$, 后者的计算复杂度为 $0(n)$。公式推导如下：

$$k(x,m)=\phi(x)^{\mathrm{T}}\phi(m)=(x^{\mathrm{T}}m)^{d}$$

有关核函数的选择，目前是一个无解的问题，并没有一套完整系统的理论来进行指导，只有一些经验之谈。

（1） Linear 核：主要用于线性可分的情形。参数少，速度快，对于一般数据，分类效果已经很理想了。

（2）RBF 核：主要用于线性不可分的情形。参数多，分类结果非常依赖于参数。有很多人是通过训练数据的交叉验证来寻找合适的参数，不过这个过程比较耗时。

11.2　SVM 实战

以上为理论知识的分析。以理论为指导原则，以实战来锻炼技巧，接下来进行 SVM 模型的实战演练。

11.2.1　数据预处理

该数据从平安股票市场网站直接获取，数据结构如图 11.4 所示。

日期	股票代码	名称	收盘价	最高价	最低价	开盘价	前收盘	涨跌额	涨跌幅	换手率	成交量	成交金额	总市值	流通市值
2019/4/30	'601318	中国平安	86.1	87.48	84.53	86.5	86.43	-0.33	-0.3818	0.8473	91790202	7.89E+09	1.57E+12	9.33E+11
2019/4/29	'601318	中国平安	86.43	87.13	83.3	83.88	83.11	3.32	3.9947	0.8738	94657603	8.1E+09	1.58E+12	9.36E+11
2019/4/26	'601318	中国平安	83.11	84.43	82.8	83	83.4	-0.29	-0.3477	0.5991	64895907	5.42E+09	1.52E+12	9.00E+11
2019/4/25	'601318	中国平安	83.4	84.99	83.15	84.35	85.03	-1.63	-1.917	0.6054	65576928	5.51E+09	1.52E+12	9.03E+11
2019/4/24	'601318	中国平安	85.03	86.88	83.55	86.08	86.06	-1.03	-1.1968	0.7504	81285189	6.92E+09	1.55E+12	9.21E+11
2019/4/23	'601318	中国平安	86.06	87.38	84.5	84.75	84.96	1.1	1.2947	0.626	67811637	5.83E+09	1.57E+12	9.32E+11
2019/4/22	'601318	中国平安	84.96	88.09	84.5	87.22	87	-2.04	-2.3448	0.8605	93211520	8.03E+09	1.55E+12	9.20E+11
2019/4/19	'601318	中国平安	87	87	84.2	85.27	84.3	2.7	3.2028	0.7285	78913196	6.77E+09	1.59E+12	9.42E+11
2019/4/18	'601318	中国平安	84.3	85.02	83.88	84.69	84.48	-0.18	-0.2131	0.3667	39728704	3.35E+09	1.54E+12	9.13E+11
2019/4/17	'601318	中国平安	84.48	85.35	83.8	84.92	85.01	-0.53	-0.6235	0.5833	63191560	5.35E+09	1.54E+12	9.15E+11
2019/4/16	'601318	中国平安	85.01	85.13	80.9	81.22	81.66	3.35	4.1024	0.9566	1.04E+08	8.64E+09	1.55E+12	9.21E+11
2019/4/15	'601318	中国平安	81.66	83.88	81.6	82.23	80.44	1.22	1.5167	0.9139	98995302	8.2E+09	1.49E+12	8.85E+11
2019/4/12	'601318	中国平安	80.44	81.16	79.9	80.35	80.71	-0.27	-0.3345	0.4863	52677940	4.24E+09	1.47E+12	8.71E+11
2019/4/11	'601318	中国平安	80.71	83.62	80.16	82.65	82.03	-1.32	-1.6092	0.6985	75662885	6.18E+09	1.48E+12	8.74E+11
2019/4/10	'601318	中国平安	82.03	82.11	79.66	80.8	81.1	0.93	1.1467	0.7234	78362038	6.35E+09	1.50E+12	8.89E+11
2019/4/9	'601318	中国平安	81.1	82	80.37	80.4	80.59	0.51	0.6328	0.5555	60173789	4.89E+09	1.48E+12	8.79E+11
2019/4/8	'601318	中国平安	80.59	82.25	80.02	80.7	80.2	0.39	0.4863	0.8457	91612230	7.45E+09	1.47E+12	8.73E+11
2019/4/4	'601318	中国平安	80.2	80.96	79.25	80.08	79.86	0.34	0.4257	0.7345	79562603	6.38E+09	1.47E+12	8.69E+11
2019/4/3	'601318	中国平安	79.86	80.15	78.37	78.48	78.96	0.9	1.1398	0.7018	76021980	6.05E+09	1.46E+12	8.65E+11
2019/4/2	'601318	中国平安	78.96	79	78.05	78.54	78.6	0.36	0.458	0.7119	77117540	6.06E+09	1.44E+12	8.55E+11
2019/4/1	'601318	中国平安	78.6	79.23	77.5	78	77.1	1.5	1.9455	1.0783	1.17E+08	9.18E+09	1.44E+12	8.51E+11

图 11.4　平安股票数据集

该数据集一共记录了 3000 条，包含了中国平安从 2007 年到 2019 年 4 月份的数据。其有 15 个字段，除了日期、股票代码、名称外，都是对股价有影响的字段。接下来对数据集进行分析，并进行训练模型前的数据预处理。

首先观察数据集，发现数据集中存在少量空值和 0，如图 11.5 所示。

2010/9/14	'601318	中国平安	50.12	50.75	49.83	49.83	49.62	0.5	1.0077	0.4781	22882186	1.15E+09	3.83E+11	2.40E+11
2010/9/13	'601318	中国平安	49.62	50.5	49.1	49.11	49.06	0.56	1.1415	0.4631	22164933	1.11E+09	3.79E+11	2.38E+11
2010/9/10	'601318	中国平安	49.06	49.35	48.48	48.65	48.49	0.57	1.1755	0.362	17326076	8.48E+08	3.75E+11	2.35E+11
2010/9/9	'601318	XD中国平	48.49	50.02	48.23	49.99	49.76	-1.27	-2.5523	0.4802	22986434	1.13E+09	3.71E+11	2.32E+11
2010/9/8	'601318	中国平安	49.91	50.55	49.56	50.55	50.79	-0.88	-1.7326	0.5583	26724043	1.33E+09	3.82E+11	2.39E+11
2010/9/7	'601318	中国平安	50.79	51.12	49.98	51.1	51.06	-0.27	-0.5288	0.5971	28578934	1.44E+09	3.88E+11	2.43E+11
2010/9/6	'601318	中国平安	51.06	51.3	49.4	49.51	48.87	2.19	4.4813	0.9347	44738379	2.26E+09	3.90E+11	2.44E+11
2010/9/3	'601318	中国平安	48.87	49.1	48.05	48.8	48.61	0.26	0.5349	0.8253	39502770	1.92E+09	3.74E+11	2.34E+11
2010/9/2	'601318	中国平安	48.61	49.37	47.4	48	46.51	2.1	4.5152	1.9301	92382931	4.5E+09	3.72E+11	2.33E+11
2010/9/1	'601318	中国平安	0	0	0	0	46.51	None	None	0	0	0	3.56E+11	2.23E+11
2010/8/31	'601318	中国平安	0	0	0	0	46.51	None	None	0	0	0	3.56E+11	2.23E+11
2010/8/30	'601318	中国平安	0	0	0	0	46.51	None	None	0	0	0	3.56E+11	2.23E+11
2010/8/27	'601318	中国平安	0	0	0	0	46.51	None	None	0	0	0	3.56E+11	2.23E+11
2010/8/26	'601318	中国平安	0	0	0	0	46.51	None	None	0	0	0	3.56E+11	2.23E+11
2010/8/25	'601318	中国平安	0	0	0	0	46.51	None	None	0	0	0	3.56E+11	2.23E+11
2010/8/24	'601318	中国平安	0	0	0	0	46.51	None	None	0	0	0	3.56E+11	2.23E+11
2010/8/23	'601318	中国平安	0	0	0	0	46.51	None	None	0	0	0	3.56E+11	2.23E+11
2010/8/20	'601318	中国平安	0	0	0	0	46.51	None	None	0	0	0	3.56E+11	2.23E+11
2010/8/19	'601318	中国平安	0	0	0	0	46.51	None	None	0	0	0	3.56E+11	2.23E+11
2010/8/18	'601318	中国平安	0	0	0	0	46.51	None	None	0	0	0	3.56E+11	2.23E+11
2010/8/17	'601318	中国平安	0	0	0	0	46.51	None	None	0	0	0	3.56E+11	2.23E+11
2010/8/16	'601318	中国平安	0	0	0	0	46.51	None	None	0	0	0	3.56E+11	2.23E+11

图 11.5　数据集中的零值和 None

毫无疑问，这样的数据直接放入模型中是不行的，这可能是由于当时出了什么变故或者节假日不开盘导致的，考虑到该数据量较小直接删除即可。

（1）处理缺失值。目的是预测股票涨跌，因此确定该问题是一个分类问题，即涨或跌。那么就不能单纯得用涨跌幅来作为数据标签，因为它是连续值，而这不是一个分类问题。需要构造一个标签，该标签只有 1/0 两个值，1 代表涨，0 代表跌。

（2）需要构造一个标签变量，即特征构造。如何构造，收盘价高于开盘价标签变量即为 1；否则为 0。

此外，注意观察数据集，不同的数据字段之间绝对值差别很大。成交量、成交额、总市值、流通市值很大，收盘价、开盘价、最高价、最低价数值很小。但是这些变量之间是平等的，数值小的并不代表其意义就不大。

（3）需要对数据进行归一化。

工程实现中，首先要引入需要的第三方库。

```
import pandas as pd
import numpy as np
from sklearn import svm
from sklearn.model_selection import train_test_split
from sklearn import model_selection
import random
import math
import matplotlib.pyplot as plt
```

前两行是引入 pandas 和 NumPy，方便进行数据的处理。3 ～ 5 行是引入了 scikit-learn 库的 SVM 模型、交叉验证工具等。random 库用来引入随机数，这在后续的利用遗传算法优化 SVM 中会用到。math 库是数学函数库，matplotlib 是绘图库，会在最后展示算法优化结果。

接下来是数据预处理的代码。

```
def load_data():
'''导入训练数据
    input:  data_file(string):训练数据所在文件
    output: data(mat):训练样本的特征
            label(mat):训练样本的标签
    '''
    raw_data = pd.read_csv('pingan.csv', encoding='gbk')
    x_data = raw_data.loc[:, ['收盘价', '最高价', '最低价', '开盘价', '换手率',
'成交量']]
    x_data.dropna(inplace=True)                        # 处理缺失值
    y = []
 # 制作股票涨跌标签，涨为 1 跌为 0
    for i in range(len(raw_data.loc[:, '收盘价'])):
        if float(raw_data.loc[i, '收盘价']) - float(raw_data.loc[i, '开盘价']) > 0:
            y.append(1)
        else:
            y.append(0)
    # 读取需要的特征
    x_data = x_data.as_matrix()
    x = x_data  # 到这里 x 和 y 都已经准备好了
    data_shape = x.shape
    data_rows = data_shape[0]
    data_cols = data_shape[1]
    data_col_max = x.max(axis=0)
    data_col_min = x.min(axis=0)
    # 将输入数组归一化
    for i in range(0, data_rows, 1):
        for j in range(0, data_cols, 1):
            x[i][j] = (x[i][j] - data_col_min[j]) / (data_col_max[j] - data_
col_min[j])
    return np.array(x), np.array(y).T
```

以上代码完成了处理缺失值、构造便签变量、数据归一化的数据预处理工作。

将这些功能封装为一个函数，函数式编程是一种编程思想，这在工程中处处可以体现出来。函数式编程即将代码模块化、单元化，即将一个工程项目由数个小的不可拆分的函数组装而成。这样一方面结构清晰；另一方面因为每个函数实现一个小功能，调试起来也更方便。因为每个函数相当于一个模块，可以分模块调试，这个模块通过了可以进行下一个模块的调试。如果没有函数，你无法很快定位出 Bug 在什么地方。

编程思想不做过多阐述，这里只是给大家一个启发。

11.2.2　训练模型

有了规整的结构化的数据，就可以直接把数据放入其中运行了。

```
获取训练集数据
x1 = x[0:2000]
y1 = y[0:2000]
# 训练模型
clf1 = svm.SVC(kernel='rbf')
# 将训练集再分为训练集和验证机，3: 1
x_train, x_test, y_train, y_test = train_test_split(x1, y1, test_size=0.25)
# 训练数据进行训练
clf1.fit(x_train, y_train)
```

```
# 模型评估，计算正确率
y_pre_test1 = clf1.predict(x_test)
result1 = np.mean(y_test == y_pre_test1)
print('train_SVM classifier accuacy = %.2f'%(result1))
# 获取测试集数据
x2_testdata = x[2000:-1]
y2_test = y[2000:-1]
y2_pre_testdata1 = clf1.predict(x2_testdata)
print('testdata_SVM_accuracy = %.2f'%(roc_auc_score(y2_test, y2_pre_testdata1)))
```

可以看到，真实训练模型的代码就这么多，而且这其中还包含了划分训练集和测试集、对训练集进行交叉验证、计算模型正确率等工作。其实训练模型就 clf1.fit(x_train, y_train) 这一行代码。

scikit-learn 库中封装好了 SVM 模型训练的功能，直接调用即可。接下来看一下模型训练的结果，如图 11.6 所示。

```
E:\anaconda\python.exe E:/python-code/SVM_optimization/SVM.py
E:\anaconda\lib\site-packages\sklearn\svm\base.py:196: FutureWarning: The default value of gamma
  "avoid this warning.", FutureWarning)
E:\anaconda\lib\site-packages\sklearn\linear_model\logistic.py:433: FutureWarning: Default solve
  FutureWarning)
train_SVM classifier accuacy = 0.51
testdata_SVM_accuracy = 0.50

Process finished with exit code 0
```

图 11.6　SVM 模型训练结果

由图 11.6 模型训练结果可以看出，模型训练的结果并不好。在训练集上，模型的准确率为 0.51，在测试集上仅为 0.5，跟瞎猜没有什么区别。

在第 8 章，介绍了很多模型优化的方法。当模型效果不好时，可以通过构造优秀的特征、超参数选择等思路来优化。在 8.5.2 节中，还介绍了一个包装法优化股票预测模型的例子。

当时举这个例子，只是为了让大家理解包装法的用途，其实在数据字段比较少的数据集中，用包装法并不合适（100 个解释变量以下）。这时候可以想想别的解决办法，比如进行超参数优化。

11.2.3　遗传算法

在 8.8.5 节中系统介绍了超参数选择的方法，包括网格法、随机选择、贝叶斯选择等。本节具体介绍随机选择中的遗传算法。这也是本章的重点内容。

遗传算法（Genetic Algorithm, GA）起源于对生物进化所进行的计算机模拟研究。它模仿了自然界生物进化机制发展起来的随机全局搜索和优化方法，借鉴了达尔文的进化论和孟德尔的遗传学说。其本质是一种高效、并行、全局搜索的方法，能在搜索过程中自动获取有关搜索空间的知识，并自适应地控制搜索过程来求得最佳解。

对于一个种群来说，其有多个个体，每个个体又有多条染色体，每个染色体上又有多位基因。种群之间的个体自由交配，这意味着染色体发生了交叉变换，种群的个体有一定概率会发生变异，这意味着染色体上的基因发生了突变。一代种群生成下一代，下一代中优秀的个体可以存活，弱小的个体会被猎杀。长此以往，种群向越来越好的方向进化，个体整体会变得更强、更快，从这一自然现象得到灵感，开创了遗传算法。

具体到遗传算法优化股票预测这个模型，使用高斯核函数，因为经验来谈，股票数据字段之间一般不是线性可分的。高斯核函数有两个主要的超参数 C、gamma，因此遗传算法优化 SVM 模型就是找到最好的 C、gamma 参数的值。

因此该种群是不同 C、gamma 参数的组合，即该种群的个体有两条染色体，每条染色体代表一个参数，每个染色体上的基因由 0/1 组成，假如某个个体其 C 参数为 10，那么其染色体为 1010，该染色体为参数的二进制数，上面每一位数是一个基因。

所谓交叉变换，即是不同个体的相同参数染色体之间的交换，比如个体 A 的 C 参数染色体为 1010，个体 B 的 C 参数染色体为 1101，交叉变换产生下一代的个体的染色体分别为 1001、1110。

所谓变异，即是染色体某位基因发生改变，由 0 变为 1，或者由 1 变为 0。

经过一系列的交叉变换、变异后，产生了足够的下一代，得到了新的不同的 C、gamma 组成的个体，分别将这些个体对应的参数带入模型中运行数据，得到的准确率高的个体留下，准确率低的个体淘汰。

留下的个体进行下一轮的交叉变换、变异，直到模型得到全局最优、收敛。以上是理论分析，现在开始理解以下代码。

```
class GA(object):
 ###2.1 初始化
        def __init__(self,population_size,chromosome_num,chromosome_length,max_
value,iter_num,pc,pm):
            '''初始化参数
            input:population_size(int):种群数
                  chromosome_num(int):染色体数，对应需要寻优的参数个数
                  chromosome_length:染色体的基因长度
                  max_value(float):二进制染色体转化为十进制数值的最大值
                  iter_num(int):迭代次数
                  pc(float):交叉概率阈值 (0<pc<1)
                  pm(float):变异概率阈值 (0<pm<1)
            '''
            self.population_size = population_size
            self.choromosome_length = chromosome_length
            self.chromosome_num = chromosome_num
            self.iter_num = iter_num
            self.max_value = max_value
            self.pc = pc    ##一般取值 0.4~0.99
            self.pm = pm    ##一般取值 0.0001~0.1
```

为了秉承模块化的思想，声明了一个类GA，该类中包含各种交叉变换、变异、淘汰的函数，以上为参数初始化。这些参数是遗传算法必不可少的参数，具体功用已经注释。

```
    def species_origin(self):
        ''' 初始化种群、染色体、基因
        input:self(object):定义的类参数
        output:population(list):种群
        '''
        population = []
        ## 分别初始化两个染色体
        for i in range(self.chromosome_num):
            tmp1 = []  ## 暂存器 1，用于暂存一个染色体的全部可能二进制基因取值
            for j in range(self.population_size):
                tmp2 = [] ## 暂存器 2，用于暂存一个染色体的基因的每一位二进制取值
                for l in range(self.choromosome_length):
                    tmp2.append(random.randint(0,1))# 随机初始化，得到一条染色体
                tmp1.append(tmp2)# 得到一个种群的该条染色体
            population.append(tmp1)# 得到一个种群的所有染色体
        #print(population)
        return population
```

该函数是初代的产生函数。利用随机函数随机生成 0/1，每个 0/1 代表一个基因，进而组装成染色体、个体，最后形成种群。

```
    def translation(self,population):
        ''' 将染色体的二进制基因转换为十进制取值
        input:self(object):定义的类参数
              population(list):种群
        output:population_decimalism(list):种群每个染色体取值的十进制数
        '''
        population_decimalism = []
        for i in range(len(population)):
            tmp = []  ## 暂存器，用于暂存一个种群所有染色体的十进制数
            for j in range(len(population[0])):
                total = 0.0
                for l in range(len(population[0][0])):
                    total += population[i][j][l] * (math.pow(2,l)) # 二进制的计算
                tmp.append(total)
            population_decimalism.append(tmp)
        return population_decimalism
```

该函数的功能，是将种群中每个个体从二进制形式，通过计算转化为十进制形式。举个例子，种群中有 5 个个体，通过初代产生函数，得到的 A 个体是以二进制形式存储在列表里的，假设为 [[1,1,0,1],[0,0,0,1]]，通过该函数，A 个体表现形式为 [13,1]，意味着该个体对应超参数组合 C=13，gamma=1。

```
    def fitness(self,population):
        ''' 计算每一组染色体对应的适应度函数值
        input:self(object):定义的类参数
              population(list):种群
        output:fitness_value(list):每一组染色体对应的适应度函数值
        '''
        fitness = []
        population_decimalism = self.translation(population)
        for i in range(len(population[0])):
            tmp = [] ## 暂存器，用于暂存每个个体的所有染色体十进制数值组合
            for j in range(len(population)):
                value = population_decimalism[j][i]*self.max_value/(math.pow(2,self.
choromosome_length)-1)
```

```
                tmp.append(value)
            ## rbf_SVM 的 3-flod 交叉验证平均值为适应度函数值
            ## 防止参数值为 0，tmp[0] 为 C,tmp[1] 为 gamma
            if tmp[0] == 0.0:
                tmp[0] = 0.5
            if tmp[1] == 0.0:
                tmp[1] = 0.5
            rbf_svm = svm.SVC(kernel = 'rbf', C = abs(tmp[0]), gamma = abs(tmp[1]))#
训练某个单独个体对应参数的模型
              cv_scores = model_selection.cross_val_score(rbf_svm,trainX,trainY,cv
=3,scoring = 'accuracy')#得到正确率
            fitness.append(cv_scores.mean())
            #print(tmp)#打印参数取值
        ## 将适应度函数值中为负数的数值排除
        fitness_value = []
        num = len(fitness)#所有个体带来参数对应的模型正确率存储在 fitness 中
        for l in range(num):
            if (fitness[l] > 0):
                tmp1 = fitness[l]
            else:
                tmp1 = 0.0
            fitness_value.append(tmp1)
        return fitness_value
```

该函数的功能为计算适应度，其在后续的淘汰中也用得上。具体来说是将初代或者后代个体对应的超参数组合放入模型中运行，最后得到准确率。该函数会多次运行 SVM 模型来进行预测，所以该函数运行耗时最长。

```
    def sum_value(self,fitness_value):
        '''适应度求和
        input:self(object):定义的类参数
              fitness_value(list):每组染色体对应的适应度函数值
        output:total(float):适应度函数值之和
        '''
        total = 0.0
        for i in range(len(fitness_value)):
            total += fitness_value[i]
        return total
    def cumsum(self,fitness1):
        '''计算适应度函数值累加列表
        input:self(object):定义的类参数
              fitness1(list):适应度函数值列表
        output:适应度函数值累加列表
        '''
        ## 计算适应度函数值累加列表
        for i in range(len(fitness1)-1,-1,-1): # range(start,stop,[step]) # 倒计数
            total = 0.0
            j=0
            while(j<=i):
                total += fitness1[j]
                j += 1
            fitness1[i] = total
```

这两个函数一个求适应度总和，一个是求适应度累加和，在后续会用到，后面用到的时候再具体介绍。

```
    def selection(self,population,fitness_value):
        '''选择操作
        input:self(object):定义的类参数
              population(list):当前种群
              fitness_value(list):每一组染色体对应的适应度函数值
```

```
    '''
    new_fitness = [] ## 用于存储适应度函归一化数值
    total_fitness = self.sum_value(fitness_value) ## 适应度函数值之和
    for i in range(len(fitness_value)):
        new_fitness.append(fitness_value[i]/total_fitness)# 归一化操作
    self.cumsum(new_fitness)# 归一化后累加
    ms = [] ## 用于存档随机数
    pop_len=len(population[0]) ## 种群个体数

    for i in range(pop_len):
        ms.append(random.random())# 生成 0-1 之间的小数
    ms.sort() ## 随机数从小到大排列
    ## 存储每个染色体的取值指针
    fitin = 0
    newin = 0
    new_population = population
    ## 轮盘赌方式选择染色体，每个个体被选中的概率与其适应值大小成正比
    while newin < pop_len & fitin < pop_len:
        if(ms[newin] < new_fitness[fitin]):
            for j in range(len(population)):
                new_population[j][newin]=population[j][fitin]
            newin += 1
        else:
            fitin += 1
    population = new_population
```

这个函数就用到了上文提到的求和函数和累加函数。这个函数是干什么呢？它是选择优良个体直接进入下一代，这些个体所对应的超参数组合往往会带来很高的准确率，当然不希望通过变异、交叉变换失去这些优良的个体。

该函数是通过轮盘赌的方式选择染色体，被选中个体的概率与其适应值大小成正比。下面介绍一下轮盘赌。假设本种群有四个个体，分别为：

$$A = [10,3]$$
$$B = [9,4]$$
$$C = [12,0.9]$$
$$D = [5,6]$$

将这四个超参数组合放入模型中运行后，得到了四个准确率，在遗传算法中叫作适应度。假设适应度如下：

$$f(A) = 0.8$$
$$f(B) = 0.71$$
$$f(C) = 0.6$$
$$f(D) = 0.9$$

先调用求适应度和函数得到结果如下：

$$sum = f(A) + f(B) + f(C) + f(D) = 3.01$$

因此每个个体被选中直接进入下一代的概率如下：

$$p(A)=0.265$$
$$p(B)=0.236$$
$$p(C)=0.199$$
$$p(D)=0.299$$

这时再调用适应度累加函数可得：

$$cumsum(A)=0.265$$
$$cumsum(B)=0.501$$
$$cumsum(C)=0.7$$
$$cumsum(D)=1$$

至此得到了一个轮盘，只不过轮盘中每个扇形的概率不是等同的，如图 11.7 所示。

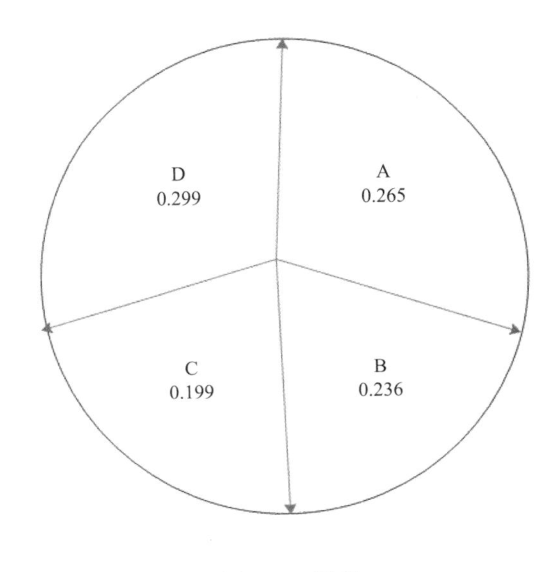

图 11.7　轮盘

然后如何进行轮盘赌？利用 random 函数随机生成 0 ～ 1 之间的随机数。假设生成如下四个随机数。

$$s_1=0.015\ 69$$
$$s_2=0.145\ 93$$
$$s_3=0.913\ 52$$
$$s_4=0.56234$$

通过如表 11.1 可以得到轮盘赌的结果。

表 11.1　轮盘赌结果

染色体	适应度	选择概率	累计概率	选中次数
A	0.8	0.265	0.265	2
B	0.71	0.236	0.501	0
C	0.6	0.199	0.7	1
D	0.9	0.299	1	1

可以得知，当个体足够多的时候通过轮盘赌，概率较大的那些个体更容易被选中。

```
    ### 2.4 交叉操作
        def crossover(self,population):
            ''' 交叉操作
            input:self(object):定义的类参数
                  population(list):当前种群
            '''
            pop_len = len(population[0])# 个体数
            for i in range(len(population)):# 染色体数
                for j in range(pop_len - 1):
                    if (random.random() < self.pc): # 交叉概率判断
                        cpoint = random.randint(0,len(population[i][j]))
## 随机选择基因中的交叉点
                        ### 实现相邻的染色体基因取值的交叉
                        tmp1 = []
                        tmp2 = []
                # 将 tmp1 作为暂存器，暂时存放第 i 个染色体第 j 个取值中的前 0 到 cpoint 个基因，
                        # 然后再把第 i 个染色体第 j+1 个取值中的后面的基因，补充到 tem1 后面
                        tmp1.extend(population[i][j][0:cpoint])
                            tmp1.extend(population[i][j+1][cpoint:len(population[i]
[j])])
                # 将 tmp2 作为暂存器，暂时存放第 i 个染色体第 j+1 个取值中的前 0 到 cpoint 个基因，
                        # 然后再把第 i 个染色体第 j 个取值中的后面的基因，补充到 tem2 后面
                        tmp2.extend(population[i][j+1][0:cpoint])
                        tmp2.extend(population[i][j][cpoint:len(population[i][j])])
                        # 将交叉后的染色体取值放入新的种群中
                        population[i][j] = tmp1
                        population[i][j+1] = tmp2
    ### 2.5 变异操作
        def mutation(self,population):
            ''' 变异操作
            input:self(object):定义的类参数
                  population(list):当前种群
            '''
            pop_len = len(population[0]) # 种群数
            Gene_len = len(population[0][0]) # 基因长度
            for i in range(len(population)):
                for j in range(pop_len):
                    if (random.random() < self.pm): # 变异概率判断
                        mpoint = random.randint(0,Gene_len - 1) ## 基因变异位点
                        ## 将第 mpoint 个基因点随机变异，变为 0 或者 1
                        if (population[i][j][mpoint] == 1):
                            population[i][j][mpoint] = 0
                        else:
                            population[i][j][mpoint] = 1
```

以上两个就是交叉变换和变异函数。仅仅从老一代中选择优秀的是不够的，还要从老一代中通过交叉变换以及变异产生优秀的新一代，不停地注入新鲜血液才行。

```
    ### 2.6 找出当前种群中最好的适应度和对应的参数值
        def best(self,population_decimalism,fitness_value):
```

```
        ''' 找出最好的适应度和对应的参数值
        input:self(object):定义的类参数
              population(list):当前种群
              fitness_value:当前适应度函数值列表
        output:[bestparameters,bestfitness]:最优参数和最优适应度函数值
        '''
        pop_len = len(population_decimalism[0])
        bestparameters = []  ## 用于存储当前种群最优适应度函数值对应的参数
        bestfitness = 0.0    ## 用于存储当前种群最优适应度函数值
        for i in range(0,pop_len):
            tmp = []
            if (fitness_value[i] > bestfitness):
                bestfitness = fitness_value[i]
                for j in range(len(population_decimalism)):
                    # 将每个个体的染色体换算成对应的参数
                    tmp.append(abs(population_decimalism[j][i]*self.max_value/
(math.pow(2,self.choromosome_length)-1)))
                    bestparameters=tmp
        return bestparameters,bestfitness
```

该函数功能为找到当前代里最优秀的那个个体，保存起来。当新一代产生后，再调用此函数，得到新一代中的最优的个体。如果新一代中最优秀的适应度要大于老一代中最优秀的，那么就全局更新最大适应度的超参数组合。

```
### 2.7 画出适应度函数值变化图
    def plot(self,results):
        ''' 画图
        '''
        X = []
        Y = []
        for i in range(self.iter_num):
            X.append(i + 1)
            Y.append(results[i])
        plt.plot(X,Y)
        plt.xlabel('Number of iteration',size = 15)
        plt.ylabel('Value of CV',size = 15)
        plt.title('GA_RBF_SVM parameter optimization')
        plt.show()
```

该函数功能为绘制模型优化过程曲线图。

```
### 2.8 主函数
    def main(self):
        results = []
        parameters = []
        best_fitness = 0.0
        best_parameters = []
        ## 初始化种群
        population = self.species_origin()
        ## 迭代参数寻优
        for i in range(self.iter_num):
            ## 计算适应函数数值列表
            fitness_value = self.fitness(population)
            ## 计算当前种群每个染色体的 10 进制取值
            population_decimalism = self.translation(population)
            ## 寻找当前种群最好的参数值和最优适应度函数值
                current_parameters, current_fitness = self.best(population_
decimalism,fitness_value)
            ## 与之前的最优适应度函数值比较，如果更优秀则替换最优适应度函数值和对应的参数
            if current_fitness > best_fitness:
                best_fitness = current_fitness
                best_parameters = current_parameters
```

```
                print('iteration is :',i,';Best parameters:',best_parameters,';Best fitness',best_fitness)
                results.append(best_fitness)
                parameters.append(best_parameters)
                ## 种群更新
                ## 选择
                self.selection(population,fitness_value)
                ## 交叉
                self.crossover(population)
                ## 变异
                self.mutation(population)
        #绘制优化曲线
        results.sort()
        self.plot(results)
        print('Final parameters are :',parameters[-1])
```

主函数代码如下。

```
if __name__ == '__main__':
    print('----------------1.Load Data-------------------')
    trainX,trainY = load_data()
    print('----------------2.Parameter Seting------------')
    population_size=40
    chromosome_num = 2
    max_value=10
    chromosome_length=8
    iter_num = 100
    pc=0.6
    pm=0.01
    print('----------------3.GA_RBF_SVM-----------------')
    ga = GA(population_size,chromosome_num,chromosome_length,max_value,iter_num,pc,pm)
    ga.main()
```

运行入口。包括读取数据、处理数据、遗传算法的初始参数设定，以及调用 GA 类来优化 SVM 模型，最后调用了主函数。在控制台显示的程序运行结果如图 11.8 所示。

```
E:\anaconda\python.exe E:/python-code/SVM_optimization/GA_RBF_SVM.py
----------------1.Load Data-------------------
----------------2.Parameter Seting------------
----------------3.GA_RBF_SVM-----------------
iteration is : 0 ;Best parameters: [9.764705882352942, 5.647058823529412] ;Best fitness 0.840711862914
iteration is : 1 ;Best parameters: [9.764705882352942, 5.647058823529412] ;Best fitness 0.840711862914
iteration is : 2 ;Best parameters: [9.803921568627452, 7.96078431372549] ;Best fitness 0.841717521579
iteration is : 3 ;Best parameters: [9.803921568627452, 7.96078431372549] ;Best fitness 0.841717521579
iteration is : 4 ;Best parameters: [9.450980392156863, 7.019607843137255] ;Best fitness 0.841722302299
iteration is : 5 ;Best parameters: [9.450980392156863, 7.019607843137255] ;Best fitness 0.841722302299
iteration is : 6 ;Best parameters: [9.450980392156863, 7.019607843137255] ;Best fitness 0.841722302299
iteration is : 7 ;Best parameters: [9.72549019607843, 9.843137254901961] ;Best fitness 0.842392286103
iteration is : 8 ;Best parameters: [9.72549019607843, 9.843137254901961] ;Best fitness 0.842392286103
```

图 11.8　模型优化迭代结果

首先读取数据、处理数据，然后参数设定，最后开始参数优化。图片大小有限，仅仅截图了迭代运行八次的数据。即遗传算法仅仅进化了七代，包括初始化的第一代，一共是八代。这时候，模型的准确率已经高达 0.842 4，最终模型优化过程效果如图 11.9 所示。

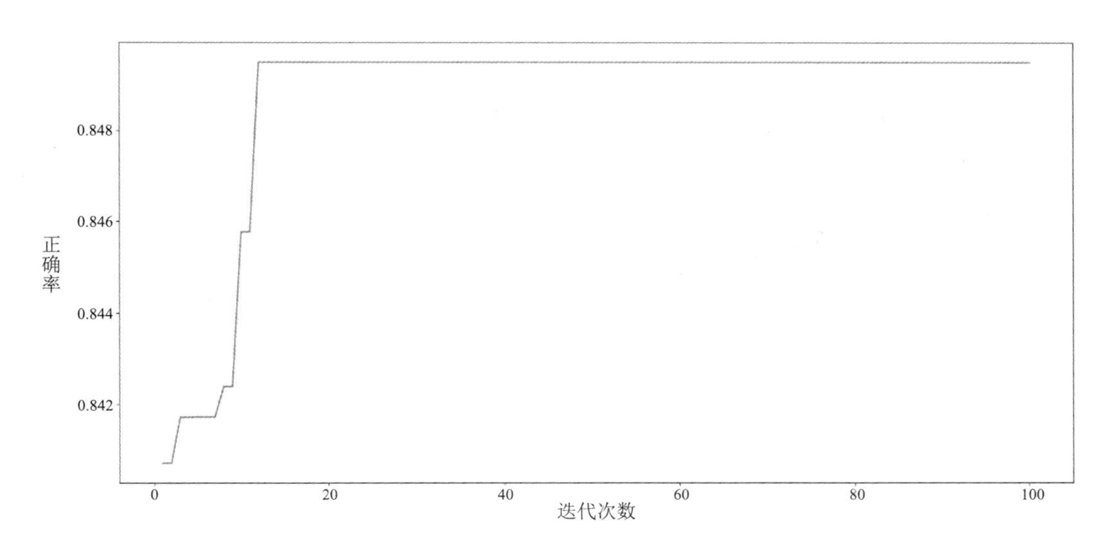

图 11.9　模型优化迭代效果

第 12 章 文本分析《三国演义》：挖掘人物图谱

近年来，自然语言处理领域受到更多关注，并且应用越来越广泛。自然语言处理领域最先商业化应用的是机器翻译，典型的商业化案例就是谷歌翻译，哪怕是一篇专业性很强的论文，也能将其大意至少翻译出 70%。但自然语言处理不仅仅局限于翻译，短文本分类、智能客服研究也在如火如荼地发展。对用户评论进行情感分析，找出真正可以服务大众的商品与店铺；文本挖掘找出僵尸用户，禁止无良商家刷单、造假等证明了自然语言处理在商业中的技术价值。

可以预见在未来，自然语言处理领域还有很长的路要走，还有很多应用需要落地。还需大量优秀的工程师投入其中，奋斗不止。

本章介绍一个文本分析的例子，利用 Python 对小说《三国演义》进行分析，挖掘出小说里的人物关系图谱。本章节采取先成果展示，再深度分析的层次，希望能更加吸引读者的兴趣。

12.1 项目简单说明

该节将展示工程完整代码以及工程运行效果。

12.1.1 代码分块介绍

完整代码如下，详细注释会写在代码右侧。

第一步，引入所需要的模块。

```
import jieba
import codecs
from collections import defaultdict
from pandas import DataFrame
import pandas as pd
```

第二步，进行路径，文档名等参数的初始化

```
# 路径设置。
# 文档介绍
#sgyy.txt 是小说《三国演义》文本内容。
#person.txt 是一个语料库，里面放了很多该小说的角色名称。
#synonymous_dict.txt 是角色的别名
# 其他两个文件是存放程序计算所得各个人物关系之间的边的权重
TEXT_PATH = 'sgyy.txt'
DICT_PATH = 'person.txt'
SYNONYMOUS_DICT_PATH = 'synonymous_dict.txt'
SAVE_NODE_PATH = 'node.csv'
SAVE_EDGE_PATH = 'edge.csv'
# 类的初始化
class RelationshipView:
# 初始化函数，各种路径的设定
    def __init__(self, text_path, dict_path, synonymous_dict_path):
        self._text_path = text_path
        self._dict_path = dict_path
        self._synonymous_dict_path = synonymous_dict_path
        self._person_counter = defaultdict(int)
        self._person_per_paragraph = []
        self._relationships = {}
        self._synonymous_dict = {}
```

下面这是一个生成函数，所谓生成函数，其实就是运行函数，包含了本工程几个重要的模块函数

```
    def generate(self):
        self.count_person()
        self.calc_relationship()
        self.save_node_and_edge()
```

该函数按行读入角色别名文档。

```
    def synonymous_names(self):
        with codecs.open(self._synonymous_dict_path, 'r', 'utf-8') as f:
            lines = f.read().split('\n')
        for l in lines:
            self._synonymous_dict[l.split(' ')[0]] = l.split(' ')[1]# 以实体主名为
键，别名为值形成字典
        return self._synonymous_dict
```

该函数读取文档，然后获取一个以每个段落为一个元素的列表。

```
def get_clean_paragraphs(self):
# 列表初始化
        new_paragraphs = []
        last_paragraphs = []
        with codecs.open(self._text_path, 'r', 'utf-8') as f: # 读取文件
            paragraphs = f.read().split('\r\n')
            paragraphs = paragraphs[0].split('\u3000')
                                    # 字符串匹配，消除不需要的空格、换行等
        for i in range(len(paragraphs)):
            if paragraphs[i] != '':
                new_paragraphs.append(paragraphs[i])
        for i in range(len(new_paragraphs)):
            new_paragraphs[i] = new_paragraphs[i].replace('\n', '')
                                    # 将换行用空字符代替
            new_paragraphs[i] = new_paragraphs[i].replace(' ', '')
                                    # 将空格用空字符代替
            last_paragraphs.append(new_paragraphs[i])           # 组装成列表
        return last_paragraphs
```

该函数实现按段分开，提取实体。

```
    def count_person(self):
        paragraphs = self.get_clean_paragraphs()          # 得到小说的每一段
        synonymous = self.synonymous_names()              # 获取实体列表
        print('start process node')
        with codecs.open(self._dict_path, 'r', 'utf-8') as f:
            name_list = f.read().split(' 10 nr\n')        # 按行读取，按指定字符串分割
        for p in paragraphs:
            jieba.load_userdict(self._dict_path)
            poss = jieba.cut(p)                           # 分词
            self._person_per_paragraph.append([])
            for w in poss:
                if w not in name_list:
                    continue
                if synonymous.get(w):
                    w = synonymous[w]                     # 权重计算
                self._person_per_paragraph[-1].append(w)
                if self._person_counter.get(w) is None:
                    self._relationships[w] = {}
                self._person_counter[w] += 1
        return self._person_counter
```

该函数计算结点个数。

```
    def calc_relationship(self):
        print("start to process edge")
        for p in self._person_per_paragraph:
            for name1 in p:
                for name2 in p:
                    if name1 == name2:
                        continue
                    if self._relationships[name1].get(name2) is None:
                        self._relationships[name1][name2] = 1
                    else:
                        self._relationships[name1][name2] += 1
        return self._relationships
```

该函数实现计算人物关系权重文件 edge.csv。

```
    def save_node_and_edge(self):
        excel = []
        for name, times in self._person_counter.items():
            excel.append([])
            excel[-1].append(name)
            excel[-1].append(name)
            excel[-1].append(str(times))
        data = DataFrame(excel, columns=['Id', 'Label', 'Weight'])
        data.to_csv('node.csv', encoding='gbk')
        excel = []
        for name, edges in self._relationships.items():
            for v, w in edges.items():
                if w > 3:
                    excel.append([])
                    excel[-1].append(name)
                    excel[-1].append(v)
                    excel[-1].append(str(w))
        data = DataFrame(excel, columns=['Source', 'Target', 'Weight'])
        data.to_csv('edge.csv', encoding='gbk')
        print('save file successful!')
```

下面为主函数。

```
if __name__ == '__main__':
    v = RelationshipView(TEXT_PATH, DICT_PATH, SYNONYMOUS_DICT_PATH)
    v.generate()
```

大家复制粘贴即可运行，下一节将会细致得讲解代码逻辑。

12.1.2　效果图展示

运行上节的代码后再通过特殊工具 Gephi 得到效果如图 12.1 所示。

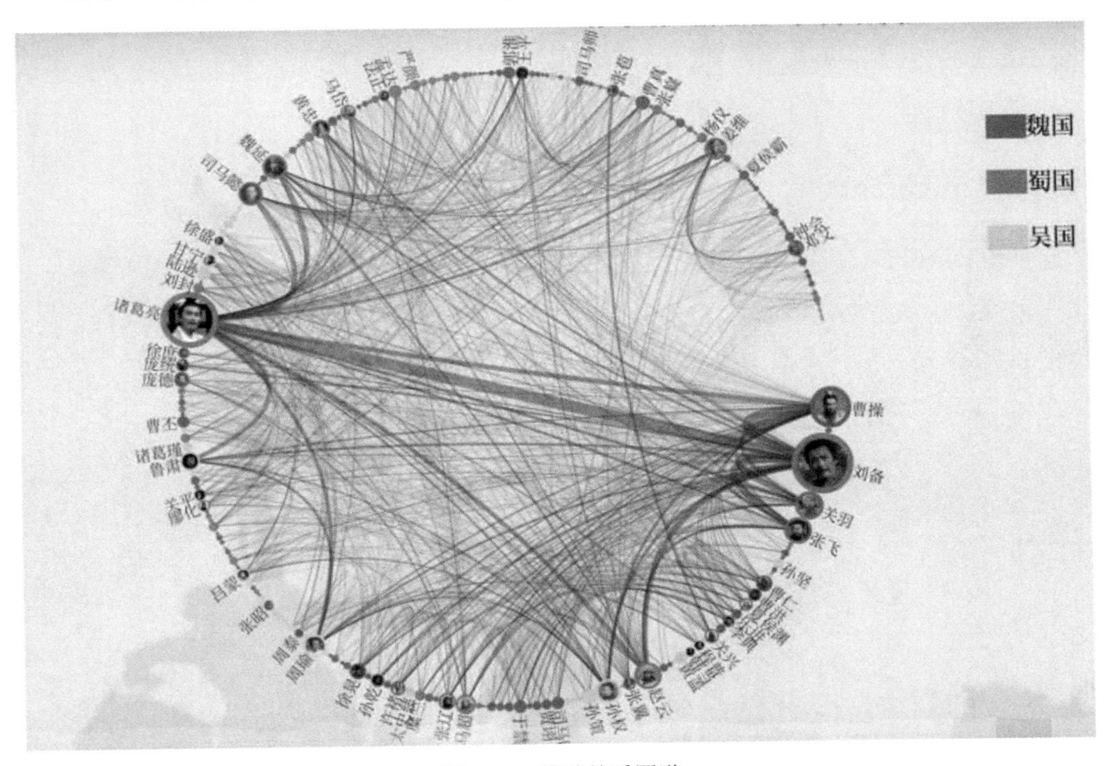

图 12.1　基础关系图谱

毫无疑问，刘备、诸葛亮、曹操等是这部小说的主角。有着深厚历史背景为基础的小说《三国演义》并没有普通小说中传统意义上的主角，但其尊刘抑曹的特点，使得蜀国阵营的角色出场较为频繁。在上图 12.1 中，每个头像越大，说明出现的次数越多。每两个人之间的连线越多就说明两个人之间的关系越密切，联动次数越多。

12.2　工程具体实现

以上为代码和效果的展示，接下来进行思路与代码的详解。

12.2.1 设计思想

首先准备好语料库。（里面含有小说各角色姓名以及别名）

然后将这篇 64 万多字的小说按段落分开，对每一段进行单独分析，对两个实体之间的边的权重进行计算。

具体地说，它的权重是如何计算的呢？比如第一段结合语料库发现里面有三个刘备，一个张飞，一个关羽。那么就给刘备和张飞之间的边权重更新为 3，关羽和张飞之间更新为 1，刘备和关羽之间更新为 3。然后将每个段落的每两个点之间的权重加和，最后写入 Excel 表中保存为 csv 格式。这是为了方便使用 Gephi 可视化。同时也进行了节点大小的计算，其实就是单纯计算这个实体名字在文中出现的次数

12.2.2 代码详解

其中最难懂的就是 count_person() 函数中的一部分，当然这一部分也可以说是精华。

```
def count_person(self):
        paragraphs = self.get_clean_paragraphs()
        synonymous = self.synonymous_names()
        print('start process node')
        with codecs.open(self._dict_path, 'r', 'utf-8') as f:
            name_list = f.read().split(' 10 nr\n')
        for p in paragraphs:
            jieba.load_userdict(self._dict_path)
            poss = jieba.cut(p)
            self._person_per_paragraph.append([])
            for w in poss:
                if w not in name_list:
                    continue
                if synonymous.get(w):
                    w = synonymous[w]
                self._person_per_paragraph[-1].append(w)
                if self._person_counter.get(w) is None:
                    self._relationships[w] = {}
                self._person_counter[w] += 1
        return self._person_counter
```

首先在一个将小说每段作为一个字符串元素的列表 paragraphs 中循环，也就是说 p 是小说中的每一段。

然后在加载了语料库之后，对该段进行结巴分词，并将该段分词结果存在 poss 列表中。如果语料库中的实体在 poss 中可以找得到，那么就从存储别名字典中依据这个实体来找他的唯一名字（因为有可能是别名，要统一换成真正的姓名进行加权）。

get() 是字典这个类型所有的属性，在该段代码中体现为，判断该字典中有无含有以 w 为 key 的元素。

大家也许会疑惑，为何 self._person_counter 是一个字典呢？这源于程序一开头的一行代码。

```
self._person_counter = defaultdict(int)
```

想要理解这个 defaultdict 的作用，将下面贴出来的这几行代码敲进去试试就知道了。它其实起到一个给字典的值设置一个默认值的快捷方式。

```
from collections import defaultdict
person = defaultdict(int)
test_list = ['张飞', '关羽', 'Bob', 'Bob', 'Nick', '刘备']
for p in test_list:
    person[p] += 1
print(person)
```

12.2.3　可视化

可视化用到了 Gephi 这个软件。Gephi 是一款开源的跨平台的基于 JVM 的复杂网络分析软件，其主要用于各种网络和复杂系统，动态和分层图的交互可视化与探测开源工具。下载这个软件需要用到 java 组件，需要下载一个 JRE，注意不要下载最新的那个 10 的版本，下载 Java 8 或者 Java 9 即可。

以下是 Gephi 可视化软件的简单教程，请看图 12.2 至图 12.6 所示。

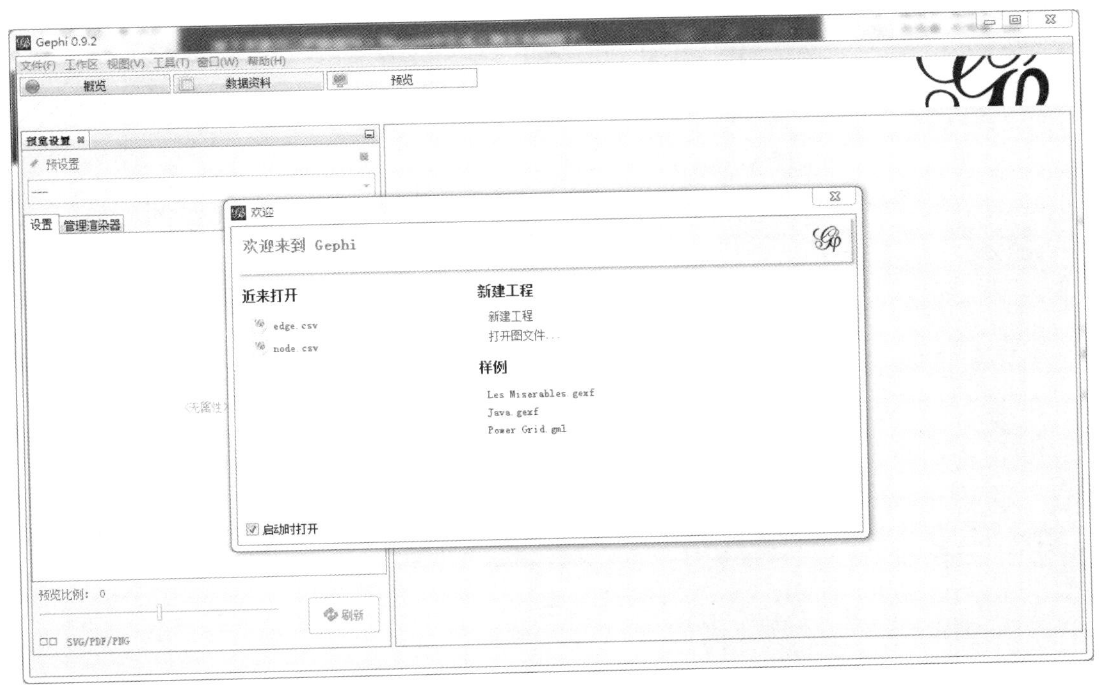

图 12.2　新建工程

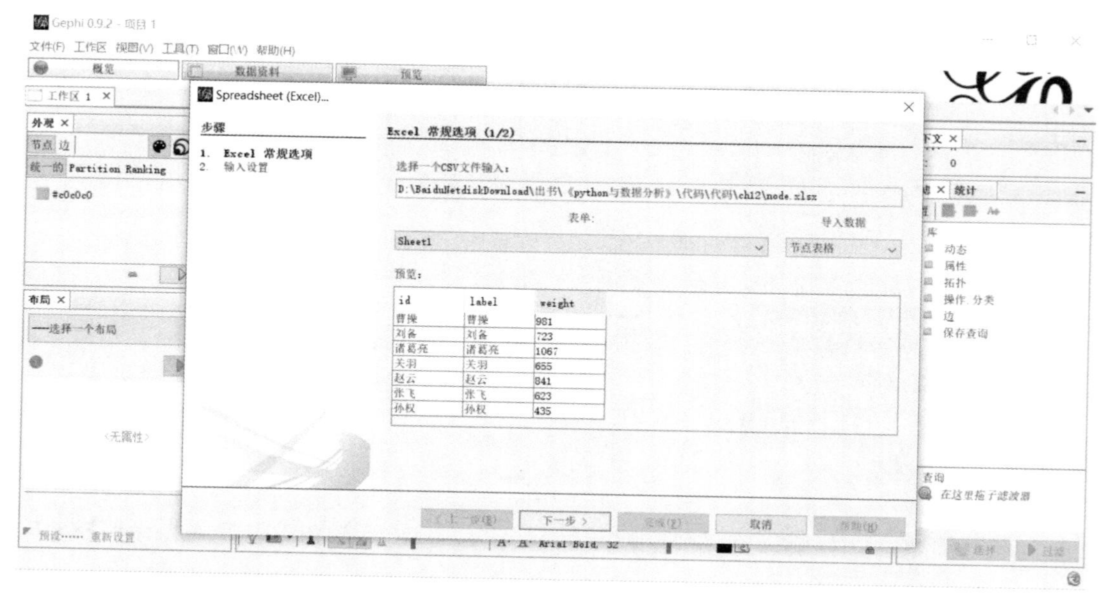

图 12.3　导入数据

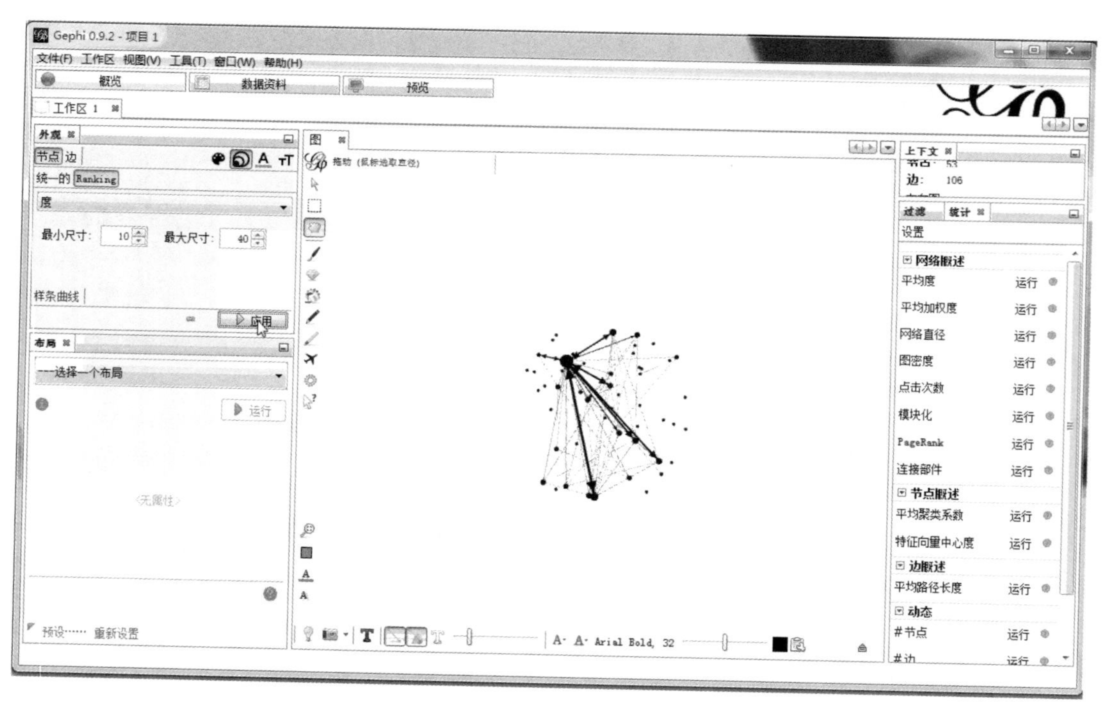

图 12.4　选择样式

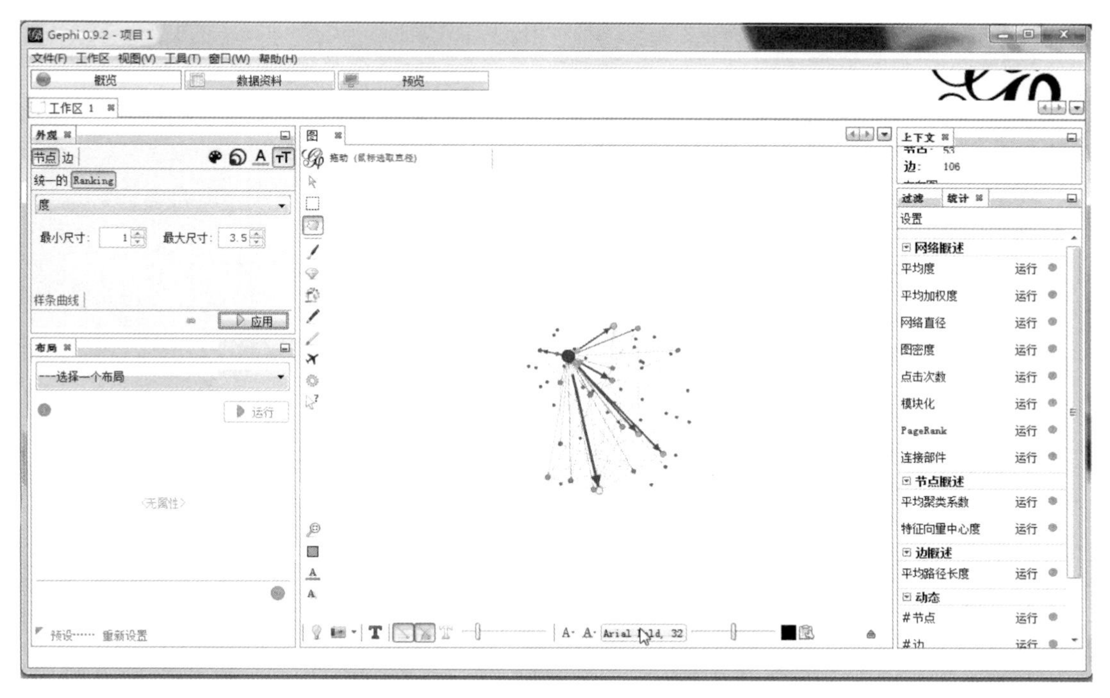

图 12.5　修改字体

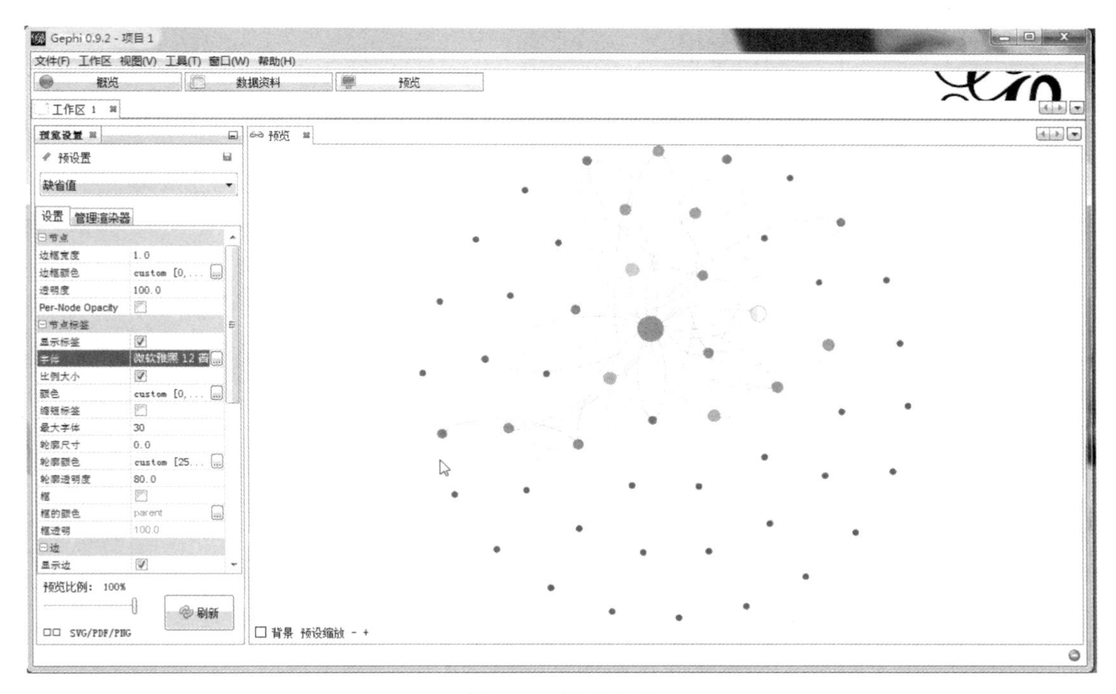

图 12.6　调整布局

所谓布局，使用好的布局可以让出现频率最高的实体在中间，然后综合考虑出现频率和网络关系依次向外辐射，看上去更加清晰，更加符合人类的网络关系谱。